网络空间安全系列教材

信息安全数学基础

姜正涛 编著

电子工业出版社·

Publishing House of Electronics Industry

北京·BEIJING

内 容 简 介

本书系统地介绍信息安全领域所涉及的数论、代数、椭圆曲线、线性反馈移位寄存器、计算复杂度、图论、信息论等内容。对信息安全实践中密切相关的数学知识做了较详细的讲述，并通过大量例题与密码算法介绍加深对数学原理的理解。每章配有适量习题，以供学习和巩固书中内容。

本书可作为高等院校信息安全专业本科生或研究生的教材，也可作为信息安全、网络空间安全、计算机科学技术、通信工程等相关领域的科研或工程技术人员的参考书。

图书在版编目(CIP)数据

信息安全数学基础 / 姜正涛编著. — 北京：电子工业出版社，2017.12
ISBN 978-7-121-33185-5

Ⅰ. ①信… Ⅱ. ①姜… Ⅲ. ①信息安全－应用数学－高等学校－教材 Ⅳ. ①TP309 ②O29

中国版本图书馆 CIP 数据核字（2017）第 301196 号

策划编辑：章海涛
责任编辑：章海涛　　文字编辑：孟　宇
印　　刷：北京虎彩文化传播有限公司
装　　订：北京虎彩文化传播有限公司
出版发行：电子工业出版社
　　　　　北京市海淀区万寿路 173 信箱　邮编：100036
开　　本：787×1092　1/16　印张：15.25　字数：390 千字
版　　次：2017 年 12 月第 1 版
印　　次：2025 年 1 月第 13 次印刷
定　　价：52.00 元

凡所购买电子工业出版社图书有缺损问题，请向购买书店调换。若书店售缺，请与本社发行部联系，联系及邮购电话：（010）88254888，88258888。

质量投诉请发邮件至 zlts@phei.com.cn，盗版侵权举报请发邮件至 dbqq@phei.com.cn。

本书咨询联系方式：192910558（QQ 群）。

前　言

信息安全与国家的军事、外交、政治、金融甚至我们的日常生活息息相关，已成为信息科学领域、社会科学领域重要的研究课题。数学基础犹如信息安全学科之根茎，支撑着信息安全领域的理论创新与技术进步。

信息安全是计算机、通信、电子、数学、物理、法律、管理等多学科的交叉学科，所涉及的数学内容极为宽泛。本书系统地介绍信息安全领域涉及的主要数学理论，有选择性地略去了较为繁杂的证明过程，希望深入探讨相关理论的读者可查阅书末的参考文献。

本书共分为 15 章：第 1 章至第 5 章是数论基础，包括整数的整除与因子分解、同余式、二次剩余、原根、素性检测等内容；第 6 章至第 9 章是代数系统，包括群、环、域的概念，重点介绍群的性质，有限域的性质、构造以及本原多项式；第 10 章是椭圆曲线，主要介绍椭圆曲线方程与椭圆曲线群加法运算；第 11 章是线性反馈移位寄存器，包括线性反馈移位寄存器序列的周期、m 序列、m 序列的随机性及安全分析等内容；第 12 章是计算复杂度理论，重点介绍 P 类问题、NP 问题、NPC 问题及其典型实例；第 13 章是图论，主要包括邻接矩阵与关联矩阵、连通性、最短路问题以及树的概念与性质；第 14 章与第 15 章是信息论，主要包括信息论与编码、完善保密性、唯一解距离等内容。

本书稿已连续多年作为信息安全本科教学讲义，对内容编排进行了多次修正，以符合教学之用。由于作者水平有限，一些错误或不妥之处可能尚未发现，敬请老师和学生提出宝贵意见，以便呈现更完善的内容。

感谢为本书初稿部分章节提出改进意见的同仁：天津大学的孙达志老师（第 1～5 章）；漳州师范学院的郝艳华老师（第 6、10 章）；西安电子科技大学的张卫国老师与电子科技大学的李发根老师（第 7～9 章）；西安电子科技大学的高军涛老师（第 11 章）；北京航空航天大学的伍前红老师（第 12 章）；鲁东大学的黄兆红老师与中山大学的田海博老师（第 13 章）；北方工业大学的张键红老师（第 14～15 章）。特别感谢西安电子科技大学王育民教授提出的宝贵改进意见。

作　者

2017 年 12 月于中国传媒大学

电子邮箱：z.t.jiang@163.com

符号说明

$\|$	整除
$\nmid$	不整除
$[x]$	取整函数
(a, b)	a 与 b 的最大公因子
$[a, b]$	a 与 b 的最小公倍数
$\bmod m$	模整数 m
$\equiv$	同余
$\not\equiv$	不同余
Z	整数集
ϕ	空集
Q	有理数集
$Z[x]$	整数上的多项式全体
Z_m	模 m 的剩余类环
$Z_m{}^*$	$\{0, 1, \cdots, m-1\}$ 中与 m 互素的数
$Z_m\backslash\{0\}$	集合 $\{1, \cdots, m-1\}$
$\varphi(\cdot)$	欧拉函数
QR_m	模 m 的二次剩余
QNR_m	模 m 的二次非剩余
$\left(\dfrac{a}{p}\right)$	a 模 p 的勒让德符号
$\operatorname{ord}_g m$	g 模 m 的阶
$\operatorname{ind}_g a(m)$	以 g 为底的 a 模 m 的指数
$H \leqslant G$	H 是群 G 的子群
(a)	由元素 a 生成的主理想
$<a>$	由元素 a 生成的循环群
$\|G\|$	集合 G 中元素个数
$\|a\|$	元素 a 的阶
$P^k \| a$	$p^k \| a$, 但 $p^{k+1} \nmid a$
$N \triangleleft G$	N 为群 G 的正规子群
G/N	商群
$\ker(f)$	映射 f 的核
$\operatorname{im}(f)$	映射 f 的像
$F_q, GF(q)$	q 元有限域
$F_q{}^*$	域 F_q 除去 0 元的乘法群

Char(F)	域 F 的特征
F[x]	域 F 上的多项式全体
deg f(x)	多项式 f(x) 的次数
[E: F]	域的扩张次数
ord(f(x))	多项式的阶（周期）
Δ	椭圆曲线的判别式
O(f)	算法复杂度与 f 同数量级
$\mathbb{C}$	信道容量
H_∞	极限熵（实际熵）
BSC	二元对称信道
δ_L	L 长明文中单个符号的冗余度
δ_∞	明文信源的实际冗余度
V_0	唯一解距离

目　　录

第 1 章　整数的整除与唯一分解

整数性质是初等数论最重要的内容，包括整数的整除和同余等。本章主要介绍整除、带余除法、最大公因子、最小公倍数，以及求最大公因子的算法，并给出整数唯一分解定理。

1.1　整除和带余除法

正整数（如 $1, 2, 3, \cdots$）、负整数（如 $-1, -2, -3, \cdots$）与零（0）统称为**整数**。

通常，用符号

$$Z = \{0, \pm 1, \pm 2, \pm 3, \cdots\}$$

表示整数集合，零与正整数称为**自然数**。

两个整数的和、差、积仍然是整数，但两个整数相除得到的商未必是整数。为此，我们引入整除、带余除法等概念。

定义 1.1　任意两个整数 a, b，其中 $b \neq 0$，如果存在一个整数 q，使等式

$$a = bq \tag{1.1}$$

成立，我们就说 b **整除** a，或 a 被 b 整除，记为 $b \mid a$。此时，称 b 为 a 的**因子**，a 为 b 的**倍数**。0 是任何非零整数的倍数，1 是任何整数的因子。

若 $b \mid a$，且 $b \neq 1, b \neq a$，就称 b 是 a 的**真因子**，否则就称 b 为 a 的**平凡因子**。任何非零整数是自身的因子和倍数。式(1.1)中的整数 q 常写成 a/b 或 $\dfrac{a}{b}$。

如果不存在整数 q 满足式(1.1)，我们就说 b **不整除** a，记为 $b \nmid a$。

设 a, b, c 为整数，根据整除的定义，可以得到以下性质：

① 若 $c \mid b, b \mid a$，则 $c \mid a$（传递性）；

② 若 $b \mid a$，$c \neq 0$，则 $cb \mid ca$；

③ 若 $cb \mid ca$，则 $b \mid a$；

④ 若 $b \mid a$ 且 $a \neq 0$，则 $|b| \leqslant |a|$；

⑤ 若 $b \mid a, a \neq 0$，则 $\dfrac{a}{b} \mid a$；

⑥ 若 $c \mid a, c \mid b$，则对任意整数 m, n，有 $c \mid ma \pm nb$。

一般地，余数定理如下。

定理 1.1（带余除法）　设 a, b 是两个整数，其中 $b > 0$，则存在唯一的整数 q 和 r，使得

$$a = bq + r, \quad 0 \leqslant r < b \tag{1.2}$$

成立。

证明　考虑 b 的整数倍序列

$$\cdots, -3b, -2b, -b, 0, b, 2b, 3b, \cdots$$

在该序列中，整数 a 必位于某两个相邻的整数之间，设该区间为 $[qb, (q+1)b)$，即存在整数 q，使得

$$qb \leqslant a < (q+1)b$$

成立。

令 $r = a - qb$，则有

$$a = qb + r, \quad 0 \leqslant r < b$$

进一步，具有上述性质的整数 q, r 是唯一的。

不妨假设存在另一组整数 q_1, r_1，满足

$$a = bq_1 + r_1, \quad 0 \leqslant r_1 < b \tag{1.3}$$

将式(1.3)与式(1.2)相减，得

$$b(q - q_1) = (r_1 - r)$$

所以

$$b|q - q_1| = |r_1 - r| \tag{1.4}$$

等式(1.4)的左边为 b 的倍数，即

$$b|q - q_1| = 0 \quad 或 \quad b|q - q_1| \geqslant b$$

而由于 $0 \leqslant r, r_1 < b$，则等式(1.4)的右边必为

$$0 \leqslant |r_1 - r| < b$$

因此要使等式(1.4)成立，必须满足

$$q = q_1, \quad r_1 = r$$

式(1.2)称为**带余除法**，或称为**欧几里得除法**。

当 $r = 0$ 时，称 q 为 a 除以 b 的**完全商**；当 $r \neq 0$ 时，称 q 为 a 除以 b 的**不完全商**。通常将 q 通称为商。

r 称为 a 除以 b 得到的**余数**，余数都是非负整数。

为计算商 q，引入下述定义。

定义 1.2 设 x 为实数，小于等于 x 的最大整数称为 x 的**整数部分**，记为 $[x]$；$x - [x]$ 为 x 的**小数部分**。

因此有

$$[x] \leqslant x < [x] + 1$$

整数 a 除以 b 得到的（不完全）商就是 $\left[\dfrac{a}{b}\right]$。

事实上，由式(1.2)，得

$$\left[\frac{a}{b}\right] = \left[\frac{qb+r}{b}\right] = \left[q + \frac{r}{b}\right] = q + \left[\frac{r}{b}\right], 0 \leqslant r < b$$

因为 $0 \leqslant \dfrac{r}{b} < 1$，所以 $\left[\dfrac{r}{b}\right] = 0$。

因此 $q = \left[\dfrac{a}{b}\right]$。

例 1.1 取 $a = 17, b = 5$，则 $q = \left[\dfrac{17}{5}\right] = [3.4] = 3, r = 17 - 5 \times 3 = 2$。

1.2 整数的表示

本节给出正整数的不同进制表示法。对于负整数情况，可通过引入负号，类似得到。

整数通常用十进制数表示，如 $90521 = 9 \times 10^4 + 0 \times 10^3 + 5 \times 10^2 + 2 \times 10^1 + 1$。

在计算机领域，整数常用二进制形式、八进制形式或十六进制形式表示。对于任意整数 n 和大于 1 的整数 a，n 可以写成 a 进制形式：

$$n = r_k a^k + r_{k-1} a^{k-1} + \cdots + r_1 a + r_0 \tag{1.5}$$

式中，$r_i \in Z, 0 \leqslant r_i < a, i = 0, 1, \cdots, k$，式(1.5)称为 n 的 **a 进制表示**。

n 的 a 进制表示可用带余除法求得。

n 除以 a，设商为 q_0，余数为 r_0，即

$$n = q_0 a + r_0, \quad 0 \leqslant r_0 < a$$

q_0 除以 a，得到

$$q_0 = q_1 a + r_1, \quad 0 \leqslant r_1 < a$$

q_1 除以 a，得到

$$q_1 = q_2 a + r_2, \quad 0 \leqslant r_2 < a$$

以此类推，得到

$$q_i = q_{i+1} a + r_{i+1}, \quad 0 \leqslant r_{i+1} < a, \quad i = 0, 1, 2, \cdots$$

因为 $a > 1$，所以整数序列

$$n > q_0 > q_1 > q_2 > \cdots \geqslant 0$$

为严格递减序列，则一定存在某个 q_t，使 $0 \leqslant q_t < a$，即

$$q_t = 0 \times a + r_{t+1}, \quad 0 \leqslant r_{t+1} < a$$

则

$$
\begin{aligned}
n &= q_0 a + r_0 \\
&= (q_1 a + r_1) a + r_0 \\
&= q_1 a^2 + r_1 a + r_0 \\
&\quad \vdots \\
&= q_{t-1} a^t + r_{t-1} a^{t-1} + \cdots + r_1 a + r_0 \\
&= (q_t a + r_t) a^t + r_{t-1} a^{t-1} + \cdots + r_1 a + r_0 \\
&= r_{t+1} a^{t+1} + r_t a^t + r_{t-1} a^{t-1} + \cdots + r_1 a + r_0
\end{aligned}
$$

当 $a = 2$ 时，上述方法可得到任意正整数的二进制表示形式。

例 1.2 将 60801 表示成二进制数形式。

解
$$
\begin{aligned}
60801 &= 30400 \times 2 + 1 \quad (r_0 = 1) \\
30400 &= 15200 \times 2 + 0 \quad (r_1 = 0) \\
15200 &= 7600 \times 2 + 0 \quad (r_2 = 0) \\
7600 &= 3800 \times 2 + 0 \quad (r_3 = 0)
\end{aligned}
$$

$$3800 = 1900 \times 2 + 0 \quad (r_4 = 0)$$
$$1900 = 950 \times 2 + 0 \quad (r_5 = 0)$$
$$950 = 475 \times 2 + 0 \quad (r_6 = 0)$$
$$475 = 237 \times 2 + 1 \quad (r_7 = 1)$$
$$237 = 118 \times 2 + 1 \quad (r_8 = 1)$$
$$118 = 59 \times 2 + 0 \quad (r_9 = 0)$$
$$59 = 29 \times 2 + 1 \quad (r_{10} = 1)$$
$$29 = 14 \times 2 + 1 \quad (r_{11} = 1)$$
$$14 = 7 \times 2 + 0 \quad (r_{12} = 0)$$
$$7 = 3 \times 2 + 1 \quad (r_{13} = 1)$$
$$3 = 1 \times 2 + 1 \quad (r_{14} = 1)$$
$$1 = 0 \times 2 + 1 \ (r_{t+1}) \quad (r_{15} = 1)$$

因此

$$60801 = (1110\ 1101\ 1000\ 0001)_2 = 2^{15} + 2^{14} + 2^{13} + 2^{11} + 2^{10} + 2^8 + 2^7 + 1$$

根据十六进制表示法，用 0, 1, 2, $\cdots$, 9, A, B, C, D, E, F 分别表示 0, 1, 2, $\cdots$, 9, 10, 11, 12, 13, 14, 15 这 16 个数。也可以反复使用带余除法求得整数的十六进制形式表示。

例 1.3 将 60801 表示成十六进制数。

解
$$60801 = 3800 \times 16 + 1 \quad (r_0 = 1)$$
$$3800 = 237 \times 16 + 8 \quad (r_1 = 8)$$
$$237 = 14 \times 16 + 13 \quad (r_2 = 13)$$
$$14 = 0 \times 16 + 14 \quad (r_3 = 14)$$

因此

$$60801 = (E, D, 8, 1)_{16} = 14 \times 16^3 + 13 \times 16^2 + 8 \times 16^1 + 1$$

实际上，二进制数与十六进制数有简单的对应关系，例如，

$$60801 = (1110\ 1101\ 1000\ 0001)_2 = [(1110)_2, (1101)_2, (1000)_2, (0001)_2]_{16} = (E, D, 8, 1)_{16}$$

表 1.1 列出了十进制数、十六进制数与二进制数三者之间的换算关系。

表 1.1　十进制数、十六进制数和二进制数换算表

十进制数	十六进制数	二进制数	十进制数	十六进制数	二进制数
0	0	0000	8	8	1000
1	1	0001	9	9	1001
2	2	0010	10	A	1010
3	3	0011	11	B	1011
4	4	0100	12	C	1100
5	5	0101	13	D	1101
6	6	0110	14	E	1110
7	7	0111	15	F	1111

根据换算表 1.1，二进制数与十六进制数可以直接相互转换。

例 1.4 十进制数 90521 的二进制数表示为

$$90521 = (10110000110011001)_2$$

则其十六进制数表示为

$$90521 = [(1)_2 \quad (0110)_2 \quad (0001)_2 \quad (1001)_2 \quad (1001)_2]_{16} = (1 \quad 6 \quad 1 \quad 9 \quad 9)_{16}$$

1.3 最大公因子与辗转相除法

本节利用定理 1.1，讨论整数的最大公因子的求法及其性质。

定义 1.3 设 a, b 为两个非零整数，d 为正整数，若

$$d \mid a, d \mid b$$

则 d 称为 a 和 b 的**公因子**。

a 和 b 的公因子中最大的一个称为 a 和 b 的**最大公因子**，记为 (a, b) 或 $\gcd(a, b)$。若最大公因子 $(a, b) = 1$，就称 a 与 b **互素**。

因为 0 可以被任何整数整除，所以任一正整数 a 与 0 的最大公因子就是它自身 a。定义 $(0, 0) = 0$。

关于最大公因子，有以下定理。

定理 1.2 设 a, b, c 是任意三个不为零的整数，且

$$a = bq + c, \quad q \text{ 为整数} \tag{1.6}$$

则 $(a, b) = (b, c)$。

证明 因为 $(a, b) \mid a, (a, b) \mid b$，所以

$$(a, b) \mid c$$

即 (a, b) 是 b 和 c 的公因子，根据定义 1.3，得

$$(a, b) \leqslant (b, c)$$

同理

$$(b, c) \leqslant (a, b)$$

所以

$$(a, b) = (b, c)$$

接下来讨论最大公因子的求法，即**欧几里得算法**（辗转相除法），并借此给出最大公因子的若干性质。

设 a, b 为两个正整数（$a \geqslant b$），要计算 (a, b)，循环使用带余除法（定理 1.1），有下列等式：

$$\begin{cases} a = q_0 b + r_0, & 0 \leqslant r_0 < b \\ b = q_1 r_0 + r_1, & 0 \leqslant r_1 < r_0 \\ r_0 = q_2 r_1 + r_2, & 0 \leqslant r_2 < r_1 \\ \quad \vdots \\ r_{n-3} = q_{n-1} r_{n-2} + r_{n-1}, & 0 \leqslant r_{n-1} < r_{n-2} \\ r_{n-2} = q_n r_{n-1} + r_n, & 0 \leqslant r_n < r_{n-1} \\ r_{n-1} = q_{n+1} r_n + r_{n+1}, & r_{n+1} = 0 \end{cases} \tag{1.7}$$

事实上，因为整数序列
$$b > r_0 > r_1 > r_2 > \cdots \geqslant 0$$
严格递减，所以必存在某个 n 使得 $r_{n+1} = 0$。

由定理 1.2，得
$$\begin{aligned}
r_n &= (0, r_n) \\
&= (r_n, r_{n-1}) \\
&= (r_{n-1}, r_{n-2}) \\
&\ \ \vdots \\
&= (r_1, r_0) \\
&= (r_0, b) \\
&= (b, a)
\end{aligned}$$

因此，有以下定理。

定理 1.3　任意正整数 a, b，循环使用带余除法，最大公因子 (a, b) 就是式 (1.7) 中最后一个不为 0 的余数，即 $(a, b) = r_n$。

算法 1.1　**用欧几里得算法求 gcd(a, b)。**

输入：两个正整数 $a, b\ (a \geqslant b)$。

输出：gcd(a, b)。

(1) 求 q, r 使得 $a = qb + r, 0 \leqslant r < b$；

(2) 若 $r = 0$，则 $g \leftarrow b$，输出 g，否则，转 (3)；

(3) $a \leftarrow b, b \leftarrow r$，转 (1)。

例 1.5　求 gcd(156, 79)。

解
$$\begin{aligned}
156 &= 1 \times 79 + 77 \\
79 &= 1 \times 77 + 2 \\
77 &= 38 \times 2 + 1 \\
2 &= 2 \times 1 + 0
\end{aligned}$$

故 gcd(156, 79) = 1。

定理 1.4　若整数 $a > b > 0$，则用欧几里得算法求 gcd(a, b) 需要不多于 $2\lceil \log_2 a \rceil$ 次除法运算。

扩展的欧几里得算法

由算式 (1.7)，得
$$\begin{aligned}
r_n &= r_{n-2} - q_n r_{n-1} \\
&= r_{n-2} - q_n (r_{n-3} - q_{n-1} r_{n-2}) \\
&= r_{n-2}(1 + q_n q_{n-1}) - q_n r_{n-3} \\
&\ \ \vdots \\
&= sa + tb
\end{aligned}$$

式中，s, t 为整数。

于是有以下定理。

定理 1.5（最大公因子表示定理）　任意正整数 a, b，存在整数 s, t，使得

$$(a, b) = sa + tb$$

推论 1.1 若 d 是 a 和 b 的公因子，则 $d \mid (a, b)$。

例 1.6 用辗转相除法求 $(801, 521)$ 及整数 s, t，使得 $(801, 521) = 801s + 521t$。

解

$$801 = 1 \times 521 + 280 \qquad (q_0 = 1, r_0 = 280)$$
$$521 = 1 \times 280 + 241 \qquad (q_1 = 1, r_1 = 241)$$
$$280 = 1 \times 241 + 39 \qquad (q_2 = 1, r_2 = 39)$$
$$241 = 6 \times 39 + 7 \qquad (q_3 = 6, r_3 = 7)$$
$$39 = 5 \times 7 + 4 \qquad (q_4 = 5, r_4 = 4)$$
$$7 = 1 \times 4 + 3 \qquad (q_5 = 1, r_5 = 3)$$
$$4 = 1 \times 3 + 1 \qquad (q_6 = 1, r_6 = 1)$$
$$3 = 3 \times 1 + 0$$

根据定理 1.3，最后一个不为 0 的余数是 1，所以 $(801, 521) = r_6 = 1$。也就是

$$\begin{aligned}
1 &= 4 - 1 \times 3 \\
&= 4 - 1 \times (7 - 1 \times 4) \\
&= 2 \times 4 - 1 \times 7 \\
&= 2 \times (39 - 5 \times 7) - 1 \times 7 \\
&= 2 \times 39 - 11 \times 7 \\
&= 2 \times 39 - 11 \times (241 - 6 \times 39) \\
&= 68 \times 39 - 11 \times 241 \\
&= 68 \times (280 - 1 \times 241) - 11 \times 241 \\
&= 68 \times 280 - 79 \times 241 \\
&= 68 \times 280 - 79 \times (521 - 1 \times 280) \\
&= 147 \times 280 - 79 \times 521 \\
&= 147 \times (801 - 1 \times 521) - 79 \times 521 \\
&= 147 \times 801 - 226 \times 521
\end{aligned}$$

即

$$(801, 521) = 147 \times 801 + (-226) \times 521 = 1$$

定理 1.6 若 $a \mid bc, (a, b) = 1$，则 $a \mid c$。

证明 若 $c = 0$，结论显然成立。

若 $c \neq 0$，由于 $(a, b) = 1$，由定理 1.5，存在两个整数 s, t，使

$$sa + tb = 1$$

故

$$sac + tbc = c$$

因为 $a \mid bc$，所以 $a \mid c$。

例 1.7 若 $3 \mid n, 5 \mid n$，则 $15 \mid n$。

证明 由 $3 \mid n$，则存在整数 n_1，使得

$$n = 3n_1$$

又由 $5 \mid n$，即

$$5 \mid 3n_1$$

因为 $(5, 3) = 1$，根据定理 1.6，得

$$5 \mid n_1$$

于是存在整数 n_2，使得

$$n_1 = 5n_2$$

即 $n = 3 \cdot 5 n_2$。

故 $15 \mid n$。

多个整数的最大公因子的定义如下。

定义 1.4[*] 设 $a_1, a_2, \cdots, a_n$ 是 n 个整数，d 为正整数，若：

(1) $d \mid a_i, i = 1, 2, \cdots, n$；

(2) 对任意正整数 c，若 $c \mid a_i, i = 1, 2, \cdots, n$，则 $c \mid d$。

则满足条件(1)的 d 称为 $a_1, a_2, \cdots, a_n$ 的**公因子**；满足条件(1)和(2)的 d 称为 $a_1, a_2, \cdots, a_n$ 的**最大公因子**，记为 $d = (a_1, a_2, \cdots, a_n)$。

当 $n = 2$ 时，由定理 1.5 与推论 1.1，可知定义 1.4 与定义 1.3 等价。

下面的定理说明，计算 n 个整数的最大公因子可以转化为计算一系列的两个整数的最大公因子。

定理 1.7[*] 设 $a_1, a_2, \cdots, a_n$ 是 n 个整数，令

$$(a_1, a_2) = d_2, (d_2, a_3) = d_3, (d_3, a_4) = d_4, \cdots, (d_{n-2}, a_{n-1}) = d_{n-1}, (d_{n-1}, a_n) = d_n \qquad (1.8)$$

则

$$(a_1, a_2, a_3, \cdots, a_n) = d_n$$

且存在整数 $s_1, s_2, \cdots, s_n$，使

$$s_1 a_1 + s_2 a_2 + \cdots + s_n a_n = (a_1, a_2, a_3, \cdots, a_n)$$

成立。

证明 由式(1.8)，得

$$d_i \mid d_{i-1}, \quad i = n, n-1, \cdots, 3$$

且

$$d_n \mid a_n, d_{n-1} \mid a_{n-1}, \cdots, d_3 \mid a_3, d_2 \mid a_2, d_2 \mid a_1$$

所以

$$d_n \mid a_n, d_n \mid a_{n-1}, \cdots, d_n \mid a_2, d_n \mid a_1$$

即 d_n 是整数 $a_1, a_2, a_3, \cdots, a_n$ 的公因子。

假设 c 为 $a_1, a_2, \cdots, a_n$ 的公因子，即

$$c \mid a_i, \quad i = 1, 2, \cdots, n$$

因为 $c \mid a_1, c \mid a_2$，由推论 1.1 得

$$c \mid d_2$$

进一步由 $c \mid a_3$，得

$$c \mid d_3$$

以此类推，最后得

$$c \mid d_n$$

根据定义 1.4，可知 d_n 是 $a_1, a_2, \cdots, a_n$ 的最大公因子。

运用定理 1.5，可证明后一个结论。

由于 $(a_1, a_2) = d_2$，因此存在整数 t_1, t_2，使得

$$t_1 a_1 + t_2 a_2 = d_2$$

由于 $(d_2, a_3) = d_3$，因此存在整数 u_1, u_2，使得

$$u_2 d_2 + u_3 a_3 = d_3$$

即

$$u_2(t_1 a_1 + t_2 a_2) + u_3 a_3 = u_2 t_1 a_1 + u_2 t_2 a_2 + u_3 a_3 = d_3$$

以此类推，存在整数 $s_1, s_2, \cdots, s_n$，使

$$s_1 a_1 + s_2 a_2 + \cdots + s_n a_n = (a_1, a_2, a_3, \cdots, a_n)$$

例 1.8[*] 计算 10836, 3744, 7452, 3834, 708 的最大公因子。

解 (1) 计算 $(10836, 3744)$。

$$10836 = 2 \times 3744 + 3348$$
$$3744 = 1 \times 3348 + 396$$
$$3348 = 8 \times 396 + 180$$
$$396 = 2 \times 180 + 36$$
$$180 = 5 \times 36 + 0$$

由定理 1.3，可知最后一个不为 0 的余数就是最大公因子，即 $(10836, 3744) = 36$。

(2) 计算 $(36, 7452) = 36$。

(3) 计算 $(36, 3834) = 18$。

(4) 计算 $(18, 708) = 6$。

所以，10836, 3744, 7452, 3834, 708 的最大公因子是 6。

1.4 最小公倍数

定义 1.5 设 $a_1, a_2, \cdots, a_n$ 是 n 个非零整数，若 m 是这 n 个数中每个数的倍数，即 $a_i \mid m$（$1 \leqslant i \leqslant n$），则 m 称为这 n 个数的一个**公倍数**。在 $a_1, a_2, \cdots, a_n$ 的所有公倍数中最小的正整数称为**最小公倍数**，记为 $[a_1, a_2, \cdots, a_n]$。

因为乘积 $|a_1| \, |a_2| \cdots |a_n|$ 就是 $a_1, a_2, \cdots, a_n$ 的一个公倍数，所以最小公倍数存在。

由于任何整数都不是 0 的倍数，故讨论最小公倍数时，总假定这些整数均不为 0。

同最大公因子类似，显然有 $[a_1, a_2, \cdots, a_n] = [|a_1|, |a_2|, \cdots, |a_n|]$，故只需讨论正整数的最小公倍数。

定义 1.5 也可做如下陈述。

设 $a_1, a_2, \cdots, a_n$ 是 n 个非零整数，m 为正整数，若：

(1) $a_i \mid m$，$i = 1, 2, \cdots, n$；

(2) 对任一正整数 u，若 $a_i \mid u$，$i = 1, 2, \cdots, n$，则 $m \mid u$。

则满足条件(1)的 m 称为 $a_1, a_2, \cdots, a_n$ 的**公倍数**；满足条件(1)和(2)的 m 称为 $a_1, a_2, \cdots, a_n$ 的**最小公倍数**，记为 $m = [a_1, a_2, \cdots, a_n]$。

当 $n = 2$ 时，定理 1.8 用于求两个整数的最小公倍数。

定理 1.8 设 a, b 是两个正整数，则

$$[a, b] = \frac{ab}{(a,b)}$$

证明 设 $d = (a, b)$，$a = a_1 d$，$b = b_1 d$。显然，$(a_1, b_1) = 1$。
所以

$$\frac{ab}{(a,b)} = a_1 b_1 d$$

因为

$$a \mid a_1 b_1 d, \quad b \mid a_1 b_1 d$$

由定义 1.5，可知 $a_1 b_1 d$ 是 a 和 b 的公倍数。

下面证明，$a_1 b_1 d$ 是 a 和 b 的最小公倍数。

假设整数 u 满足 $a \mid u$，$b \mid u$。

由 $a_1 d \mid u$ 得，存在整数 k，使得

$$u = k a_1 d \tag{1.9}$$

由 $b_1 d \mid u$，得

$$b_1 d \mid k a_1 d$$

因此

$$b_1 \mid k a_1$$

因为 $(a_1, b_1) = 1$，由定理 1.6，所以

$$b_1 \mid k$$

令 $k = m b_1$，m 为某整数。于是

$$u = m a_1 b_1 d \tag{1.10}$$

因此只要整数 u 满足 $a \mid u$，$b \mid u$，就有

$$a_1 b_1 d \mid u$$

这就证明了 $a_1 b_1 d$ 是 a 和 b 的最小公倍数，即

$$[a, b] = \frac{ab}{(a,b)}$$

例 1.9 计算 $[1946, 2006]$。

解 第一步，求 $(1946, 2006)$。

$$2006 = 1 \times 1946 + 60$$
$$1946 = 32 \times 60 + 26$$
$$60 = 2 \times 26 + 8$$
$$26 = 3 \times 8 + 2$$

$$8 = 4 \times 2 + 0$$

所以 $(1946, 2006) = 2$。

第二步，计算

$$[1946, 2006] = \frac{1946 \times 2006}{2} = 1951838$$

求两个以上正整数的最小公倍数，可以转化为一系列求两个正整数的最小公倍数。

设 $a_1, a_2, \cdots, a_n$ 是 n 个正整数，令

$$[a_1, a_2] = m_2, [m_2, a_3] = m_3, \cdots, [m_{n-1}, a_n] = m_n \tag{1.11}$$

有以下结论。

定理 1.9[*] 若 $a_1, a_2, \cdots, a_n$ 是 n 个正整数，则

$$[a_1, a_2, \cdots, a_n] = m_n$$

证明 由式(1.11)，可得

$$m_i \mid m_{i+1}, i = 2, 3, \cdots, n - 1$$

且

$$a_1 \mid m_2, a_2 \mid m_2, a_3 \mid m_3, \cdots, a_n \mid m_n$$

所以

$$a_1 \mid m_n, a_2 \mid m_n, \cdots, a_n \mid m_n$$

即 m_n 是整数 $a_1, a_2, a_3, \cdots, a_n$ 的公倍数。

假设 m 为 $a_1, a_2, \cdots, a_n$ 的公倍数，即

$$a_i \mid m, \quad i = 1, 2, \cdots, n$$

由式(1.11)，可知 $a_1 \mid m, a_2 \mid m$，则

$$m_2 \mid m$$

进一步，由 $a_3 \mid m$，得

$$m_3 \mid m$$

以此类推，最终得

$$m_n \mid m$$

根据定义 1.5，可知 m_n 是 $a_1, a_2, \cdots, a_n$ 的最小公倍数。

定理 1.8 和定理 1.9 给出了两个整数和多个整数的最小公倍数的求法。

例 1.10[*] 计算 200, 150, 360, 45 的最小公倍数。

解 第一步，根据定理 1.8，求 $[200, 150]$。

$$[200, 150] = \frac{200 \times 150}{(200, 150)} = \frac{200 \times 150}{50} = 600$$

第二步，求 $[600, 360]$。

$$[600, 360] = \frac{600 \times 360}{(600, 360)} = \frac{600 \times 360}{120} = 1800$$

第三步，求 $[1800, 45]$。

$$[1800, 45] = \frac{1800 \times 45}{(1800, 45)} = \frac{1800 \times 45}{45} = 1800$$

所以 1800 即为 200, 150, 360, 45 的最小公倍数。

1.5　整数的唯一分解

一个大于 1 的整数 p，若它的因子只有两个，即 1 和它本身，则称该整数 p 为**素数**；若还包括除 1 和它本身以外的因子，则称该整数为**合数**。1 和 0 既非素数也非合数。

素数与合数是相对立的两个概念，二者是数论中最基础的定义。

本节的主要内容是证明一个大于 1 的整数，若不考虑素数的次序，能唯一地分解成素数（素数幂）的乘积。

定理 1.10　若 p 为素数，a 是任一整数，则 $p \mid a$ 或 $(p, a) = 1$。

证明　因为 $(p, a) \mid p$，根据素数定义，有 $(p, a) = 1$ 或 $(p, a) = p$，后者即 $p \mid a$。

定理 1.11　设 p 为素数，a, b 为整数，若 $p \mid ab$，则 $p \mid a$ 或 $p \mid b$。

证明　由定理 1.10，若 $p \mid a$，得证。

若 $p \nmid a$，则 $(p, a) = 1$。由定理 1.5，可知存在整数 s, t，使得

$$sp + ta = 1$$

所以

$$spb + tab = b$$

由于 $p \mid ab$，因此 $p \mid b$。

定理 1.12（整数唯一分解定理）　任意大于 1 的整数可以分解为素数幂形式的乘积

$$a = p_1^{\alpha_1} p_2^{\alpha_2} \cdots p_k^{\alpha_k} \tag{1.12}$$

其中，$p_1 < p_2 < \cdots < p_k$ 为素数，$\alpha_1, \alpha_2, \cdots, \alpha_k$ 为正整数。若不考虑素数的次序，这种分解是唯一的。

式(1.12)称为 a 的**标准分解式**。

证明　首先证明标准分解式的存在性。

若 a 是素数，定理显然成立。

若 a 是合数，设 q_1 是 a 的最小真因子，则 q_1 一定是素数（若 q_1 不是素数，则存在 a 的更小的真因子）。

设

$$a = q_1 a_1, \quad 1 < a_1 < a$$

同理，若 a_1 是素数，则分解完毕。

若 a_1 是合数，则 a_1 存在最小的素因子 q_2。

设 $a = q_1 q_2 a_2, 1 \leqslant a_2 < a_1$。

如此进行下去，可得分解形式如下：

$$a = q_1 q_2 q_3 \cdots q_t$$

将相同的素数乘积写成幂形式，即得

$$a = p_1^{\alpha_1} p_2^{\alpha_2} \cdots p_k^{\alpha_k}, \quad p_1 < p_2 < \cdots < p_k, \alpha_i \geqslant 1, i = 1, 2, \cdots, k \tag{1.13}$$

下面证明标准分解式的唯一性。

假设存在 a 的另一组素数分解：

$$a = q_1^{\beta_1} q_2^{\beta_2} \cdots q_t^{\beta_t}, \quad q_1 < q_2 < \cdots < q_t, \beta_i \geq 1, i = 1, 2, \cdots, t \tag{1.14}$$

由定理 1.11，可知任一 p_i 必整除某一 q_j，反之 q_j 必整除 p_i，所以 $p_i = q_j$ 且 $k = t$。于是

$$p_1 = q_1, \cdots, p_k = q_k$$

由式(1.13)与式(1.14)得

$$q_1^{\beta_1 - \alpha_1} q_2^{\beta_2} \cdots q_k^{\beta_k} = p_2^{\alpha_2} \cdots p_k^{\alpha_k} \tag{1.15}$$

式(1.15)左边是素数 q_1 的倍数，而式(1.15)右边不是 q_1 的倍数，因此只有

$$\alpha_1 = \beta_1$$

同理可证

$$\alpha_i = \beta_i, \quad i = 1, 2, \cdots, k$$

通常，用符号 $p^\alpha \| a$ 表示 $p^\alpha | a$，但 $p^{\alpha+1} \nmid a$。如式(1.12)中，$p_1^{\alpha_1} \| a$。

例 1.11　写出 21, 28, 49, 100 的标准分解式。

解　根据定理 1.12，有

$$21 = 3 \times 7$$
$$28 = 2^2 \times 7$$
$$49 = 7^2$$
$$100 = 2^2 \times 5^2$$

唯一分解定理的直接应用是求最大公因子与最小公倍数。

对于式(1.12)有，如果正整数 d 满足 $d | a$，则 d 的标准分解式为

$$d = p_1^{\gamma_1} p_2^{\gamma_2} \cdots p_k^{\gamma_k}, \quad 0 \leq \gamma_i \leq \alpha_i, i = 1, 2, \cdots, k \tag{1.16}$$

反之，写成式(1.16)中形式的 d，必有 $d | a$。

定理 1.13　设整数 $a > 0, b > 0$，且

$$a = p_1^{\alpha_1} p_2^{\alpha_2} \cdots p_k^{\alpha_k}, \quad \alpha_i \geq 0, i = 1, 2, \cdots, k$$
$$b = p_1^{\beta_1} p_2^{\beta_2} \cdots p_k^{\beta_k}, \quad \beta_i \geq 0, i = 1, 2, \cdots, k$$

则

$$(a, b) = p_1^{d_1} p_2^{d_2} \cdots p_k^{d_k}, \quad d_i = \min(\alpha_i, \beta_i), i = 1, 2, \cdots, k \tag{1.17}$$

$$[a, b] = p_1^{m_1} p_2^{m_2} \cdots p_k^{m_k}, \quad m_i = \max(\alpha_i, \beta_i), i = 1, 2, \cdots, k \tag{1.18}$$

其中，符号 $\min(\alpha, \beta)$ 表示 α, β 中较小的数，符号 $\max(\alpha, \beta)$ 表示 α, β 中较大的数。

事实上，对任意实数 x, y，显然有

$$x + y = \max(x, y) + \min(x, y)$$

因此

$$[a, b] = \frac{ab}{(a, b)} = p_1^{\max(\alpha_1, \beta_1)} p_2^{\max(\alpha_2, \beta_2)} \cdots p_k^{\max(\alpha_k, \beta_k)}$$

例 1.12 计算 $a = 2^4 \times 3^2 \times 5^3 \times 7^6 \times 11^2$，$b = 3^4 \times 5^2 \times 7^3 \times 11 \times 13^2$ 的最大公因子与最小公倍数。

解 根据定理 1.13，有

$$(a, b) = 3^2 \times 5^2 \times 7^3 \times 11, \quad [a, b] = 2^4 \times 3^4 \times 5^3 \times 7^6 \times 11^2 \times 13^2$$

例 1.13 计算整数 70, 150, 210, 840 的最大公因子和最小公倍数。

解 根据定理 1.12，有

$$70 = 2 \times 5 \times 7$$
$$150 = 2 \times 3 \times 5^2$$
$$210 = 2 \times 3 \times 5 \times 7$$
$$840 = 2^3 \times 3 \times 5 \times 7$$

定理 1.13 可推广到多个整数的情况：

$$(70, 150, 210, 840) = 2 \cdot 5 = 10$$
$$[70, 150, 210, 840] = 2^3 \cdot 3 \cdot 5^2 \cdot 7 = 4200$$

若整数 a, b 比较大，通常难以分解，用标准分解式方法求两个数的最大公因子或最小公倍数时，计算量太大。用辗转相除法求最大公因子的优点是，不必考虑整数的分解。

1.6 素数有无穷多

根据 1.5 节的素数定义，2, 3, 5, 7, 11, 13,… 都是素数。10 以内的素数有 4 个，100 内的素数有 25 个，1000 以内的素数有 168 个……

关于素数的个数，有以下定理。

定理 1.14 素数有无穷多个。

证明 反证法。

假设素数是有限的，设 $p_1 = 2, p_2 = 3, \cdots, p_k$ 是全体素数。

令整数

$$P = p_1 p_2 \cdots p_k + 1$$

因为

$$p_i \nmid P, i = 1, 2, \cdots, k$$

所以 P 的任一素因子 q 不等于 $p_i, i = 1, 2, \cdots, k$。于是存在 $p_1, p_2, \cdots, p_k$ 以外的素数，假设错误。

故素数有无穷多个。

定理 1.15（契贝谢夫不等式）[*] 设 $x \geq 2$，则

$$\frac{\ln 2}{3} \frac{x}{\ln x} < \pi(x) < 6 \ln 2 \frac{x}{\ln x}$$

以及

$$\frac{1}{6 \ln 2} n \ln n < p_n < \frac{8}{\ln 2} n \ln n$$

其中，p_n 为第 n 个素数。

定理 1.16（素数定理） 设 $\pi(x)$ 表示不大于 x 的所有素数个数，则有

$$\lim_{x \to \infty} \frac{\pi(x)}{x / \ln x} = 1 \qquad (1.19)$$

根据定理 1.16，可知从不大于 x 的自然数中随机选一个，它是素数的概率大约是 $1/\ln x$。因为 $\lim_{x \to \infty} \frac{x / \ln x}{x} = 0$，所以 x 越大，素数分布越稀疏。

素数的个数无穷多，但它的分布并不规则，寻找素数是一个比较难的问题，下面讨论埃拉托斯特尼（Eratosthenes）筛法，该方法适于寻找给定界限内的素数序列。

Eratosthenes 筛法利用了这样一条定理。

定理 1.17（素数判断定理） 如果 n 不能被不大于 $\sqrt{n}$ 的任何素数整除，则 n 是一个素数。

因此要判断 n 是否为素数，只需判断 n 能否被不大于 $\sqrt{n}$ 的素数整除即可。

例 1.14 求 1～100 以内的所有素数。

分析：只需删除 1 和 1～100 内的所有合数。

根据定理 1.17，可知 1～100 内的所有合数必存在不超过 $\sqrt{100} = 10$ 的素因子。

首先，找出 10 以内的所有素数 2, 3, 5, 7。

然后，保留 2, 3, 5, 7，删除 1 以及 2, 3, 5, 7 的所有其他倍数。剩下的数就是 1～100 以内的所有素数，如下所示：

故 100 内的素数共有 25 个，它们是 2, 3, 5, 7, 11, 13, 17, 19, 23, 29, 31, 37, 41, 43, 47, 53, 59, 61, 67, 71, 73, 79, 83, 89, 97。

在密码算法中往往使用大素数，如二进制数表示的 500 位甚至 1000 位以上的素数。需要使用一些有效的素性检测算法，来判断一个随机整数是否为素数（详见第 5 章）。实际中，判断一个大整数是否为素数要比分解一个大整数容易得多。

素数理论是数论最早的研究课题之一，这方面有若干难题和猜想，至今仍是一个活跃的研究领域。围绕素数存在很多数学问题、数学猜想、数学定理，较为著名的有孪生素数猜想、哥德巴赫猜想等。数学家们通过研究这些难题或猜想，创造了极有价值的数学理论，推动了数学的发展。

1.7 麦什涅数与费马数*

定义 1.6 设 p 是一个素数，形如 $2^p - 1$ 的数称为麦什涅（Mersenne）数，记为 $M_p = 2^p - 1$。如果 M_p 是素数，就称它为**麦什涅素数**。

麦什涅数不一定都是素数，如 $M_2 = 2^2 - 1 = 3$、$M_3 = 2^3 - 1 = 7$ 是素数，$M_{11} = 2^{11} - 1 = 23 \times 89$ 不是素数。

定理 1.18　若 $2^n - 1$ 为素数，则 n 必为素数。

证明　反证法。

假设 $n = kl$ 不是素数，$k > 1, l > 1$。于是

$$2^n - 1 = 2^{kl} - 1 = (2^k - 1)(2^{k(l-1)} + \cdots + 2 + 1)$$

而

$$1 < 2^k - 1 < 2^n - 1$$

与题设矛盾，故 n 必为素数。

由定理 1.18，可知形如 $2^n - 1$ 的素数，必为麦什涅素数。

十七世纪，法国数学家麦什涅证明了当 $p = 2, 3, 4, 7, 17, 19, 31$ 时，M_p 是素数。

目前，已知的麦什涅素数有 48 个，它们是：

2, 3, 5, 7, 13, 17, 19, 31, 61, 89, 107, 127, 521, 607, 1279, 2203, 2281, 3217, 4253, 4423, 9689, 9941, 11213, 19937, 21701, 23209, 44497, 86243, 110503, 132049, 216091, 756839, 859433, 1257787, 1398269, 2976221, 3021377, 6972593, 13466917, 20996011, 24036583, 25964951, 30402457, 32582657（#44）, 37156667, 42643801, 43112609, 57885161（#48）。

现在还不知道在第 44 个麦什涅素数（$M_{25,964,951}$）和第 48 个（$M_{57,885,161}$）之间是否还存在未知的麦什涅素数。

麦什涅素数在代数编码等应用学科中得到了应用。

定义 1.7　设 n 是自然数，形如 $2^{2^n} + 1$ 的数称为**费马（Fermat）数**，记为 $F_n = 2^{2^n} + 1$。如果 F_n 是素数，就称它为**费马素数**。

最小的 5 个费马数为

$$F_0 = 3, \ F_1 = 5, \ F_2 = 17, \ F_3 = 257, \ F_4 = 65537$$

它们都是素数。

据此，1640 年法国数学家费马猜想 F_n（$n = 0, 1, 2, \cdots$）均为素数。但在 1732 年，欧拉证明了 $F_5 = 641 \times 6700417$ 是合数。

故费马猜想不正确，不能作为求素数公式。之后，人们又陆续找到了不少反例，如 $F_6 = 274177 \times 67280421310721$ 不是素数。至今，这样的反例共找到了 243 个，却没有找到第 6 个正面的例子。也就是说，目前只知道 $n = 0, 1, 2, 3, 4$ 的情况下，F_n 才是素数。于是有人推测，仅存在有限个费马素数。甚至有人猜想 $n > 4$ 时，费马数全是合数。

几千年来，数学家们一直在寻找这样一个公式，能给出所有素数。但直到现在，谁也未能找到这样的公式，而且未能找到证据，证明这样的公式一定不存在。这样的公式是否存在，成了一个著名的数学难题。

在二进制数的计算机运算中，麦什涅数和费马数可用来提高某些运算的效率。

例如，计算整数 c 除以麦什涅数 M_p 的余数，二进制数表示的 c 容易写成

$$c = c_0 + 2^p c_1 + 2^{2p} c_2 + \cdots + 2^{kp} c_k, \quad 0 \leq c_i < 2^p, i = 1, 2, \cdots, k$$

因此

$$c = (2^{kp} - 1)c_k + (2^{kp-1} - 1)c_{k-1} + \cdots + (2^p - 1)c_1 + c_k + c_{k-1} + \cdots + c_1 + c_0$$

c 除以 M_p 的余数与 $c_k + c_{k-1} + \cdots + c_1 + c_0$ 除以 M_p 的余数相同，因此将除法运算转化成加法运算。

若 $c_k + c_{k-1} + \cdots + c_1 + c_0 > M_p$，重复使用上述方法，即可得到 c 除以 M_p 的余数。

关于费马数，可使用类似方法实现快速除法运算。

1.8 素数的著名问题*

关于素数有很多世界级难题，如孪生素数、哥德巴赫猜想等。

孪生素数是指一对素数，两素数之差是 2。如 3 和 5，5 和 7，11 和 13，17 和 19，…，101 和 103，…，10016957 和 10016959 等都是孪生素数。

即使是大素数，也有可能是孪生素数。通过穷举计算发现，在小于 10^{15} 的 29 844 570 422 669 个素数中，有 1 177 209 242 304 对孪生素数，占了 3.94%。

孪生素数猜想：存在无穷多个素数 p，使得 $p + 2$ 也是素数。

孪生素数猜想是数论中著名的未解决问题。这个猜想由希尔伯特在 1900 年巴黎国际数学家大会的报告上第 8 个问题中提出，可以描述为"存在无穷多对孪生素数"。该问题尚未解决。

至 2011 年底，发现的最大的孪生素数是

$$3756801695685 \times 2^{666669} - 1,\ 3756801695685 \times 2^{666669} + 1$$

这对素数中的每个都长达 200700 位。

孪生素数方面迄今最好的结果是 1966 年由已故的中国数学家陈景润利用筛法（sieve method）取得的。陈景润证明了：存在无穷多个素数 p，使得 $p + 2$ 要么是素数，要么是两个素数的乘积。

孪生素数猜想可以弱化为"能不能找到一个正数，使得有无穷多对素数之差小于这个给定的正数"的问题，在孪生素数猜想中，这个正数就是 2。华人数学家张益唐找到的正数是"70000000"。

2013 年 5 月 14 日，《自然》（Nature）杂志在线报道，美国新罕布什尔大学的华人数学家张益唐证明了"存在无穷多个之差小于 70000000 的素数对"，这一研究被认为在孪生素数猜想这一数论问题上取得了重大突破。

哥德巴赫猜想（也称为"1+1"问题）是数论中存在最久的未解问题之一，也是希尔伯特第八个问题中的一个子问题。这个猜想最早出现在 1742 年普鲁士数学家哥德巴赫写给瑞士数学家欧拉的通信中。哥德巴赫猜想可以陈述为

"任一大于 2 的偶数，都可表示成两个素数之和。"

例如，$4 = 2 + 2,\ 8 = 3 + 5,\ 10 = 5 + 5,\ 12 = 5 + 7,\ 14 = 7 + 7,\ 16 = 3 + 13,\ 18 = 5 + 13, \cdots$

目前，最好的结果是陈景润在 1973 年发表的陈氏定理（也称为"1+2"定理），即"任一充分大的偶数都可以表示成二个素数的和，或是一个素数与两个素数积的和。"用通俗的话说就是，"大偶数 = 素数 + 素数"，或"大偶数 = 素数 + 素数 × 素数"。

数学中的猜想和难题，有的在提出后不久便被解决，有的尚未解决，数学家们在研究这些猜想和难题的过程中，推动了数学的发展。

习 题 1

1. 设 $n = 3219$，证明：n 被 3 整除，但不被 5, 7 整除。

2. 证明：存在整数 k，使得 $5 \mid 2k + 1$，并尝试给出整数 k 的一般形式。

3. 证明：$3 \nmid 3k + 2$，其中 k 为整数。

4. 设正整数 n 的 p 进制表示为 $n = a_0 + a_1 p + \cdots + a_k p^k$，证明：$a_i = \left[\dfrac{n}{p^i}\right] - p\left[\dfrac{n}{p^{i+1}}\right]$，$(0 \leqslant i \leqslant k)$。

5. 将十进制数 7535 分别表示成二进制数和十六进制数。

6. 将二进制数 $(1\,1100\,0100\,1110)_2$，$(100\,1010\,1011\,0011)_2$ 转化为十六进制数和十进制数。

7. 将十六进制数 $(\text{ABCDEF})_{16}$，$(\text{EFA0D57B})_{16}$ 分别转化为二进制数和十进制数。

8. 使用扩展的欧几里得算法计算整数 s, t，使得 $sa + tb = (a, b)$：
   (1) (489, 357)；　(2) (187, 221)；　(3) (6188, 4709)。

9. 将下列各组整数的最大公因子分别表示为整系数的线性组合。
   (1) (2, 7, 11)；　(2) (6, 21, 27)；　(3) (42, 63, 161)。

10. 设 $n \in Z$，证明：$6 \mid n(n+1)(n+2)$。

11. 证明：每个奇数的平方具有 $8k + 1$ 形式。

12. 证明：
    (1) 形如 $3k + 1$ 的奇数一定是形如 $6h + 1$ 的整数；
    (2) 形如 $3k - 1$ 的奇数一定是形如 $6h - 1$ 的整数。

13. 如果 $a \in Z$，证明：$3 \mid a^3 - a$。

14. 如果 $3 \nmid n$，证明：$3 \mid n^2 - 1$。

15. 设 $a, b \in Z$，令 $d = (a, b)$，且 $a = da_1$，$b = db_1$，证明：$(a_1, b_1) = 1$。

16. 设 $a, b \in Z$，$a \neq 0$，证明：$(a, a + b) \mid b$。

17. 设 $a, b \in Z$，证明：$(a, b) = (a, ka + b)$，其中 k 为任意整数。

18. 设 $u, v, n \in Z$，如果 $(u, v) = 1$，且 $u \mid n$，$v \mid n$，证明：$uv \mid n$。

19. 设 a, b 为整数，d 为正整数，证明：$(ad, bd) = d(a, b)$。

20. 设 $a, b, c \in Z$，$(a, b) = 1$，证明：$(a, bc) = (a, c)$。

21. 设 $u, v \in Z$，$(u, v) = 1$，证明：$(u + v, u - v) = 1$ 或 2。

22. 设 $m, n \in Z^+$，整数 $a > 1$，证明：$(a^m - 1, a^n - 1) = a^{(m, n)} - 1$。

23. 设 $n \in Z^+$，证明：$1 + \dfrac{1}{2} + \dfrac{1}{3} + \cdots + \dfrac{1}{n}$ 不是整数。

24. 求 388 与 572 的最小公倍数。

25. 设 $a, b \in Z$，$m \in Z^+$，证明：$(ma, mb) = m(a, b)$，$[ma, mb] = m[a, b]$。

26. 设 $a_1, a_2, \cdots, a_n \in Z$，证明：$(a_1, a_2, \cdots, a_n) = ((a_1, \cdots, a_s), (a_{s+1}, \cdots, a_n))$。

27. 设 $a_1, a_2, \cdots, a_n \in Z$，证明：$[a_1, a_2, \cdots, a_n] = [[a_1, \cdots, a_s], [a_{s+1}, \cdots, a_n]]$。

28. 证明：$\sqrt{2}$ 是无理数，即证明：不存在有理数 $r = a/b$ 使得 $r^2 = 2$。

29. 设 $m \in Z$，证明：$\sqrt[n]{m}$ 是有理数当且仅当 m 是某个整数的 n 次方。

30. 证明：$\log_2 10$，$\log_3 11$，$\log_{10} 15$ 都是无理数。

31. 是否存在这样的整数 a, b, c，使得 $a \mid bc$，但 $a \nmid b$，$a \nmid c$？

32. 设 $a, b \in Z$，$n \in Z^+$，$(a, b) = 1$，证明：$(a^n, b^n) = 1$。

33. 设 $a, b \in Z$，$n \in Z^+$，$a \mid b$，证明：$a^n \mid b^n$。

34. 设合数 $n \in Z^+$，p 是素数，若 $p > n^{1/3}$，证明：n/p 是素数。

35. 设 $n \in Z^+$，证明：n 可唯一地写成 $n = ab^k$，其中，a, b, k 为正整数，不存在整数 $d > 1$ 使得 $d^k \mid a$。

36. 写出下列各数的素因子分解：

    (1) 16;   (2) 28;   (3) 300;   (4) 3740。

37. 设 n 个正整数 $a_1, a_2, \cdots, a_n$ 的标准分解式为

$$\begin{cases} a_1 = p_1^{\alpha_{11}} p_2^{\alpha_{12}} \cdots p_k^{\alpha_{1k}} \\ a_2 = p_1^{\alpha_{21}} p_2^{\alpha_{22}} \cdots p_k^{\alpha_{2k}} \\ \vdots \\ a_n = p_1^{\alpha_{n1}} p_2^{\alpha_{n2}} \cdots p_k^{\alpha_{nk}} \end{cases}$$

其中，$p_1 < p_2 < \cdots < p_k$，$0 \leqslant \alpha_{ij}(i = 1, 2, \cdots, n, j = 1, 2, \cdots, k)$。证明：

(1) $(a_1, a_2, \cdots, a_n) = p_1^{d_1} p_2^{d_2} \cdots p_k^{d_k}$，$d_j = \min(\alpha_{1j}, \alpha_{2j}, \cdots, \alpha_{nj})$，$j = 1, 2, \cdots, k$。

(2) $[a_1, a_2, \cdots, a_n] = p_1^{m_1} p_2^{m_2} \cdots p_k^{m_k}$，$m_j = \max(\alpha_{1j}, \alpha_{2j}, \cdots, \alpha_{nj})$，$j = 1, 2, \cdots, k$。

38. 已知下列各数的因数分解，写出其最大公因子和最小公倍数：

    (1) $2^3 \cdot 3 \cdot 5^4 \cdot 11^3 \cdot 13$，$2^2 \cdot 3^3 \cdot 5^2 \cdot 7 \cdot 11^3 \cdot 13^2 \cdot 17$；

    (2) $2 \cdot 3 \cdot 5 \cdot 7 \cdot 11$，$13 \cdot 17 \cdot 19 \cdot 23$；

    (3) $2 \cdot 3 \cdot 5 \cdot 7 \cdot 11 \cdot 17^3$，$2 \cdot 3^3 \cdot 5^2 \cdot 7^2 \cdot 13^3 \cdot 17^3$，$2^2 \cdot 3^2 \cdot 5^3 \cdot 7^4 \cdot 13^2 \cdot 17^3 \cdot 19$；

    (4) $29^2 \cdot 47^3 \cdot 79^5 \cdot 89^2 \cdot 101^3$，$23^4 41^2 47^5 79^9 101$，$23^4 29^2 \cdot 41 \cdot 47^2 \cdot 79^4 \cdot 89^3 \cdot 101^4$。

39. 设 $n \in Z^+$，有标准因数分解

$$a = p_1^{\alpha_1} p_2^{\alpha_2} \cdots p_k^{\alpha_k}, \quad \alpha_i \geqslant 1 \quad (i = 1, 2, \cdots, k)$$

证明：n 的因数个数为 $d(n) = (1 + \alpha_1) \cdots (1 + \alpha_k)$。

40. 设 a, b 为正整数，p 为素数，用 $\mathrm{ind}_p(a)$ 表示 a 的标准分解式中所含 p 的幂次。证明：

$$\mathrm{ind}_p(a + b) \geqslant \min(\mathrm{ind}_p(a), \mathrm{ind}_p(b))$$

且当 $\mathrm{ind}_p(a) \neq \mathrm{ind}_p(b)$ 时，等号成立。

41. 设 $a, b \in Z^+$，则 $(a, b) \mid [a, b]$，什么条件下有 $(a, b) = [a, b]$？

42. 证明：奇素数一定能表示成两个平方数之差。

43. 设 $k \in Z^+$，证明：形如 $4k - 1, 6k - 1$ 的素数有无穷多。

44. 运用 Eratosthenes 筛法求出 200 以内的所有素数。

45. 证明：$641 \mid F_5$，从而第 5 个费马数是合数。

46. 设 $p_1 = 2 < p_2 < \cdots < p_n < \cdots$ 是递增的素数列，证明：$p_n < 2^{2^{n-1}}$。

47. 已知费马数的形式为 $F_n = 2^{2^n} + 1$，$n \in Z^+$，证明：不同的费马数两两互素。由此推出素数有无穷多。

48. 求 $5x + 7y = 100$ 的整数解。

49. 如果 $a^n - 1$ 是素数，证明：$a = 2$ 且 n 为素数。

50. 如果 $a^n + 1$ 是素数，证明：a 为偶数且 n 为 2 的幂。

51. 设 $a, b, c \in Z$，a, b 不全为零，则不定方程 $ax + by = c$ 有解的充要条件是 $(a, b) \mid c$；如果有解 x_0, y_0，则方程的所有解可表示为

$$x = x_0 - k\frac{b}{(a, b)}, \quad y = y_0 - k\frac{a}{(a, b)}$$

式中，$k = 0, \pm 1, \pm 2, \cdots$。

52. 证明：不定方程 $x^4 + y^4 = z^2$ 没有正整数解。

第2章 同余式

同余描述两个整数之间的一种关系，是数论中的一个基本概念，首先由高斯引入，是数论中一个内容丰富的分支，数论中的很多问题直接或间接地应用了同余理论。本章介绍同余的基本概念和性质，以及剩余类、欧拉定理、费马小定理、一次同余式的求解和中国剩余定理等。

2.1 同余的定义

定义 2.1 给定一个正整数 m，若用 m 分别去除两个整数 a, b 所得的余数相同，则称 a 与 b 模 m 同余，记为 $a \equiv b \pmod{m}$。

如果余数不同，就称 a, b 模 m 不同余，记为 $a \not\equiv b \pmod{m}$。

例 2.1 739 除以 7 的余数是 4，18 除以 7 的余数也是 4，所以，$739 \equiv 18 \pmod{7}$ 以及 $39 \equiv 4 \pmod{7}$。

同样，$1623 \equiv 7 \pmod{8}$, $1623 \equiv 15 \pmod{8}$。

定理 2.1 整数 a, b 模 m 同余的充要条件是 $m \mid a - b$。

证明 设 $a = k_1 m + r_a$, $b = k_2 m + r_b$, $0 \leqslant r_a, r_b < m$, k_1, k_2 为整数。

"$\Rightarrow$" 若 a, b 模 m 同余，由定义 2.1，得

$$r_a = r_b$$

于是

$$a - b = (k_1 - k_2)m$$

即

$$m \mid a - b$$

"$\Leftarrow$" $m \mid a - b \Rightarrow m \mid (k_1 - k_2)m + (r_a - r_b) \Rightarrow m \mid r_a - r_b$

因为

$$-m < r_a - r_b < m$$

所以只有 $r_a = r_b$。

故 a 与 b 模 m 同余。

推论 2.1 $a \equiv b \pmod{m}$，当且仅当存在整数 k，使得 $a = km + b$。

例 2.2 因为 $7 \mid 739 - 18$，所以 $739 \equiv 18 \pmod{7}$。

因为 $7 \mid 162 - 22$，所以 $162 \equiv 22 \pmod{7}$。

$731 = 101 \cdot 7 + 24$，根据推论 2.1，可知 $731 \equiv 24 \pmod{7}$。

显然，同余是一个等价关系，即对任意的整数 a, b, c 和正整数 m，满足以下关系：

(1) $a \equiv a \pmod{m}$（自反性）；

(2) 若 $a \equiv b \pmod{m}$，则 $b \equiv a \pmod{m}$（对称性）；

(3) 若 $a \equiv b \pmod{m}$，$b \equiv c \pmod{m}$，则 $a \equiv c \pmod{m}$（传递性）。

定理 2.2 设 $a, b, d, a_1, a_2, b_1, b_2, m$ 为整数，则有以下性质。

(1) 若 $a_1 \equiv b_1 \pmod{m}$，$a_2 \equiv b_2 \pmod{m}$，则：

    ① $a_1 + a_2 \equiv b_1 + b_2 \pmod{m}$，$a_1 - a_2 \equiv b_1 - b_2 \pmod{m}$；

    ② $a_1 a_2 \equiv b_1 b_2 \pmod{m}$；

(2) 若 $a \equiv b \pmod{m}$，n 为正整数，则 $a^n \equiv b^n \pmod{m}$；进一步，有 $f(a) \equiv f(b) \pmod{m}$，其中，$f(x)$ 为一个整系数多项式；

(3) 设 $ad \equiv bd \pmod{m}$，若 $(d, m) = 1$，则 $a \equiv b \pmod{m}$；

(4) 设 $a \equiv b \pmod{m}$，若 $d \mid m$，则 $a \equiv b \pmod{d}$；

(5) 设 $a \equiv b \pmod{m}$，若 d 是 a, b, m 的公因子，则 $\dfrac{a}{d} \equiv \dfrac{b}{d} \left(\bmod \dfrac{m}{d} \right)$；

(6) 若 $a \equiv b \pmod{m_i}$，$i = 1, 2, \cdots, k$，则 $a \equiv b \pmod{[m_1, m_2, \cdots, m_k]}$；

(7) 若 $a \equiv b \pmod{m}$，则 $(a, m) = (b, m)$。

证明

(1) 若 $a_1 \equiv b_1 \pmod{m}$，$a_2 \equiv b_2 \pmod{m}$，则存在 $k_1, k_2 \in Z$，使得

$$a_1 = k_1 m + b_1, \quad a_2 = k_2 m + b_2$$

于是

①
$$a_1 + a_2 = (k_1 + k_2)m + b_1 + b_2$$

因此

$$a_1 + a_2 \equiv b_1 + b_2 \pmod{m}$$

同理

$$a_1 - a_2 \equiv b_1 - b_2 \pmod{m}$$

②
$$a_1 a_2 = (k_1 k_2 m + b_1 k_2 + b_2 k_1)m + b_1 b_2$$

由推论 2.1 知

$$a_1 a_2 \equiv b_1 b_2 \pmod{m}$$

(2) 类似(1)中②的证明即得。

(3) 若 $ad \equiv bd \pmod{m}$，则 $m \mid (a - b)d$。

由定理 1.6，因为 $(d, m) = 1$，所以 $m \mid (a - b)$，即 $a \equiv b \pmod{m}$。

(4) 若 $a \equiv b \pmod{m}$，则 $m \mid a - b$。

因为 $d \mid m$，所以 $d \mid a - b$。

因此 $a \equiv b \pmod{d}$。

(5) 若 $a \equiv b \pmod{m}$，则存在 $k \in Z$，使得 $a = km + b$。

由于 d 是 a, b, m 的公因子，因此 $\dfrac{a}{d} = k \dfrac{m}{d} + \dfrac{b}{d}$。

故 $\dfrac{a}{d} \equiv \dfrac{b}{d} \left(\bmod \dfrac{m}{d} \right)$。

(6) 若 $a \equiv b \pmod{m_i}$，$i = 1, 2, \cdots, k$，即 $m_i \mid (a - b)$，$i = 1, 2, \cdots, k$。

由最小公倍数定义 1.5 知，$[m_1, m_2, \cdots, m_k] \mid a - b$，

故 $a \equiv b \pmod{[m_1, m_2, \cdots, m_k]}$。

(7) 若 $a \equiv b \pmod{m}$，则存在 $k \in Z$，使得 $a = km + b$。

由定理 1.2，有 $(a, m) = (b, m)$。

例 2.3 已知 $3 \equiv 703 \pmod 7$, $5 \equiv 75 \pmod 7$，则 $3 + 5 \equiv 703 + 75 \pmod 7$以及 $3 \times 5 \equiv 703 \times 75 \pmod 7$。

已知 $6 \equiv 496 \pmod 7$，因为$(2, 7) = 1$，由定理 2.2 的(3)，可得 $3 \equiv 248 \pmod 7$。

已知 $6 \equiv 286 \pmod{14}$，因为 $7 \mid 14$，所以 $6 \equiv 286 \pmod 7$。

已知 $6 \equiv 286 \pmod{14}$，$2 \mid 6$, $2 \mid 286$, $2 \mid 14$，由定理 2.2 的(4)，可得 $3 \equiv 143 \pmod 7$。

已知 $12 \equiv 1212 \pmod{12}$, $12 \equiv 1212 \pmod{10}$，因为$[12, 10] = 60$，根据定理 2.2 的(6)得 $12 \equiv 1212 \pmod{60}$。

对任意的整数 k，有 $2 \equiv 10k + 2 \pmod{10}$，根据定理 2.2 的(7)得$(2, 10) = (10k + 2, 10)$。

例 2.4 求证：

(1) $8 \mid (47^{2131} + 17)$；

(2) $8 \mid (5^{2n} + 7)$；

(3) $127 \mid (19^{3000} - 1)$。

证明

(1) 因为 $47 = 6 \times 8 - 1$，$47^{2131} = k \times 8 - 1$（$k$ 为某整数）。

于是

$$47^{2131} + 17 = k \times 8 + 16$$

所以，$8 \mid (47^{2131} + 17)$。

(2) $5^{2n} = 25^n = (3 \times 8 + 1)^n = k \times 8 + 1$（$k$ 为某整数）。所以，$8 \mid (5^{2n} + 7)$。

(3) 因为 $19^6 \equiv 1 \pmod{127}$，所以 $127 \mid (19^{3000} - 1)$。

例 2.5 证明一个十进制数被 9 除的余数，等于它的各位数之和被 9 除的余数。

证明 设这个十进制数为 $A = a_n a_{n-1} \cdots a_2 a_1 a_0$，于是

$$A \pmod 9 = ((11 \cdots 11) \times 9 + 1)a_n + ((1 \cdots 11) \times 9 + 1)a_{n-1} + \cdots +$$
$$(11 \times 9 + 1)a_2 + (1 \times 9 + 1)a_1 + a_0 \pmod 9$$
$$= a_n + a_{n-1} + \cdots + a_2 + a_1 + a_0 \pmod 9$$

例 2.5 说明，一个整数能被 9 整除，当且仅当它的各位数之和能被 9 整除。

例 2.6 证明任意平方数除以 4 的余数为 0 或 1。

证明 奇数$^2 = (2k+1)^2 = 4k^2 + 4k + 1 \equiv 1 \pmod 4$，其中 k 为整数；

偶数$^2 = (2k)^2 = 4k^2 \equiv 0 \pmod 4$，其中 k 为整数。

推论 2.2 设 a, b, m, n 为整数，$(m, n) = 1$，若 $a \equiv b \pmod m$, $a \equiv b \pmod n$，则

$$a \equiv b \pmod{mn}$$

证明 由定理 2.2 的(6)可证。

2.2 剩余类

设 m 是一个正整数，任一整数除以 m 所得的余数是 $0, 1, 2, \cdots, m - 1$ 中的某一个。用集合符号$[i]$（$0 \leqslant i \leqslant m - 1$）表示所有模 m 余数为 i 的集合，该集合中元素的形式为 $a = km +$

$i, k \in Z$，所以任何一个整数必属于某个$[i]$。于是有

$$Z = [0] \cup [1] \cup \cdots \cup [m-1] \tag{2.1}$$

显然，上述子集互不相交。事实上，$[i]$中任意两个整数都模m同余，它们的形式是$a = km + i, k \in Z$，而与其他子集中的整数模m不同余。如果$a \in [i]$，则$[i]$也可记为$[a]$。

Z的子集合$[i]$称为整数模m的一个**剩余类**。式(2.1)中的$[0], [1], \cdots, [m-1]$构成模m的**完全剩余类**，用

$$Z_m = \{[0], [1], \cdots, [m-1]\}$$

表示，通常简记为$Z_m = \{0, 1, \cdots, m-1\}$。

定义 2.2　从剩余类$[i]$（$i = 0, 1, \cdots, m-1$）中各任取一个数$a_i \in [i]$，则

$$a_0, a_1, \cdots, a_{m-1}$$

称为模m的一组**完全剩余系**。

最常用的完全剩余系是

$$0, 1, 2, \cdots, m-1$$

称为整数模m的**非负最小完全剩余系**。

例 2.7　整数模15的15个剩余类是$[0], [1], \cdots, [14]$。

15, 16, 2, – 12, 49, 5, 36, 22, 8, – 21, 160, 11, 12, 43, 14构成整数模m的一组完全剩余系。

一般地，在完全剩余类$Z_m = \{[0], [1], \cdots, [m-1]\}$中可以定义加法"+"、减法"–"与乘法"·"运算：

(1) $[i] + [j] = [i+j]$；

(2) $[i] - [j] = [i-j]$；

(3) $[i] \cdot [j] = [i \times j]$。

不难验证，这里的减法"–"是加法"+"的逆运算，且Z_m中的"+"、"–"、"·"运算与整数中的加法、减法、乘法运算性质相同。

定理 2.3　只要某个剩余类中的一个数与m互素，则该剩余类的所有其他数也与m互素。

证明　模m的任一剩余类$[i]$中的数可以写成$km + i, k \in Z$。

只要$(i, m) = 1$，则由定理 2.2 的(7)，有$(km + i, m) = 1$。

定理 2.4　$a_0, a_1, \cdots, a_{m-1}$是模$m$的一组完全剩余系的充要条件是它们模$m$两两不同余。

证明　"$\Rightarrow$"　若$a_0, a_1, \cdots, a_{m-1}$是模$m$的一组完全剩余系，则它们分别属于模$m$不同的剩余类，所以模$m$两两不同余。

"$\Leftarrow$"　反之，若$a_0, a_1, \cdots, a_{m-1}$模$m$两两不同余，则这$m$个数分别属于模$m$不同的剩余类，它们构成模$m$的一组完全剩余系。

定理 2.5　设$a_0, a_1, \cdots, a_{m-1}$是模$m$的一组完全剩余系，若$(k, m) = 1$，则

$$ka_0, ka_1, \cdots, ka_{m-1}$$

也是模m的一组完全剩余系。

证明　只需证明，对任意的$i \neq j$（$0 \leq i, j \leq m-1$），都有$m \nmid ka_i - ka_j$即可。

事实上，若$m \mid k(a_i - a_j)$，由于$(k, m) = 1$，则由定理 1.6，可得

$$m \mid a_i - a_j$$

这与

$$a_0, a_1, \cdots, a_{m-1}$$

是模 m 的一组完全剩余系相矛盾。故

$$ka_1, ka_2, \cdots, ka_m$$

是模 m 的一组完全剩余系。

2.3　欧拉函数

定义 2.3　如果模 m 的一个剩余类中的数与 m 互素，就称这个剩余类为与模 m 互素的剩余类。在与 m 互素的所有剩余类中，各取一数所组成的集合叫做模 m 的一组缩系（也称为既约剩余系）。

由定理 2.3，可知剩余类 $[a]$ 中的一个数与模 m 互素，则 $[a]$ 中所有的数都与模 m 互素。

例 2.8　取 $m = 15$，模 15 的完全剩余类 $Z_{15} = \{[0], [1], [2], \cdots, [14]\}$，$[4]$ 是与模 15 互素的剩余类。$\{1, 2, 4, 7, 8, 11, 13, 14\}$ 是模 15 的一组缩系，$\{1, -13, 4, -8, 8, -4, 13, -1\}$ 也是模 15 的一组缩系。

定义 2.4　欧拉函数 $\varphi(m)$ 表示整数序列 $0, 1, 2, \cdots, m-1$ 中与 m 互素的数的个数。

例 2.9　$\varphi(1) = 1$（约定），$\varphi(2) = 1$，$\varphi(3) = 2$，$\varphi(5) = 4$，$\varphi(6) = 2$。

当 p 为素数时，显然有 $\varphi(p) = p - 1$。

定理 2.6　模 m 的一组缩系含有 $\varphi(m)$ 个数。

证明　根据定义 2.3 缩系的定义可证。

定理 2.7　设 $a_1, a_2, \cdots, a_{\varphi(m)}$ 是模 m 的一组缩系，若 $(k, m) = 1$，则

$$ka_1, ka_2, \cdots, ka_{\varphi(m)}$$

也是模 m 的一组缩系。

证明　因为 $(a_i, m) = 1$，$(k, m) = 1$，则

$$(ka_i, m) = 1, \ 1 \leq i \leq \varphi(m)$$

由于

$$m \nmid a_i - a_j, \ 1 \leq i \neq j \leq \varphi(m)$$

有

$$m \nmid k(a_i - a_j), \ 1 \leq i \neq j \leq \varphi(m)$$

即

$$ka_i \not\equiv ka_j \pmod{m}$$

所以 $ka_i\,(1 \leq i \leq \varphi(m))$ 与 m 互素且属于不同剩余类。

故

$$ka_1, ka_2, \cdots, ka_{\varphi(m)}$$

也是模 m 的一组缩系。

例 2.10　1, 2, 4, 7, 8, 11, 13, 14 是模 15 的一组缩系，因为 $(2, 15) = 1$，所以，2, 4, 8, 14, 16, 22, 26, 28 也是模 15 的一组缩系。

在介绍欧拉定理之前思考下列例题。

例 2.11 取 $m = 5$，有

$$2^1 \equiv 2 \ (\mathrm{mod} \ 5), 2^2 \equiv 4 \ (\mathrm{mod} \ 5), 2^3 \equiv 3 \ (\mathrm{mod} \ 5), 2^4 \equiv 1 \ (\mathrm{mod} \ 5)$$

$$3^1 \equiv 3 \ (\mathrm{mod} \ 5), 3^2 \equiv 4 \ (\mathrm{mod} \ 5), 3^3 \equiv 2 \ (\mathrm{mod} \ 5), 3^4 \equiv 1 \ (\mathrm{mod} \ 5)$$

$$4^1 \equiv 4 \ (\mathrm{mod} \ 5), 4^2 \equiv 1 \ (\mathrm{mod} \ 5)$$

取 $m = 15$，有

$$2^1 \equiv 2 \ (\mathrm{mod} \ 15), 2^2 \equiv 4 \ (\mathrm{mod} \ 15), 2^3 \equiv 8 \ (\mathrm{mod} \ 15), 2^4 \equiv 1 \ (\mathrm{mod} \ 15)$$

$$11^1 \equiv 11 \ (\mathrm{mod} \ 15), 11^2 \equiv 1 \ (\mathrm{mod} \ 15)$$

$$13^1 \equiv 13 \ (\mathrm{mod} \ 15), 13^2 \equiv 4 \ (\mathrm{mod} \ 15), 13^3 \equiv 7 \ (\mathrm{mod} \ 15), 13^4 \equiv 1 \ (\mathrm{mod} \ 15)$$

对一般的正整数 m，是否存在整数 k 和 T，使得 $k^T \equiv 1 \ (\mathrm{mod} \ m)$？欧拉定理给予了答案。

定理 2.8（欧拉定理） 设 $m \in Z^+$，$(k, m) = 1$，则

$$k^{\varphi(m)} \equiv 1 \ (\mathrm{mod} \ m)$$

证明 设整数

$$a_1, a_2, \cdots, a_{\varphi(m)}$$

是模 m 的一组缩系，因为 $(k, m) = 1$，且由定理 2.7，知

$$ka_1, ka_2, \cdots, ka_{\varphi(m)}$$

也是模 m 的一组缩系。

因此

$$a_1 a_2 \cdots a_{\varphi(m)} \equiv ka_1 ka_2 \cdots ka_{\varphi(m)} \ (\mathrm{mod} \ m)$$

故

$$k^{\varphi(m)} a_1 a_2 \cdots a_{\varphi(m)} \equiv a_1 a_2 \cdots a_{\varphi(m)} \ (\mathrm{mod} \ m)$$

由定理 2.2 的(3)，可得

$$k^{\varphi(m)} \equiv 1 \ (\mathrm{mod} \ m)$$

根据欧拉定理，可以得到以下结论。

定理 2.9（费马小定理） 若 p 为素数，$(a, p) = 1$，则

$$a^{p-1} \equiv 1 \ (\mathrm{mod} \ p)$$

定理 2.10 设 p 为素数，$a \in Z$，则有

$$a^p \equiv a \ (\mathrm{mod} \ p)$$

证明 若 $(a, p) = p$，显然成立。

若 $(a, p) = 1$，根据费马小定理

$$a^{p-1} \equiv 1 \ (\mathrm{mod} \ p)$$

故

$$a^p \equiv a \ (\mathrm{mod} \ p)$$

当 m 为合数时，如何求 $\varphi(m)$？

定理 2.11 设 p 为素数，$k \in Z^+$，则有

$$\varphi(p^k) = p^{k-1}(p - 1)$$

证明 在 $0, 1, 2, \cdots, p^k - 1$ 中，与 p^k 不互素的数恰是 p 的倍数，它们是

$$0, p, 2p, \cdots, (p^{k-1} - 1)p$$

共有 p^{k-1} 个，剩余的数均与 p^k 互素，共有 $p^k - p^{k-1} = p^{k-1}(p-1)$ 个。

于是

$$\varphi(p^k) = p^k - p^{k-1} = p^{k-1}(p-1)$$

定理 2.12 设 $m, n \in Z^+$，$(m, n) = 1$，则

$$\varphi(mn) = \varphi(m)\varphi(n)$$

证明 将 $0, 1, \cdots, mn-1$ 各数按如下形式写出：

$$
\begin{array}{ccccc}
0 & m & 2m & \cdots & (n-1)m \\
1 & m+1 & 2m+1 & \cdots & (n-1)m+1 \\
2 & m+2 & 2m+2 & \cdots & (n-1)m+2 \\
& \cdots & & & \cdots \\
m-1 & 2m-1 & 3m-1 & \cdots & nm-1
\end{array}
\tag{2.2}
$$

由定理 2.3，可知恰有 $\varphi(m)$ 行的数与 m 互素。

下一步证明，在式(2.2)的每一行中，恰有 $\varphi(n)$ 个数与 n 互素。因为

$$0, 1, 2, \cdots, n-1$$

是模 n 的一组完全剩余系，且 $(m, n) = 1$，由定理 2.5，得

$$0, m, 2m, \cdots, (n-1)m$$

也是模 n 的一组完全剩余系。

不难证明

$$0+a, m+a, 2m+a, \cdots, (n-1)m+a \ (0 \leqslant a \leqslant n-1)$$

也是模 n 的一组完全剩余系。

由定理 2.6，可知每一行有 $\varphi(n)$ 个数与 n 互素。

故如式(2.2)所示 $0, 1, 2, \cdots, mn-1$ 的 mn 个数中，恰有 $\varphi(m)\varphi(n)$ 个数与 mn 互素，即

$$\varphi(mn) = \varphi(m)\varphi(n)$$

推论 2.3 设 $n = pq$，其中 p, q 为素数且 $(p, q) = 1$，则

$$\varphi(n) = \varphi(p)\varphi(q) = (p-1)(q-1)$$

定义 2.5 在数论中，积性函数是指定义在正整数上的算术函数 $f(n)$，有如下性质：$f(1) = 1$，且当 a 与 b 互素时，有

$$f(ab) = f(a)f(b)$$

若一个函数 $f(n)$ 有如下性质：$f(1) = 1$，且对于任意两个正整数 a 和 b，无论 a, b 是否互素，都有

$$f(ab) = f(a)f(b)$$

成立，则称此函数为**完全积性函数**。

由定理 2.12，可知欧拉函数 $\varphi(n)$ 为积性函数。

定理 2.13 设 $n = p_1^{\alpha_1} p_2^{\alpha_2} \cdots p_k^{\alpha_k}$，$p_1 < p_2 < \cdots < p_k$ 为素数，$\alpha_1, \alpha_2, \cdots, \alpha_k$ 为正整数，则

$$\varphi(n) = p_1^{\alpha_1-1}(p_1-1) p_2^{\alpha_2-1}(p_2-1) \cdots p_k^{\alpha_k-1}(p_k-1)$$

证明 由定理 2.12，得

$$\varphi(n) = \varphi(p_1^{\alpha_1})\varphi(p_2^{\alpha_2})\cdots\varphi(p_k^{\alpha_k})$$

再由定理 2.11，可得

$$\varphi(n) = p_1^{\alpha_1-1}(p_1-1)p_2^{\alpha_2-1}(p_2-1)\cdots p_k^{\alpha_k-1}(p_k-1)$$

例 2.12 分别求 $n = 7, 8, 10, 11, 15$ 的欧拉函数值。

解 因为 7 是素数，所以 $\varphi(7) = 6$。

$$\varphi(8) = \varphi(2^3) = 2^2 \times (2-1) = 4$$

$$\varphi(10) = \varphi(2)\varphi(5) = 4$$

$$\varphi(11) = 10$$

$$\varphi(15) = \varphi(3)\varphi(5) = 8$$

定理 2.14* 设 n 是一个正整数，则

$$\sum_{d|n}\varphi(d) = n$$

证明 考虑有理数集

$$S = \left\{\frac{r}{n} \,\middle|\, r = 1, 2, \cdots, n\right\}$$

将 S 中的每个数化为既约分数，得

$$S^* = \left\{\frac{r/(r,n)}{n/(r,n)} = \frac{h}{k} \,\middle|\, r = 1, 2, \cdots, n\right\}$$

显然，S^* 中的 n 个分数值仍然各不相同。

S^* 中的 $\dfrac{h}{k}$ 是既约分数，则有

$$k \,|\, n, \quad (h, k) = 1, \quad h \leqslant k \tag{2.3}$$

反之，对于给定的 n，任一满足式(2.3)中三个条件的分数 $\dfrac{h}{k}$ 在 S^* 中。这是因为

$$\frac{h \times \dfrac{n}{k}}{k \times \dfrac{n}{k}} = \frac{r}{n}, r \leqslant n$$

进一步，对于每个 $k \,|\, n$，满足式(2.3)的分数 $\dfrac{h}{k}$ 有 $\varphi(k)$ 个（因为与 k 互素的 h 值有 $\varphi(k)$ 个）。

所以满足式(2.3)中三个条件的分数 $\dfrac{h}{k}$ 共有 $\sum\limits_{d|n}\varphi(d)$ 个。

而 S^* 中有 n 个分数，故

$$\sum_{d|n}\varphi(d) = n$$

2.4 同余方程

用 $Z[x]$ 表示系数为整数的全体多项式集合。

定义 2.6 设多项式 $f(x) = a_n x^n + a_{n-1} x^{n-1} + \cdots + a_1 x + a_0 \in Z[x]$，其中 $n > 0$，又设 $m \in Z^+$，则

$$f(x) \equiv 0 \pmod{m} \tag{2.4}$$

称为模 m 的**同余式**（或称同余方程）。当 $a_n \not\equiv 0 \pmod{m}$ 时，n 称为该同余多项式的**次数**；如果整数 x_0 满足 $f(x_0) \equiv 0 \pmod{m}$，则 $x \equiv x_0 \pmod{m}$ 称为同余式(2.4)的**解**。不同的解是指模 m 互不同余的解。

当模 m 不大时，可以通过逐个验证 $0, 1, 2, \cdots, m-1$ 是否满足同余式(2.4)，得到同余式的解。若 m 比较大，这种求解方法计算量往往太大。

例 2.13 求解同余式：(1) $3x \equiv 4 \pmod{7}$；(2) $x^2 \equiv 1 \pmod{5}$；(3) $x^2 + 14 \equiv 0 \pmod{15}$；(4) $3x \equiv 6 \pmod{21}$；(5) $2x \equiv 5 \pmod{6}$；(6) $x^2 - 3 \equiv 0 \pmod{7}$。

解 通过验证，得

同余式(1)的解是 $x \equiv 6 \pmod{7}$；

同余式(2)的解是 $x \equiv 1, 4 \pmod{5}$；

同余式(3)的解是 $x \equiv 1, 4, 11, 14 \pmod{15}$；

同余式(4)的解是 $x \equiv 2, 9, 16 \pmod{21}$；

同余式(5)无解；

同余式(6)无解。

设 $f(x_1, \cdots, x_k)$ 是一个 k 元整系数多项式，$a_1, a_2, \cdots, a_k$ 是同余式

$$f(x_1, \cdots, x_k) \equiv 0 \pmod{m} \tag{2.5}$$

的一组解，则同余式(2.5)的解的形式是

$$x_1 \equiv a_1 \pmod{m}, x_2 \equiv a_2 \pmod{m}, \cdots, x_k \equiv a_k \pmod{m} \tag{2.6}$$

如果 $b_1, b_2, \cdots, b_k$ 也是同余式(2.5)的一组解，且至少存在一个 i（$1 \leqslant i \leqslant k$），满足 $a_i \not\equiv b_i \pmod{m}$，则称两组解 $(a_1, \cdots, a_k)$，$(b_1, \cdots, b_k)$ 是不同的。

当 m 较小时，同样可以用验证方法求解同余式(2.5)。

例 2.14 求解同余式 $x^3 + y^2 + 1 \equiv 0 \pmod{m}$ 的解 R_m（$m = 2, 3, 4, 5, \cdots$）。

解 (1) R_2: (1, 0), (0, 1)；

(2) R_3: (1, 1), (1, 2), (2, 0)；

(3) R_4: (3, 0), (3, 2)；

(4) R_5: (0, 2), (0, 3), (2, 1), (2, 4), (4, 0)；$\cdots$。

例 2.13 中，同余式(1)只有唯一解，同余式(4)有多个解，而同余式(5)无解。一般地，对于一次同余式，有如下定理。

定理 2.15 设 $a, b \in Z, m \in Z^+, (a, m) = 1$，则同余式

$$ax \equiv b \pmod{m} \tag{2.7}$$

恰有一个解。

证明 在模 m 的一组完全剩余系

$$0, 1, \cdots, m-1$$

中，只有一个数与 b 模 m 同余。

根据定理 2.5，有

$$0, a, 2a, \cdots, (m-1)a$$

恰好是模 m 的一组完全剩余系。

因此存在唯一的 $x_0 \in Z_m$，使得

$$a x_0 \equiv b \pmod{m}$$

$x \equiv x_0 \pmod{m}$ 就是同余式(2.7)的唯一解。

定理 2.16　设 $m \in Z^+$，整数 a 满足 $(a, m) = 1$，则存在唯一的整数 a'，$1 \leqslant a' < m$，使得

$$a' a \equiv 1 \pmod{m} \tag{2.8}$$

证明

存在性。因为 $(a, m) = 1$，根据定理 1.5，运用扩展的欧几里得算法可得到整数 s, t，使得

$$s a + t m = (a, m) = 1$$

于是

$$s a \equiv 1 \pmod{m}$$

取 a' 为 s 除以 m 的余数即可。

唯一性。设整数 $a''(1 \leqslant a'' < m)$ 满足

$$a'' a \equiv 1 \pmod{m}$$

则

$$a' \equiv a'(a a'') \equiv (a' a) a'' \equiv a'' \pmod{m}$$

定理 2.16 中的 a' 称为整数 a 模 m 的逆元，记为 $a^{-1} \pmod{m}$。

定理 2.17　设 $a, b \in Z$，$m \in Z^+$，$(a, m) = d$，则同余式

$$a x \equiv b \pmod{m} \tag{2.9}$$

有解的充要条件是 $d \mid b$。

证明　"$\Rightarrow$"　假设同余式(2.9)有解，设为 $x \equiv x_0 \pmod{m}$，于是存在 $k \in Z$，有

$$b = a x_0 + k m$$

根据题意，有 $d \mid a, d \mid m$，因此有 $d \mid b$。

"$\Leftarrow$"　因为 $\left(\dfrac{a}{d}, \dfrac{m}{d} \right) = 1$，根据定理 2.15，可得同余式

$$\frac{a}{d} x \equiv \frac{b}{d} \left(\bmod \frac{m}{d} \right)$$

有解，设为 $x \equiv x_0 \left(\bmod \dfrac{m}{d} \right)$，则 $x \equiv x_0 \pmod{m}$ 即为同余式(2.9)的解。

定理 2.18　设 $a, b \in Z$，$m \in Z^+$，$(a, m) = d$，且 $d \mid b$，则同余式

$$a x \equiv b \pmod{m} \tag{2.10}$$

恰有 d 个解。

证明　由定理 2.17，可知同余式(2.10)可解，设其任一解为

$$x \equiv x' \,(\mathrm{mod}\; m)$$

不难验证，同余式(2.10)的解也是

$$\frac{a}{d}x \equiv \frac{b}{d}\left(\mathrm{mod}\,\frac{m}{d}\right) \tag{2.11}$$

的解。

式(2.11)只有一个解，设 $x_0 \equiv x'\left(\mathrm{mod}\,\dfrac{m}{d}\right)$。

于是式(2.10)解的形式为

$$x_0 + k\frac{m}{d}, \; k = 0, 1, 2, \cdots$$

因此在 $0, 1, \cdots, m-1$ 中，恰有 d 个数，分别为

$$x_0, x_0 + \frac{m}{d}, x_0 + 2\frac{m}{d}, \cdots, x_0 + (d-1)\frac{m}{d} \tag{2.12}$$

是同余式(2.10)的解，且模 m 两两不同余。

定理 2.19　设 $a, b \in Z, m \in Z^+, (a, m) = d$，且 $d \mid b$，则同余式

$$ax \equiv b \,(\mathrm{mod}\; m) \tag{2.13}$$

的全部 d 个解为

$$x \equiv \left[\frac{b}{d}\cdot\left(\frac{a}{d}\right)^{-1}\left(\mathrm{mod}\,\frac{m}{d}\right) + t\frac{m}{d}\right](\mathrm{mod}\,m), \quad t = 0, 1, \cdots, d-1 \tag{2.14}$$

证明　对同余式(2.11)的两端同乘以 $\left(\dfrac{a}{d}\right)^{-1}\left(\mathrm{mod}\,\dfrac{m}{d}\right)$，得式(2.11)的解是

$$x \equiv \frac{b}{d}\cdot\left(\frac{a}{d}\right)^{-1}\left(\mathrm{mod}\,\frac{m}{d}\right)$$

根据定理 2.18 解的情况，同余式(2.13)的全部 d 个解是

$$x \equiv \left[\frac{b}{d}\cdot\left(\frac{a}{d}\right)^{-1}\left(\mathrm{mod}\,\frac{m}{d}\right) + t\frac{m}{d}\right](\mathrm{mod}\,m), \quad t = 0, 1, \cdots, d-1$$

例 2.15　判断下列同余式是否可解，并求其解：

(1) $3x \equiv 2 \,(\mathrm{mod}\; 7)$；(2) $2x \equiv 1 \,(\mathrm{mod}\; 6)$；(3) $6x \equiv 9 \,(\mathrm{mod}\; 21)$。

解

(1) 因为 $(3, 7) = 1$，因此，根据定理 2.15，可知同余式(1)恰有 1 个解，$x \equiv 3 \,(\mathrm{mod}\; 7)$；

(2) 因为 $d = (2, 6) = 2$，$d \nmid 1$，因此，根据定理 2.17，可知同余式(2)无解；

(3) 因为 $d = (6, 21) = 3$，$d \mid 9$，因此，根据定理 2.18，可知同余式(3)有三个解。

而 $2x \equiv 3 \,(\mathrm{mod}\; 7)$ 的解是 $x \equiv 5 \,(\mathrm{mod}\; 7)$，因此，同余式(3)的解是

$$x \equiv 5 \,(\mathrm{mod}\; 21), \quad x \equiv 5 + 7 \,(\mathrm{mod}\; 21), \quad x \equiv 5 + 14 \,(\mathrm{mod}\; 21)$$

定理 2.20 设 $a_i \in Z$（$0 \le i \le k$），p 为素数，$f(x) = a_n x^n + a_{n-1} x^{n-1} + \cdots + a_1 x + a_0$，$n > 0$，$(a_n, p) = 1$，则同余式

$$f(x) \equiv 0 \pmod{p} \tag{2.15}$$

最多有 n 个解。

证明 对 n 进行归纳证明。

当 $n = 1$ 时，同余式为

$$a_1 x + a_0 \equiv 0 \pmod{p}, \quad p \nmid a_1$$

由定理 2.18，可知同余式恰有一个解。

假设多项式次数为 $n-1$ 时，同余式(2.15)最多有 $n-1$ 个解。

当多项式次数为 n 时，如果 $n \ge p$，同余式(2.15)最多有 p 个解，结论显然成立。

如果 $n < p$，设 n 次同余式(2.15)的解是

$$x_0, x_1, \cdots$$

其中，$x_i \not\equiv x_j \pmod{p}$，$0 \le i < j$。

于是

$$f(x) - f(x_0) \equiv (x - x_0) g(x) \pmod{p}$$

其中，$g(x)$ 为 $n-1$ 次多项式，由归纳假设 $g(x) \equiv 0 \pmod{p}$ 至多有 $n-1$ 个解。

所以 n 次同余式(2.15)最多有 n 个解。

例 2.16 求解同余方程 $x^{52} + x^{37} + x^{15} + x^5 + 3x^2 + 2x + 1 \equiv 0 \pmod{5}$。

解 由定理 2.10，可得 $x^p \equiv x \pmod{p}$。

原方程可化为

$$x^4 + x + x^3 + x + 3x^2 + 2x + 1 \equiv 0 \pmod{5}$$

即

$$x^4 + x^3 + 3x^2 + 4x + 1 \equiv 0 \pmod{5}$$

经验证得，$x \equiv 1, 2, 4 \pmod{5}$ 是原同余方程的解。

2.5 中国剩余定理

2.4 节介绍了含一个未知量的单同余式的解法，本节讨论同余式组的解法，该解法使用中国剩余定理。

《孙子算经》里提出了如下问题："今有物不知其数，三三数之剩二，五五数之剩三，七七数之剩二，问物几何？""答曰二十三"。

依题意，设 x 是所求之物数，则

$$x \equiv 2 \pmod{3}$$
$$x \equiv 3 \pmod{5}$$
$$x \equiv 2 \pmod{7}$$

将该问题推广为以下定理。

定理 2.21（中国剩余定理） $m_1, m_2, \cdots, m_k \in Z^+$两两互素，$m = m_1 m_2 \cdots m_k$，则同余方程组

$$\begin{cases} x \equiv a_1 \pmod{m_1} \\ x \equiv a_2 \pmod{m_2} \\ \qquad \cdots \\ x \equiv a_k \pmod{m_k} \end{cases} \tag{2.16}$$

有唯一解为

$$x \equiv M_1 M_1' a_1 + M_2 M_2' a_2 + \ldots + M_k M_k' a_k \pmod{m} \tag{2.17}$$

其中，$M_i = m/m_i$，M_i'满足

$$M_i' M_i \equiv 1 \pmod{m_i}, \; i = 1, 2, \cdots, k \tag{2.18}$$

证明 可以验证式(2.17)是同余方程组(2.16)的解。

事实上，因为

$$M_i = m/m_i, \quad M_i' M_i \equiv 1 \pmod{m_i}$$

所以

$$M_i \pmod{m_j} = 0, \, 0 \leqslant j \neq i \leqslant k$$

于是

$$a_i \equiv M_1 M_1' a_1 + M_2 M_2' a_2 + \cdots + M_k M_k' a_k \pmod{m_i} \equiv M_i M_i' a_i \pmod{m_i}, \quad i = 1, 2, \cdots, k$$

是同余方程组(2.16)的解。

假设 a, b 是同余方程组(2.16)的两个解，则有

$$\begin{cases} a \equiv b \pmod{m_1} \\ a \equiv b \pmod{m_2} \\ \qquad \vdots \\ a \equiv b \pmod{m_k} \end{cases} \tag{2.19}$$

因为 $m_1, m_2, \cdots, m_k \in Z^+$两两互素，所以$[m_1, m_2, \cdots, m_k] = m$，根据定理 2.2 的(6)，有

$$a \equiv b \pmod{m}$$

所以，式(2.17)是同余方程组(2.16)的解且模 m 唯一。

注：由于$(M_i, m_i) = 1$，可用扩展的欧几里得算法求得 $s, t \in Z$，满足 $sM_i + tm_i = 1$，所以 $s \bmod m_i$ 即为 M_i'。

事实上，如果 $m_1, m_2, \cdots, m_k \in Z^+$两两互素，$m = m_1 m_2 \cdots m_k$，则 Z_m 中的元素与数组 $(Z_{m_1}, Z_{m_2}, \cdots, Z_{m_k})$ 中的元素是一一对应的，即映射

$$\sigma: Z_m \to (Z_{m_1}, Z_{m_2}, \cdots, Z_{m_k})$$

$$a \to \begin{cases} a_1 \equiv a \pmod{m_1} \\ a_2 \equiv a \pmod{m_2} \\ \qquad \vdots \\ a_k \equiv a \pmod{m_k} \end{cases}$$

是一一映射，其中，$a_i \in Z_{m_i}$（$i = 1, 2, \cdots, k$）。

例 2.17 使用中国剩余定理，求解同余方程组：

$$x \equiv 2 \ (\text{mod } 3)$$
$$x \equiv 3 \ (\text{mod } 4)$$
$$x \equiv 5 \ (\text{mod } 7)$$

解 $m = 84$，$M_1 = 3\times4\times7/3 = 28$，$M_2 = 3\times4\times7/4 = 21$，$M_3 = 3\times4\times7/7 = 12$，使用扩展的欧几里得算法求得 $M_1' = 1$，$M_2' = 1$，$M_3' = 3$。

于是，$x \equiv 28\times1\times2 + 21\times1\times3 + 12\times3\times5 \ (\text{mod } 84) \equiv 47 \ (\text{mod } 84)$。

定理 2.22* 一次同余式组

$$x \equiv a_1 \ (\text{mod } m_1)$$
$$x \equiv a_2 \ (\text{mod } m_2) \tag{2.20}$$

可解的充要条件是$(m_1, m_2) \mid a_1 - a_2$，且当同余式组(2.20)可解时，对模$[m_1, m_2]$有唯一解。

证明 同余式 $x \equiv a_1 \ (\text{mod } m_1)$的解可写成

$$x = ym_1 + a_1$$

其中，$y \in Z$。代入 $x \equiv a_2 \ (\text{mod } m_2)$，得

$$ym_1 + a_1 \equiv a_2 \ (\text{mod } m_2)$$

即

$$ym_1 \equiv a_2 - a_1 \ (\text{mod } m_2) \tag{2.21}$$

根据定理 2.17，可知同余式(2.21)有解的充要条件是$(m_1, m_2) \mid a_1 - a_2$。

假设同余式组(2.20)的任意两个解为 a, b，即

$$a \equiv a_1 \ (\text{mod } m_1)$$
$$a \equiv a_2 \ (\text{mod } m_2)$$

以及

$$b \equiv a_1 \ (\text{mod } m_1)$$
$$b \equiv a_2 \ (\text{mod } m_2)$$

于是

$$a \equiv b \ (\text{mod } m_1)$$
$$a \equiv b \ (\text{mod } m_2)$$

由定理 2.2 的(6)，有

$$a \equiv b \ (\text{mod } [m_1 m_2])$$

故同余式组(2.20)的解模$[m_1, m_2]$唯一。

推论 2.4* 一次同余式组

$$x \equiv a_1 \ (\text{mod } m_1)$$
$$x \equiv a_2 \ (\text{mod } m_2) \tag{2.22}$$
$$\cdots$$
$$x \equiv a_k \ (\text{mod } m_k)$$

可解时，对模$[m_1, m_2, \cdots, m_k]$有唯一解。

定理 2.23* 设 $m_1, m_2, \cdots, m_k \in Z^+$ 两两互素，$m = m_1 m_2 \cdots m_k$，则同余式

$$f(x) \equiv 0 \pmod{m} \tag{2.23}$$

有解的充要条件是 k 个同余式

$$f(x) \equiv 0 \pmod{m_i}, \quad i = 1, 2, \cdots, k \tag{2.24}$$

均有解。并且若 N_i 表示式(2.24)的解数，N 表示式(2.23)的解数，则有

$$N = N_1 N_2 \cdots N_k$$

证明 " $\Rightarrow$ " 设 x_0 是同余式(2.23)的解，显然有

$$f(x_0) \equiv 0 \pmod{m_i}, \quad i = 1, 2, \cdots, k$$

$x \equiv x_0 \pmod{m_i}$ $(i = 1, 2, \cdots, k)$ 分别为式(2.24)中同余式的解。因此，同余式(2.23)的解必是同余式组(2.24)的解，于是

$$N \leqslant N_1 N_2 \cdots N_k$$

" $\Leftarrow$ " 反之，假设同余式组(2.24)的一组解是 x_i，$i = 1, 2, \cdots, k$。

由中国剩余定理，可知存在唯一的 x_0（$0 \leqslant x_0 \leqslant m - 1$），满足

$$x_0 \equiv x_i \pmod{m_i}, \quad i = 1, 2, \cdots, k$$

且每一组解 $x_i \in Z_{m_i}$（$i = 1, 2, \cdots, k$）与 $x_0 \in Z_m$ 是一一对应的。

可以验证

$$f(x_0) \equiv f(x_i) \equiv 0 \pmod{m_i}, \quad i = 1, 2, \cdots, k$$

由定理 2.2 的(6)，$f(x_0) \equiv 0 \pmod{m}$，即 x_0 也是同余式(2.23)的解。

因此由同余式组(2.24)的一组解可得到同余式(2.23)的解，于是

$$N_1 N_2 \cdots N_k \leqslant N$$

故

$$N = N_1 N_2 \cdots N_k$$

例 2.18* 解同余式 $5x^3 + 15x^2 + 6x + 18 \equiv 0 \pmod{35}$。

解 由定理 2.23，可知原同余式可分解为以下两个同余式：

$$5x^3 + 15x^2 + 6x + 18 \equiv 0 \pmod 5$$
$$5x^3 + 15x^2 + 6x + 18 \equiv 0 \pmod 7$$

容易验证，第一个同余式的解为

$$x \equiv 2 \pmod 5$$

第二个同余式的解为

$$x \equiv 4 \pmod 7$$

由中国剩余定理，可得解为 $x \equiv 32 \pmod{35}$。

2.6 RSA 公钥密码体制

RSA 公钥加密算法是 1977 年由 R. Rivest、A. Shamir 和 L. Adleman（美国麻省理工学院）开发的[1]。RSA 是目前最有影响力的公钥加密算法之一，被 ISO 推荐为公钥数据加密

密标准。RSA 算法基于一个简单的数论事实：将两个大素数相乘十分容易，但对其进行整数分解却极为困难。算法 2.1 具体描述了 RSA 密码体制。

算法 2.1　RSA 密码体制

1. 密钥生成

(1) 随机选择两个秘密大素数 p, q，满足 $|p| \approx |q|$；

(2) 计算 $n = pq$，$\varphi(n) = (p-1)(q-1)$；

(3) 选择加密密钥 e 与解密密钥 d，满足以下关系

$$ed \equiv 1 \pmod{\varphi(n)}$$

（注：给定 e，可通过扩展的欧几里得算法求得 d。）

(4) 公开解密者的公钥 (n, e)，安全地销毁 p, q 和 $\varphi(n)$，保留 d 作为私钥用于解密。

2. 加密

设待加密的明文为 m $(0 < m < n)$，则加密算法为

$$c \equiv E(m) \equiv m^e \pmod{n}$$

其中，c 为密文。

3. 解密

收到密文 c 后，解密者用私钥 d 进行解密，得

$$m \equiv D(c) \equiv c^d \pmod{n}$$

RSA 解密数学原理。

同余式 $ed \equiv 1 \pmod{\varphi(n)}$，意味着存在某个整数 k，使得

$$ed = 1 + k\varphi(n)$$

解密过程计算

$$D(c) \equiv c^d \pmod{n}$$
$$\equiv m^{ed} \pmod{n}$$
$$\equiv m \cdot m^{k\varphi(n)} \pmod{n}$$
$$\equiv m \pmod{n}$$

例 2.19　RSA 加密和解密

1. 密钥生成

(1) 秘密选取两个安全素数 $p = 11$, $q = 13$。

(2) 计算 $n = pq = 11 \times 13 = 143$，以及 $\varphi(n) = (p-1)(q-1) = 10 \times 12 = 120$。

(3) 选择公钥 $e = 17$，满足

$$\gcd(e, \varphi(n)) = \gcd(17, 120) = 1$$

计算私钥 $d \equiv e^{-1} \pmod{120} \equiv 17^{-1} \pmod{120} \equiv 113 \pmod{120}$。

(4) 公钥为 $(e, n) = (17, 143)$，私钥为 $d = 113$。

2. 加密

设明文信息 $m = 24$，则密文

$$c \equiv m^e \pmod{143} \equiv 24^{17} \pmod{143} \equiv 7 \pmod{143}$$

密文 c 经公开信道发送到接收方。

3. 解密

接收方用私钥 d 对密文进行解密，有

$$m \equiv c^d \ (\mathrm{mod}\ 143) \equiv 7^{113} \ (\mathrm{mod}\ 143) \equiv 24 \ (\mathrm{mod}\ 143)$$

RSA 的安全性分析。

(1) 若模数 $n = pq$ 被分解，则 RSA 被攻破。

若 p, q 已知，则可计算

$$\varphi(n) = (p-1)(q-1)$$

再根据关系

$$ed \equiv 1 \bmod \varphi(n)$$

从公开的公钥 e 求出私钥 d，即可解密。

因此，RSA 的安全性依赖于整数分解的困难性。但迄今为止，还没有证明 RSA 密码体制的破译问题是否等价于大整数分解问题。

(2) 若从求 $\varphi(n)$ 入手对 RSA 进行攻击，它的难度和分解 n 相当。

若已知 n，求 $\varphi(n)$，则 p, q 可求得。因为

$$\varphi(n) = (p-1)(q-1) = pq - (p+q) + 1$$

且

$$(p-q)^2 = (p+q)^2 - 4pq$$

所以可得

$$\begin{cases} n - \varphi(n) + 1 = p + q \\ \sqrt{(p+q)^2 - 4n} = p - q \end{cases}$$

故可求出秘密素数 p, q。

为了安全起见，对 p, q 还要求：

① p 和 q 的长度相差不大；

② $p \pm 1$ 与 $q \pm 1$ 有大素因子；

③ $(p-1, q-1)$ 很小。

满足上述条件的素数称为安全素数。

习 题 2

1. 设 $a_1, a_2, \cdots, a_n, N \in Z, n \geqslant 1$，证明：不定方程 $a_1 x_1 + a_2 x_2 + \cdots + a_n x_n = N$ 有解的充要条件是 $(a_1, a_2, \cdots, a_n) \mid N$。

2. 如果 $a_i \equiv b_i \ (\mathrm{mod}\ m), 1 \leqslant i \leqslant n$，证明：

   (1) $a_1 + a_2 + \cdots + a_n \equiv b_1 + b_2 + \cdots + b_n \ (\mathrm{mod}\ m)$;

   (2) $a_1 a_2 \cdots a_n \equiv b_1 b_2 \cdots b_n \ (\mathrm{mod}\ m)$。

3. 计算 $2^{15} \ (\mathrm{mod}\ 31)$, $2^{33} \ (\mathrm{mod}\ 31)$, $2^{100} \ (\mathrm{mod}\ 31)$。

4. 证明：整数的平方数除以 8 的余数是 0, 1 或 4。

5. 求 $7^{2k+1} - 1$ 除以 8 的余数。

6. 证明：当 $n \geq 2$ 时，费马数 $F_n = 2^{2^n} + 1$ 的末位数字是 7。

7. 证明：对任意的正整数 n，$330 \mid (62^n - 52^n - 11)$。

8. 求 $1^5 + 2^5 + 3^5 + \cdots + 99^5 + 100^5$ 除以 4 所得的余数。

9. 求 $1 \times 3 \times 5 \times 7 \times \cdots \times 1999$ 的末三位数字。

10. 设 n 是正整数，证明：$7 \nmid (4^n + 1)$。

11. 构造 Z_5, Z_8, Z_{10} 的加法与乘法表。

12. (1) 写出模 13 的一组完全剩余系，使它的每个数都是奇数；

    (2) 写出模 13 的一组完全剩余系，使它的每个数都是偶数；

    (3) 能否写出模 10 的一组完全剩余系，使它的每个数都是奇数或都是偶数？

13. 证明：当 $m > 2$ 时，$0^2, 1^2, \cdots, (m-1)^2$ 一定不是模 m 的一组完全剩余系。

14. 设 $a = a_n a_{n-1} \cdots a_2 a_1$ 是正整数 a 的十进制形式，证明：

(1) a 被 3 整除当且仅当 $3 \mid a_n + a_{n-1} + \cdots a_2 + a_1$；

(2) a 被 9 整除当且仅当 $9 \mid a_n + a_{n-1} + \cdots a_2 + a_1$；

(3) a 被 11 整除当且仅当 $11 \mid (a_1 + a_3 + \cdots + a_{2k-1} + \cdots) - (a_2 + a_4 + \cdots + a_{2k} + \cdots)$。

15. 下面哪些整数能被 3 或 9 整除，哪些整数能被 11 整除？

(1) 1932690；(2) 175323154；(3) 6187236；(4) 6521641236。

16. 设 $m \in Z^+$，整数 a 满足 $(a, m) = 1$，b 为任意整数。证明：若 x 遍历模 m 的一个完全剩余系，则 $ax + b$ 也遍历模 m 的一个完全剩余系。

17. 设 p 为奇素数，$k \in \{1, 2, \cdots, p-1\}$，证明：存在唯一的 a_k，满足 $ka_k \equiv 1 \pmod{p}$；进一步证明 $k \neq a_k$，除非 $k = 1$ 或 $k = p - 1$。

18. 证明：设 p 为素数，当且仅当 $(p-1)! \equiv -1 \pmod{p}$，该结论为威尔逊（Wilson）定理。

19. 运用 Wilson 定理，求 $23 \times 2 \times 36 \times 81 \times 60 \times 72 \times 84 \times 107 \times 20 \times 54 \pmod{11}$。

20. 设 p 为素数，a 是整数，证明：$p \mid (a^p + (p-1)!a)$。

21. 设 p 为素数，证明：$\dbinom{2p}{p} \equiv 2 \pmod{p}$。

22. 设 p 为奇素数，证明：$1^2 3^2 \cdots (p-4)^2 (p-2)^2 \equiv (-1)^{(p+1)/2} \pmod{p}$。

23. 设 p 为素数，且 $0 < k < p$，证明：$(p-k)!(k-1)! \equiv (-1)^k \pmod{p}$。

24. 设 p 为素数，证明：$p \mid 1 + \dfrac{1}{2} + \dfrac{1}{3} + \cdots + \dfrac{1}{p} - 1$。

25. 设 n 为合数，证明：$(n-1)! \equiv 0 \pmod{n}$，当 $n = 4$ 时除外。

26. 设 $m \in Z^+$，证明：

(1) $1 + 2 + 3 + \cdots + (m-1) \equiv 0 \pmod{m}$；

(2) $1^3 + 2^3 + 3^3 + \cdots + (m-1)^3 \equiv 0 \pmod{m}$。

27. 2013 年 9 月 1 日是星期天，再过 $2^{3004561}$ 天是星期几？

28. 计算 $2^{100000} \pmod 7$，$3^{20130831} \pmod 7$。

29. 设 $a \in Z$，证明：$a^8 \equiv a^2 \pmod{63}$。

30. 证明：$17 \mid (19^{10000} - 1)$。

31. 求 2^{1024} 除以 13 的余数。

32. 求 2^{521} 除以 33 的余数。

33. 设 $m \in Z^+$，整数 a 满足 $(a(a-1), m) = 1$，证明：$1 + a + a^2 + \cdots + a^{\varphi(m)-1} \equiv 0 \pmod{m}$。

34. 如果 $a_1, a_2, \cdots, a_{\varphi(m)}$ 是模 m 的一组缩系，证明：$a_1 + a_2 + \cdots + a_{\varphi(m)} \equiv 0 \pmod{m}$。

35. 设 p 为素数，$\begin{pmatrix} p \\ k \end{pmatrix} = \dfrac{p!}{k!(p-k)!}$ 为二项系数，$1 \leqslant k \leqslant p$，证明：$p \mid \begin{pmatrix} p \\ k \end{pmatrix}$，进一步证明$(a + 1)^p \equiv a^p + 1 \pmod{p}$。

36. 运用欧拉定理，求以下同余方程：

    (1) $4x \equiv 2 \pmod 7$; (2) $5x \equiv 2 \pmod{11}$; $2x \equiv 17 \pmod{21}$; $3x \equiv 19 \pmod{32}$。

37. 证明：m 是素数，当且仅当 $\varphi(m) = m - 1$。

38. 证明：m 是合数，当且仅当 $\varphi(m) < m - 1$。

39. 求下列一次同余方程的解：

    (1) $2x \equiv 13 \pmod{17}$；(2) $5x \equiv 11 \pmod{19}$；(3) $127x \equiv 382 \pmod{431}$；(4)$15x \equiv 17 \pmod{25}$。

40. 证明：$3x^2 + 2 = y^2$ 没有整数解。

41. 证明：$7x^3 + 2 = y^3$ 没有整数解。

42. 设 p 为素数，证明：如果 $a^2 \equiv b^2 \pmod p$，则 $p \mid a - b$ 或 $p \mid a + b$。

43. 设 $n = pq$，其中 p, q 为素数，证明：如果 $a^2 \equiv b^2 \pmod n$，$n \nmid (a-b)$，$n \nmid (a+b)$，则$(n, a - b) > 1$，$(n, a + b) > 1$。

44. 用中国剩余定理求以下同余方程组：

$$x \equiv 2 \pmod 7$$

$$x \equiv 1 \pmod 3$$

$$x \equiv 3 \pmod 5$$

45. 求以下同余方程组：

$$3x \equiv 2 \pmod{13}$$

$$2x \equiv 5 \pmod{11}$$

$$6x \equiv 7 \pmod{19}$$

46. 设 p, q 为不同的素数，证明：$p^{q-1} + q^{p-1} \equiv 1 \pmod{pq}$。

47. 设 m, n 为互素的整数，证明：$m^{\varphi(n)} + n^{\varphi(m)} \equiv 1 \pmod{mn}$。

48. 设 $m_1, m_2, \cdots, m_k$ 两两互素，证明：同余式方程组

$$x \equiv a_1 \pmod{m_1}$$

$$x \equiv a_2 \pmod{m_2}$$

$$\cdots$$

$$x \equiv a_k \pmod{m_k}$$

的解是

$$x \equiv a_1 M_1^{\phi(m_1)} + a_2 M_2^{\phi(m_2)} + \ldots + a_k M_k^{\phi(m_k)} \pmod{m}$$

其中，$M_i = m/m_i$，$i = 1, 2, \cdots, k$。

49. 推论 2.4 中的同余式组在什么条件下可解？并尝试写出解的形式。

50. 证明：不定方程 $x^4 + y^4 + 2 = 5z$ 无整数解。

51. 证明：不定方程 $x^2 + y^2 - 8z = 6$ 无整数解。

52. 设 $m = p_1^{\alpha_1} p_2^{\alpha_2} \cdots p_k^{\alpha_k}$，$f(x) \in Z[x]$，证明：$f(x) \equiv 0 \pmod{m}$ 有解，当且仅当 $f(x) \equiv 0 \pmod{p_i^{\alpha_i}}$ 有解，$i = 1, 2, \cdots, k$。

53. 设 N 是 $f(x) \equiv \pmod{m}$ 的解数，N_i 是 $f(x) \equiv \pmod{p_i^{\alpha_i}}$ 的解数，证明：$N = N_1 N_2 \cdots N_k$。

54. 设 p 是奇素数，证明：同余方程 $x^2 \equiv 1 \pmod{p^k}$ 的解只有 1 和 -1。

55. 证明：当 $k = 1$ 时，$x^2 \equiv 1 \pmod{2^k}$ 只有一个解；当 $k = 2$ 时，有两个解；当 $k \geqslant 3$ 时，有四个解。

56. 运用习题 52～55 的结果，计算 $x^2 \equiv 1 \pmod{m}$ 的解数。

57. 设 $n = 23 \times 29 = 667$，用户公钥 $e = 17$，明文 $m = 400$。求出 n 的欧拉函数值、私钥 d 以及密文 c，并写出其加解密过程。

58. 已知 RSA 公钥密码体制的安全素数 $p = 31$，$q = 37$，用户公钥 $e = 17$，求出用户的私钥，并对明文 $m = 29$ 进行加密、解密。

59. 选取适当的参数，设计 RSA 加密体制，并写出加解密过程。

第3章 二次剩余

本章介绍二次剩余、勒让德（Legendre）符号、二次互反律定理以及雅可比（Jacobi）符号，并讨论二次同余式的求解问题。

3.1 二次剩余概述

最基本的二次同余式是

$$x^2 \equiv n \,(\mathrm{mod}\ m),\ (n, m) = 1 \tag{3.1}$$

定义 3.1 设 $m \in Z^+$，若式(3.1)有解，则称 n 为模 m 的**二次剩余**（或平方剩余），记为 $n \in QR_m$；否则，称 n 为模 m 的**二次非剩余**（或平方非剩余），记为 $n \in QNR_m$。

当 $m = 2$ 时，式(3.1)容易求解，首先讨论 m 为奇素数时的解。

例 3.1 判断 1 是否为模 3 的平方剩余，2 是否为模 3 的平方剩余，1, 3 是否为模 4 的平方剩余。

解 因为 $1^2 \equiv 1 \,(\mathrm{mod}\ 3)$，所以 1 是模 3 的平方剩余。

因为不存在 $a \in Z_3$，使得 $a^2 \equiv 2 \,(\mathrm{mod}\ 3)$，所以 2 是模 3 的平方非剩余。

类似可得，1 是模 4 的平方剩余，3 是模 4 的平方非剩余。

例 3.2 1, 4 是模 5 的平方剩余，2, 3 是模 5 的平方非剩余。

定理 3.1 假设 p 为奇素数，若 $p \nmid a$，则 $x^2 \equiv a \,(\mathrm{mod}\ p)$ 恰有两解或无解。

证明 由定理 2.20，且 $p \nmid a$ 时，得

$$x^2 \equiv a \,(\mathrm{mod}\ p)$$

最多有 2 个解。

若此同余式有一个解为 r，则 $p - r$ 是另一个解。

注：若 p 不是素数，该定理不一定成立，如 $x \equiv 1, 3, 5, 7 \,(\mathrm{mod}\ 8)$ 是二次同余式 $x^2 \equiv 1 \,(\mathrm{mod}\ 8)$ 的 4 个解。

能否判断某个整数 a 是否为模素数 p 的二次剩余？

定理 3.2（欧拉判别法则） 设 p 为奇素数，且 $(a, p) = 1$，则 a 是模 p 的二次剩余的充要条件是 $a^{\frac{p-1}{2}} \equiv 1 \,(\mathrm{mod}\ p)$；$a$ 是模 p 的二次非剩余的充要条件是 $a^{\frac{p-1}{2}} \equiv -1 \,(\mathrm{mod}\ p)$。

证明 先证定理的第一部分。

"$\Rightarrow$" 若 a 是模 p 的二次剩余，则存在整数 $x_1 \in Z_p^* = \{1, 2, \cdots, p - 1\}$，使得 $x_1^2 \equiv a \,(\mathrm{mod}\ p)$。

因此，由欧拉定理有

$$a^{\frac{p-1}{2}} = (x_1^2)^{\frac{p-1}{2}} = (x_1)^{p-1} \equiv 1 \pmod{p} \tag{3.2}$$

"⇐" 同余方程

$$x^{p-1} - 1 \equiv (x^{\frac{p-1}{2}} - 1)(x^{\frac{p-1}{2}} + 1) \equiv 0 \pmod{p}$$

恰有 $p-1$ 个解，根据定理 2.20，得

$$x^{\frac{p-1}{2}} - 1 \equiv 0 \pmod{p} \tag{3.3}$$

与

$$x^{\frac{p-1}{2}} + 1 \equiv 0 \pmod{p} \tag{3.4}$$

各有 $(p-1)/2$ 个解。

事实上，$\{1, 2, \cdots, p-1\}$ 中恰有 $(p-1)/2$ 个模 p 的二次剩余（习题 3-3），且满足式(3.3)。因此满足

$$a^{\frac{p-1}{2}} \equiv 1 \pmod{p}$$

的 a 是模 p 的二次剩余。

定理的第二部分，类似可证。

例 3.3 判断 $2, 3, 5, 6$ 是否为模 11 的二次剩余。

解 $2^5 \equiv 10 \pmod{11}$, $3^5 \equiv 1 \pmod{11}$, $5^5 \equiv 1 \pmod{11}$, $6^5 \equiv 10 \pmod{11}$。

故 $3, 5$ 是模 11 的二次剩余，$2, 6$ 是模 11 的二次非剩余。

推论 3.1 设 p 是奇素数，$(a, p) = 1$, $(b, p) = 1$，则：

(1) 如果 a, b 都是模 p 的二次剩余，则 ab 是模 p 的二次剩余；

(2) 如果 a, b 都是模 p 的二次非剩余，则 ab 是模 p 的二次剩余；

(3) 如果 a 是模 p 的二次剩余，b 是模 p 的二次非剩余，则 ab 是模 p 的二次非剩余。

证明

(1) 如果 a, b 都是模 p 的二次剩余，则有

$$(ab)^{\frac{p-1}{2}} = a^{\frac{p-1}{2}} b^{\frac{p-1}{2}} \equiv 1 \times 1 \equiv 1 \pmod{p}$$

(2) 如果 a, b 都是模 p 的二次非剩余，则有

$$(ab)^{\frac{p-1}{2}} = a^{\frac{p-1}{2}} b^{\frac{p-1}{2}} \equiv (-1) \times (-1) \equiv 1 \pmod{p}$$

(3) 如果 a 是模 p 的二次剩余，b 是模 p 的二次非剩余，则有

$$(ab)^{\frac{p-1}{2}} = a^{\frac{p-1}{2}} b^{\frac{p-1}{2}} \equiv 1 \times (-1) \equiv -1 \pmod{p}$$

例 3.4 $1, 3, 4, 5, 9$ 是模 11 的二次剩余，$2, 6, 7, 10$ 是模 11 的非二次剩余，根据推论 3.1，不难验证 $3 \times 4, 2 \times 7$ 是模 11 的二次剩余，3×6 是模 11 的二次非剩余。

3.2 勒让德符号

当 p 较大时，3.1 节中的二次剩余判别法计算量较大。本节引入勒让德（Legendre）符号，以便给出可实际计算的判别法。

定义 3.2 设 p 是奇素数，定义勒让德符号如下

$$\left(\frac{a}{p}\right) = \begin{cases} 1, & \text{若 } a \text{ 是模 } p \text{ 的二次剩余} \\ -1, & \text{若 } a \text{ 是模 } p \text{ 的二次非剩余} \\ 0, & \text{若 } p \mid a \end{cases}$$

其中，$\left(\dfrac{a}{p}\right)$ 读作 a 模 p 的勒让德符号。

例 3.5 根据例 3.4，可得

$$\left(\frac{1}{11}\right) = \left(\frac{3}{11}\right) = \left(\frac{4}{11}\right) = \left(\frac{5}{11}\right) = \left(\frac{9}{11}\right) = 1$$

$$\left(\frac{2}{11}\right) = \left(\frac{6}{11}\right) = \left(\frac{7}{11}\right) = \left(\frac{8}{11}\right) = \left(\frac{10}{11}\right) = -1$$

根据勒让德符号定义和定理 3.2，有以下定理。

定理 3.3（欧拉–勒让德） 设 p 为奇素数，a 为任意整数，则

$$\left(\frac{a}{p}\right) \equiv a^{\frac{p-1}{2}} (\bmod\, p)$$

推论 3.2 设 p 为奇素数，则

(1) $\left(\dfrac{1}{p}\right) = 1$；

(2) $\left(\dfrac{-1}{p}\right) = (-1)^{\frac{p-1}{2}}$。

进一步，有以下结论。

推论 3.3 设 p 为奇素数，则

$$\left(\frac{-1}{p}\right) = \begin{cases} 1, & \text{若 } p \equiv 1 (\bmod\, 4) \\ -1, & \text{若 } p \equiv 3 (\bmod\, 4) \end{cases}$$

上述推论说明，1 一定是二次剩余。

当素数 $p = 4k+1$ 时，-1 是模 p 的二次剩余。

当素数 $p = 4k+3$ 时，-1 是模 p 的二次非剩余。

例 3.6 根据推论 3.2 与推论 3.3，1 是模 3, 5, 7, 11, 13, 17 的二次剩余，-1 是模 5, 13, 17 的二次剩余，-1 是模 3, 7, 11 的二次非剩余。

定理 3.4 设 p 为奇素数，则

(1) 若 $a \equiv b (\bmod\, p)$，则 $\left(\dfrac{a}{p}\right) = \left(\dfrac{b}{p}\right)$；

(2) $\left(\dfrac{ab}{p}\right) = \left(\dfrac{a}{p}\right)\left(\dfrac{b}{p}\right)$（勒让德符号是完全积性函数）；

(3) $\left(\dfrac{ab^2}{p}\right) = \left(\dfrac{a}{p}\right)$，$p \nmid b$。

证明

(1) 由定义 3.2 可得。

(2) 由定理 3.3，得

$$\left(\frac{ab}{p}\right) \equiv (ab)^{\frac{p-1}{2}} = a^{\frac{p-1}{2}} b^{\frac{p-1}{2}} \equiv \left(\frac{a}{p}\right)\left(\frac{b}{p}\right) (\mathrm{mod}\, p)$$

(3) 由定理 3.3 类似可证。

例 3.7 证明形为 $4k + 1$ 的素数有无穷多。

证明 反证法。

假设形为 $4k + 1$ 的素数只有有限多个，记为 $p_1, p_2, \cdots, p_k$，考虑整数

$$P = (2p_1 p_2 \cdots p_k)^2 + 1$$

设 P 的素因子为 p，显然 p 为奇数。因为

$$\left(\frac{-1}{p}\right) = \left(\frac{-1+P}{p}\right) = \left(\frac{(2p_1 p_2 \cdots p_k)^2}{p}\right) = 1$$

根据推论 3.3，可知素数 p 形为 $4k + 1$，且有 $p \neq p_1, p_2, \cdots, p_k$，所以假设错误。

定理 3.5 设 p 为奇素数，则

$$\left(\frac{2}{p}\right) = (-1)^{\frac{p^2-1}{8}} = \begin{cases} 1, & \text{若 } p \equiv \pm 1 (\mathrm{mod}\, 8) \\ -1, & \text{若 } p \equiv \pm 3 (\mathrm{mod}\, 8) \end{cases}$$

证明 考虑以下 $\frac{p-1}{2}$ 个同余式

$$p - 1 \equiv 1\,(-1)\,(\mathrm{mod}\, p)$$
$$2 \equiv 2(-1)^2\,(\mathrm{mod}\, p)$$
$$p - 3 \equiv 3(-1)^3\,(\mathrm{mod}\, p)$$
$$4 \equiv 4(-1)^4\,(\mathrm{mod}\, p)$$
$$\cdots$$
$$r \equiv \frac{p-1}{2}(-1)^{\frac{p-1}{2}}\,(\mathrm{mod}\, p)$$

其中，

$$r = \begin{cases} \dfrac{p-1}{2}, & \text{当 } \dfrac{p-1}{2} \text{为偶数，即 } p \equiv 1 (\mathrm{mod}\, 4) \\ p - \dfrac{p-1}{2}, & \text{当 } \dfrac{p-1}{2} \text{为奇数，即 } p \equiv 3 (\mathrm{mod}\, 4) \end{cases}$$

将以上 $(p-1)/2$ 个同余式相乘，注意同余式左边都是偶数，得

$$2 \times 4 \times 6 \times \ldots \times (p-1) \equiv \left(\frac{p-1}{2}\right)!(-1)^{1+2+\ldots+\frac{p-1}{2}}\,(\mathrm{mod}\, p)$$

即

$$2^{\frac{p-1}{2}}\left(\frac{p-1}{2}\right)! \equiv \left(\frac{p-1}{2}\right)!(-1)^{\frac{p^2-1}{8}}\,(\mathrm{mod}\, p)$$

因为 $p \nmid \left(\dfrac{p-1}{2}\right)!$ 和 $\left(\dfrac{2}{p}\right) \equiv 2^{\frac{p-1}{2}}\,(\mathrm{mod}\, p)$，所以

$$\left(\frac{2}{p}\right) \equiv (-1)^{\frac{p^2-1}{8}} \pmod{p}$$

例 3.8 由定理 3.5，可知 2 是模 7, 17, 23 的二次剩余，是模 3, 5, 11, 13, 19 的二次非剩余。

3.3 二次互反律

高斯证明了著名的二次互反律。

定理 3.6（二次互反律） 设 p, q 是互素的奇素数，则
$$\left(\frac{q}{p}\right) = (-1)^{\frac{p-1}{2}\frac{q-1}{2}}\left(\frac{p}{q}\right)$$

即若 $p \equiv q \equiv 3 \pmod 4$，则 $\left(\frac{q}{p}\right) = -\left(\frac{p}{q}\right)$，否则 $\left(\frac{q}{p}\right) = \left(\frac{p}{q}\right)$。

证明 略[2]。

例 3.9 证明 3 是模 5, 7, 11, 13, 17, 19 的二次剩余或二次非剩余。

证明 计算

$$\left(\frac{3}{5}\right) = \left(\frac{5}{3}\right) = \left(\frac{2}{3}\right) = -1$$

$$\left(\frac{3}{7}\right) = -\left(\frac{7}{3}\right) = -\left(\frac{1}{3}\right) = -1$$

$$\left(\frac{3}{11}\right) = -\left(\frac{11}{3}\right) = -\left(\frac{2}{3}\right) = 1$$

$$\left(\frac{3}{13}\right) = \left(\frac{13}{3}\right) = \left(\frac{1}{3}\right) = 1$$

$$\left(\frac{3}{17}\right) = \left(\frac{17}{3}\right) = \left(\frac{2}{3}\right) = -1$$

$$\left(\frac{3}{19}\right) = -\left(\frac{19}{3}\right) = -\left(\frac{1}{3}\right) = -1$$

故 3 是模 5, 7, 17, 19 的二次非剩余，且 3 是模 11, 13 的二次剩余。

例 3.10 判断同余式 $x^2 \equiv 114 \pmod{131}$ 是否有解？

解 $114 = 2 \times 3 \times 19$，则
$$\left(\frac{114}{131}\right) = \left(\frac{2}{131}\right)\left(\frac{3}{131}\right)\left(\frac{19}{131}\right)$$

根据定理 3.5，可得 $131 \equiv 3 \pmod 8$，于是
$$\left(\frac{2}{131}\right) = -1$$

根据定理 3.6，得
$$\left(\frac{3}{131}\right) = -\left(\frac{131}{3}\right) = -\left(\frac{2}{3}\right) = 1$$

$$\left(\frac{19}{131}\right) = -\left(\frac{131}{19}\right) = -\left(\frac{17}{19}\right) = -\left(\frac{19}{17}\right) = -\left(\frac{2}{17}\right) = -1$$

所以 $\left(\frac{114}{131}\right) = 1$。

故同余式 $x^2 \equiv 114 \pmod{131}$ 有解。

例 3.11* 确定所有的奇素数 p，使 3 为模 p 的二次剩余。

解 设 $p \neq 3$，由二次互反律，有

$$\left(\frac{3}{p}\right) = (-1)^{\frac{p-1}{2}}\left(\frac{p}{3}\right)$$

当 $p = 12k + 1$ 形式的素数时，有

$$\left(\frac{3}{p}\right) = (-1)^{6k}\left(\frac{1}{3}\right) = 1$$

当 $p = 12k + 5$ 形式的素数时，有

$$\left(\frac{3}{p}\right) = (-1)^{6k+2}\left(\frac{2}{3}\right) = -1$$

当 $p = 12k + 7$ 形式的素数时，有

$$\left(\frac{3}{p}\right) = (-1)^{6k+3}\left(\frac{1}{3}\right) = -1$$

当 $p = 12k + 11$ 形式的素数时，有

$$\left(\frac{3}{p}\right) = (-1)^{6k+5}\left(\frac{2}{3}\right) = 1$$

故当 $p \equiv \pm 1 \pmod{12}$ 时，3 为模 p 的二次剩余；当 $p \equiv \pm 5 \pmod{12}$ 时，3 为模 p 的二次非剩余。

例 3.12 判断 $x^2 \equiv -1 \pmod{2701}$ 是否有解？若有解，给出其解数。

解 $2701 = 37 \times 73$ 不是素数，原同余式等价于

$$\begin{cases} x^2 \equiv -1 \pmod{37} \\ x^2 \equiv -1 \pmod{73} \end{cases}$$

由定理 3.3，则有 $\left(\frac{-1}{37}\right) = \left(\frac{-1}{73}\right) = 1$，故同余式有解。由定理 2.23，可知其解数为 4。

二次互反律除了便于计算勒让德符号以外，在数论的很多方面也有应用，这个定理由欧拉提出，高斯首先证明。由二次互反律引申出来的工作，导致了代数数论的发展和类域论的形成。

3.4 雅可比符号

计算勒让德符号 $\left(\frac{a}{p}\right)$，需要先将 a 进行标准分解，再根据勒让德符号的计算定理求得，

整数分解通常效率较低，为了克服这一不足，普鲁士数学家卡尔·雅可比（Carl Gustav Jacobi）在 1837 年引入雅可比（Jacobi）符号。雅可比符号在计算数论的素性检测、大数分解中有着重要应用。

定义 3.3 设 n 为整数，m 是正奇数，$m = p_1 p_2 \cdots p_r$，$p_i (i = 1, 2, \cdots, r)$是奇素数，定义雅可比符号如下：

$$\left(\frac{n}{m}\right) = \prod_{i=1}^{r} \left(\frac{n}{p_i}\right)$$

其中，$\left(\dfrac{n}{m}\right)$读作 n 模 m 的雅可比符号。

雅可比符号是勒让德符号的推广，与勒让德符号有很大的不同，勒让德符号可以用来判断二次同余式是否有解，但雅可比符号通常没有这一功能，如

$$x^2 \equiv 2 \pmod 9$$

无解，但

$$\left(\frac{2}{9}\right) = \left(\frac{2}{3}\right)\left(\frac{2}{3}\right) = 1$$

先证明雅可比符号与勒让德符号相似的性质。

定理 3.7 设 m, m'为正奇数，k 为整数，则：

(1) $\left(\dfrac{a}{m}\right) = \left(\dfrac{a+km}{m}\right)$；

(2) $\left(\dfrac{a}{m}\right)\left(\dfrac{b}{m}\right) = \left(\dfrac{ab}{m}\right)$；

(3) $\left(\dfrac{a}{m}\right)\left(\dfrac{a}{m'}\right) = \left(\dfrac{a}{mm'}\right)$；

(4) 设$(a, m) = 1$，则 $\left(\dfrac{a^2}{m}\right) = \left(\dfrac{a}{m^2}\right) = 1$；

(5) 若$(a, m) > 1$，则 $\left(\dfrac{a}{m}\right) = 0$。

证明 设 $m = p_1 p_2 \cdots p_r$，$p_i (i = 1, 2, \cdots, r)$是奇素数，根据定义 3.3 及定理 3.4，则

(1)

$$\left(\frac{a+km}{m}\right) = \left(\frac{a+km}{p_1}\right)\left(\frac{a+km}{p_2}\right)\cdots\left(\frac{a+km}{p_r}\right) = \left(\frac{a}{p_1}\right)\left(\frac{a}{p_2}\right)\cdots\left(\frac{a}{p_r}\right) = \left(\frac{a}{m}\right)$$

(2)

$$\left(\frac{a}{m}\right)\left(\frac{b}{m}\right) = \left(\frac{a}{p_1}\right)\left(\frac{a}{p_2}\right)\cdots\left(\frac{a}{p_r}\right)\left(\frac{b}{p_1}\right)\left(\frac{b}{p_2}\right)\cdots\left(\frac{b}{p_r}\right) = \left(\frac{ab}{p_1}\right)\left(\frac{ab}{p_2}\right)\cdots\left(\frac{ab}{p_r}\right) = \left(\frac{ab}{m}\right)$$

(3) 设 $m' = p_1' p_2' \cdots p_s'$，$p_i' (i = 1, 2, \cdots, s)$是奇素数，则

$$\left(\frac{a}{m}\right)\left(\frac{a}{m'}\right) = \left(\frac{a}{p_1}\right)\cdots\left(\frac{a}{p_r}\right)\left(\frac{a}{p_1'}\right)\cdots\left(\frac{a}{p_r'}\right) = \left(\frac{a}{mm'}\right)$$

(4)
$$\left(\frac{a^2}{m}\right)=\left(\frac{a^2}{p_1}\right)\left(\frac{a^2}{p_2}\right)\cdots\left(\frac{a^2}{p_r}\right)=1$$

令 $m=m'$，由(3)得 $\left(\frac{a}{m^2}\right)=1$。

(5) 设 $\left(\frac{a}{m}\right)=\prod_{i=1}^{r}\left(\frac{a}{p_i}\right)$，因为 $(a,m)>1$，所以存在某个 p_i，满足 $p_i\,|\,a$，于是 $\left(\frac{a}{p_i}\right)=0$，

因此 $\left(\frac{a}{m}\right)=0$。

定理 3.8 设 m 为正奇数，则

(1) $\left(\dfrac{1}{m}\right)=1$；

(2) $\left(\dfrac{-1}{m}\right)=(-1)^{\frac{m-1}{2}}=\begin{cases}1,&\text{若}m\equiv1\,(\mathrm{mod}\,4)\\-1,&\text{若}m\equiv3\,(\mathrm{mod}\,4)\end{cases}$。

证明

(1) 根据定理 3.7 的(4)易证。

(2) 设 $m=p_1p_2\cdots p_r$，$p_i\,(i=1,2,\cdots,r)$ 是奇素数，则根据推论 3.2，有

$$\left(\frac{-1}{m}\right)=\left(\frac{-1}{p_1}\right)\left(\frac{-1}{p_2}\right)\cdots\left(\frac{-1}{p_r}\right)=(-1)^{\frac{p_1-1}{2}+\frac{p_2-1}{2}+\cdots+\frac{p_r-1}{2}}$$

因为

$$m=\prod_{i=1}^{r}p_i=\prod_{i=1}^{r}(p_i-1+1)=1+\sum_{i=1}^{r}(p_i-1)+\sum_{1\leqslant i<j\leqslant r}(p_i-1)(p_j-1)+\cdots$$

于是有

$$m-1\equiv\sum_{i=1}^{r}(p_i-1)\,(\mathrm{mod}\,4)$$

即

$$\frac{m-1}{2}\equiv\sum_{i=1}^{r}\frac{(p_i-1)}{2}\,(\mathrm{mod}\,2)$$

故

$$\left(\frac{-1}{m}\right)=\left(\frac{-1}{p_1}\right)\left(\frac{-1}{p_2}\right)\cdots\left(\frac{-1}{p_r}\right)=(-1)^{\frac{p_1-1}{2}+\frac{p_2-1}{2}+\cdots+\frac{p_r-1}{2}}=(-1)^{\frac{m-1}{2}}$$

定理 3.9 设 m 为正奇数，则

$$\left(\frac{2}{m}\right)=(-1)^{\frac{m^2-1}{8}}=\begin{cases}1,&\text{如果}m\equiv\pm1\,(\mathrm{mod}\,8)\\-1,&\text{如果}m\equiv\pm3\,(\mathrm{mod}\,8)\end{cases}$$

证明 设 $m=p_1p_2\cdots p_r$，$p_i\,(i=1,2,\cdots,r)$ 是奇素数，则根据定理 3.5，有

$$\left(\frac{2}{m}\right)=\left(\frac{2}{p_1}\right)\left(\frac{2}{p_2}\right)\cdots\left(\frac{2}{p_r}\right)=(-1)^{\frac{p_1^2-1}{8}+\frac{p_2^2-1}{8}+\cdots+\frac{p_r^2-1}{8}}$$

因为

$$m^2 = \prod_{i=1}^{r} p_i^2 = \prod_{i=1}^{r}(p_i^2 - 1 + 1) = 1 + \sum_{i=1}^{r}(p_i^2 - 1) + \sum_{1 \leq i < j \leq r}(p_i^2 - 1)(p_j^2 - 1) + \cdots$$

且

$$p_i^2 \equiv 1 \,(\mathrm{mod}\, 8), \quad i = 1, 2, \cdots, r$$

于是

$$m^2 - 1 \equiv \sum_{i=1}^{r}(p_i^2 - 1) \,(\mathrm{mod}\, 64)$$

因此有

$$\frac{m^2 - 1}{8} \equiv \sum_{i=1}^{r}\frac{(p_i^2 - 1)}{8} \,(\mathrm{mod}\, 2)$$

故

$$\left(\frac{2}{m}\right) = \left(\frac{2}{p_1}\right)\left(\frac{2}{p_2}\right)\cdots\left(\frac{2}{p_r}\right) = (-1)^{\frac{p_1^2-1}{8}+\frac{p_2^2-1}{8}+\cdots+\frac{p_r^2-1}{8}} = (-1)^{\frac{m^2-1}{8}}$$

类似二次互反律，有以下定理。

定理 3.10 设 m, n 为正奇数，则

$$\left(\frac{n}{m}\right) = (-1)^{\frac{m-1}{2}\frac{n-1}{2}}\left(\frac{m}{n}\right)$$

即，若 $m \equiv n \equiv 3 \,(\mathrm{mod}\, 4)$，则 $\left(\dfrac{m}{n}\right) = -\left(\dfrac{n}{m}\right)$；否则，$\left(\dfrac{m}{n}\right) = \left(\dfrac{n}{m}\right)$。

证明 设 $m = p_1 p_2 \cdots p_r$，$n = q_1 q_2 \cdots q_s$，p_i, q_j $(i = 1, 2, \cdots, r, j = 1, 2, \cdots, s)$ 是奇素数。

如果 $(m, n) > 1$，则根据雅可比符号和勒让德符号的定义，有

$$\left(\frac{n}{m}\right) = \left(\frac{m}{n}\right) = 0$$

如果 $(m, n) = 1$，根据雅可比符号定义和二次互反律，有

$$\left(\frac{n}{m}\right)\left(\frac{m}{n}\right) = \prod_{i=1}^{r}\left(\frac{n}{p_i}\right)\prod_{j=1}^{s}\left(\frac{m}{q_j}\right) = \prod_{i=1}^{r}\prod_{j=1}^{s}\left(\frac{p_i}{q_j}\right)\left(\frac{q_j}{p_i}\right) = (-1)^{\sum_{i=1}^{r}\sum_{j=1}^{s}\frac{p_i-1}{2}\frac{q_j-1}{2}}$$

根据定理 3.8 的 (2) 的证明，得

$$\sum_{i=1}^{r}\sum_{j=1}^{s}\frac{p_i-1}{2}\frac{q_j-1}{2} \equiv \frac{m-1}{2}\frac{n-1}{2} \,(\mathrm{mod}\, 2)$$

故

$$\left(\frac{n}{m}\right) = (-1)^{\frac{m-1}{2}\frac{n-1}{2}}\left(\frac{m}{n}\right)$$

雅可比符号与勒让德符号的计算法则相同。当 m 为素数时，$\left(\dfrac{n}{m}\right)$ 为勒让德符号；当 m 为合数时，如果 $\left(\dfrac{n}{m}\right) = -1$，则 $x^2 \equiv n \,(\mathrm{mod}\, m)$ 一定无解；如果 $\left(\dfrac{n}{m}\right) = 1$，则 $x^2 \equiv n \,(\mathrm{mod}\, m)$ 不一定有解。

例 3.13 计算雅可比符号 $\left(\dfrac{786}{995}\right)$。

解
$$\left(\frac{786}{995}\right)=\left(\frac{2}{995}\right)\left(\frac{393}{995}\right)$$

$$=(-1)^{\frac{995^2-1}{8}}(-1)^{\frac{393-1}{2}\frac{995-1}{2}}\left(\frac{995}{393}\right)=-\left(\frac{209}{393}\right)$$

$$=-(-1)^{\frac{209-1}{2}\frac{393-1}{2}}\left(\frac{184}{209}\right)=-\left(\frac{2}{209}\right)^3\left(\frac{23}{209}\right)$$

$$=-(-1)^{\frac{209^2-1}{8}}(-1)^{\frac{23-1}{2}\frac{209-1}{2}}\left(\frac{2}{23}\right)=-(-1)^{\frac{23^2-1}{8}}$$

$$=-1$$

进一步可知，同余式 $x^2\equiv 786\ (\mathrm{mod}\ 995)$ 无解。

作为雅可比符号的一个应用，基于"判断模一个合数的二次剩余是困难的"假设，1982 年，S. Goldwasser 与 S. Micali 设计了第一个具有语义安全的公钥概率加密算法[3]。

算法 3.1* Goldwasser–Micali 公钥加密算法

1. 密钥建立

(1) 随机选择两个秘密大素数 p,q；

(2) 计算模数 $n=pq$，随机选择 $z\in QNR_n$ 且雅可比符号 $\left(\dfrac{z}{n}\right)=1$；

(3) 公钥为 n,z，私钥为 p,q。

2. 加密

待加密明文 $m\in\{0,1\}$，随机选择 $x\in Z_n^*$，计算

$$y=x^2\ (\mathrm{mod}\ n)$$
$$c=z^m y\ (\mathrm{mod}\ n)$$

其中，c 为密文。

3. 解密

解密者知道 p,q，计算 $\left(\dfrac{c}{p}\right),\left(\dfrac{c}{q}\right)$。

如果 $\left(\dfrac{c}{p}\right)=\left(\dfrac{c}{q}\right)=1$，则 $m=0$，否则 $m=1$。

若不知道 n 的分解，无论 $m=0$ 或 1，都有 $\left(\dfrac{c}{n}\right)=1$，无法判断所加密的 m 值。

例 3.14* Goldwasser-Micali 公钥算法的加密和解密

1. 密钥生成

(1) 秘密选取两个安全素数 $p=11,q=13$；

(2) 计算模数 $n=pq=11\times 13=143$，随机选择 $2\in QNR_{143}$ 且雅可比符号 $\left(\dfrac{2}{143}\right)=1$；

(3) 公钥为 $n=143,z=2$，私钥为 $p=11,q=13$。

2. 加密

设待加密的 1 比特明文 $m = 1$，随机选择 $87 \in Z_{143}^*$，计算

$$y = 87^2 \,(\text{mod } 143) = 133,$$

$$c = 2^1 \times 133 \,(\text{mod } 143) = 123。$$

密文 $c = 123$ 经公开信道发送到接收方。

3. 解密

接收方知道 $p = 11$，$q = 13$，计算

$$\left(\frac{123}{11}\right) = \left(\frac{2}{11}\right) = -1$$

$$\left(\frac{123}{13}\right) = \left(\frac{6}{13}\right) = -1$$

所以，密文 c 为模 143 的二次非剩余，故明文 $m = 1$。

3.5　二次同余式的解法

设 p 为奇素数，$p \nmid n$，二次同余式为

$$x^2 \equiv n \,(\text{mod } p) \tag{3.5}$$

如果勒让德符号 $\left(\dfrac{n}{p}\right) = -1$，则式(3.5)无解；如果 $\left(\dfrac{n}{p}\right) = 1$，则式(3.5)有两解。

当 p 不大时，可将 $x = 1, 2, \cdots, (p-1)/2$ 分别代入式(3.5)中通过验证求解。当 p 很大时，式(3.5)的解难以用验证的方法求得。

定理 3.11 设 $\left(\dfrac{n}{p}\right) = 1$，则

(1) 当 $p \equiv 3 \,(\text{mod } 4)$ 时，$\pm n^{\frac{1}{4}(p+1)}$ 为式(3.5)的解；

(2)* 当 $p \equiv 5 \,(\text{mod } 8)$，$n^{\frac{1}{4}(p-1)} \equiv 1 \,(\text{mod } p)$ 时，$\pm n^{\frac{1}{8}(p+3)}$ 为式(3.5)的解；

当 $p \equiv 5 \,(\text{mod } 8)$，$n^{\frac{1}{4}(p-1)} \equiv -1 \,(\text{mod } p)$ 时，$\pm(\frac{p-1}{2})! \, n^{\frac{p+3}{8}}$ 为式(3.5)的解。

证明

(1) 当 $p \equiv 3 \,(\text{mod } 4)$ 时，因为 $\left(\dfrac{n}{p}\right) = 1$，所以

$$n^{\frac{p-1}{2}} \equiv 1 \,(\text{mod } p)$$

故

$$(\pm n^{\frac{p+1}{4}})^2 \equiv n \,(\text{mod } p)$$

(2)* 由威尔逊定理，得

$$(p-1)! \equiv -1 \,(\text{mod } p)，当且仅当 p 为素数$$

所以

$$-1 \equiv (p-1)! = 1 \times 2 \times \cdots \times \left(\frac{p-1}{2}\right) \times \left[p - \left(\frac{p-1}{2}\right)\right] \times \cdots \times (p-2) \times (p-1)$$

$$\equiv \left(\left(\frac{p-1}{2}\right)!\right)^2 \pmod{p}$$

因为 $\left(\dfrac{n}{p}\right) = 1$，所以

$$n^{\frac{p-1}{2}} \equiv 1 \pmod{p}$$

故

$$n^{\frac{p-1}{4}} \equiv 1 \pmod{p} \quad \text{或} \quad n^{\frac{p-1}{4}} \equiv -1 \pmod{p} \qquad (3.6)$$

式(3.6)分别给出

$$(\pm n^{\frac{p+3}{8}})^2 \equiv n \pmod{p} \quad \text{或} \quad \left(\pm \left(\frac{p-1}{2}\right)! n^{\frac{p+3}{8}}\right)^2 \equiv n \pmod{p}$$

定理 3.12[*]　设 $\left(\dfrac{n}{p}\right) = 1$，则有：

当 $p \equiv 1 \pmod 8$，$\left(\dfrac{N}{p}\right) = -1$ 时，同余式(3.5)的解是

$$\pm n^{\frac{h+1}{2}} N^{s_k}$$

其中，h 满足 $p = 2^k h + 1, 2 \nmid h, s_k \geq 0$ 是某个整数。

证明　由于 $p \equiv 1 \pmod 8$，设 $p = 2^k h + 1, 2 \nmid h, k \geq 3$。

由 $\left(\dfrac{n}{p}\right) = 1$，$\left(\dfrac{N}{p}\right) = -1$，易得

$$n^{2^{k-1}h} \equiv 1 \pmod{p}, \quad N^{2^{k-1}h} \equiv -1 \pmod{p}$$

因此下面的两个同余式有且只有一个成立

$$n^{2^{k-2}h} \equiv 1 \pmod{p}, \quad n^{2^{k-2}h} \equiv -1 \pmod{p}$$

故有非负整数 $s_2 = hf$ ($f = 0$ 或 1)使

$$n^{2^{k-2}h} N^{2^{k-1}s_2} \equiv 1 \pmod{p}$$

成立。

于是下面两个同余式有且只有一个成立

$$n^{2^{k-3}h} N^{2^{k-2}s_2} \equiv 1 \pmod{p}, \quad n^{2^{k-3}h} N^{2^{k-2}s_2} \equiv -1 \pmod{p}$$

故有非负的 $s_3 = s_2 + 2hf_1$ ($f_1 = 0$ 或 1)使

$$n^{2^{k-3}h} N^{2^{k-2}s_3} \equiv 1 \pmod{p}$$

成立。

因为 k 是有限整数，所以必有一非负的 s_k 使得

$$n^h N^{2s_k} \equiv 1 \pmod{p}$$

故

$$n^{h+1} N^{2s_k} \equiv n \pmod{p}$$

即

$$(\pm n^{\frac{h+1}{2}} N^{s_k})^2 \equiv n \,(\mathrm{mod}\, p)$$

例 3.15 设 p, q 为 $4k+3$ 形式的不同素数，且满足 $\left(\dfrac{a}{p}\right) = \left(\dfrac{a}{q}\right) = 1$，求解二次同余式 $x^2 \equiv a \,(\mathrm{mod}\, pq)$。

解 因为同余式

$$x^2 \equiv a \,(\mathrm{mod}\, pq)$$

等价于同余方程组

$$\begin{cases} x^2 \equiv a \,(\mathrm{mod}\, p) \\ x^2 \equiv a \,(\mathrm{mod}\, q) \end{cases}$$

根据定理 3.11 的(1)，同余式 $x^2 \equiv a \,(\mathrm{mod}\, p)$ 的解是

$$\pm a^{\frac{1}{4}(p+1)} \,(\mathrm{mod}\, p)$$

同余式 $x^2 \equiv a \,(\mathrm{mod}\, q)$ 的解是

$$\pm a^{\frac{1}{4}(q+1)} \,(\mathrm{mod}\, q)$$

根据中国剩余定理，可知原同余式有 4 个解，分别是

$$[\pm a^{\frac{1}{4}(p+1)} \,(\mathrm{mod}\, p)uq] + [\pm a^{\frac{1}{4}(q+1)} \,(\mathrm{mod}\, q)vp] \,(\mathrm{mod}\, pq)$$

其中，整数 u, v 分别满足

$$uq \equiv 1 \,(\mathrm{mod}\, p), \ vp \equiv 1 \,(\mathrm{mod}\, q)$$

例 3.16 求解同余式 $x^2 \equiv 201 \,(\mathrm{mod}\, 209)$。

解 原同余式等价于

$$\begin{cases} x^2 \equiv 3 \,(\mathrm{mod}\, 11) \\ x^2 \equiv 11 \,(\mathrm{mod}\, 19) \end{cases}$$

根据定理 3.11，可知同余式 $x^2 \equiv 3 \,(\mathrm{mod}\, 11)$ 的解是

$$\pm 3^{\frac{1}{4}(11+1)} \,(\mathrm{mod}\, 11) = \pm 5$$

同余式 $x^2 \equiv 11 \,(\mathrm{mod}\, 19)$ 的解是

$$\pm 11^{\frac{1}{4}(19+1)} \,(\mathrm{mod}\, 19) = \pm 7$$

又因为 $7 \times 19 \equiv 1 \,(\mathrm{mod}\, 11)$，$7 \times 11 \equiv 1 \,(\mathrm{mod}\, 19)$，所以原同余式的 4 个解是

$$\pm 5 \times 7 \times 19 \pm 7 \times 7 \times 11 \,(\mathrm{mod}\, 209)$$

故 4 个解分别为

$$159, 83, 126, 50$$

3.6 Rabin 公钥密码体制

基于整数分解的困难性，M. O. Rabin 于 1979 年提出了一种公钥密码体制[4]。Rabin

公钥密码体制的重要理论价值在于，它是一个可证明安全的公钥密码体制，其安全性恰好等价于整数分解问题的困难性。

算法 3.2　Rabin 密码体制

1. 密钥建立

(1) 随机选择两个秘密大素数 p, q，满足 $|p| \approx |q|$，且 $p, q \equiv 3 \pmod 4$；

(2) 计算模数 $n = pq$ 为公钥。

2. 加密

设 $m\,(0 < m < n)$ 为待加密消息，计算密文

$$c \equiv m^2 \pmod n \tag{3.7}$$

密文 c 经公开信道发送到接收方。

3. 解密

解密就是求 c 模 n 的平方根，即求解同余式

$$x^2 \equiv c \pmod n \tag{3.8}$$

由中国剩余定理，可知求解同余式(3.8)等价于解同余方程组

$$\begin{cases} x^2 \equiv c \pmod p \\ x^2 \equiv c \pmod q \end{cases} \tag{3.9}$$

由于 $p, q \equiv 3 \pmod 4$，根据定理 3.11 的(1)，可知方程组(3.9)的解可容易求出，其中，每个方程有两个解，即

$$x \equiv \pm c^{\frac{1}{4}(p+1)} \pmod p$$

$$x \equiv \pm c^{\frac{1}{4}(q+1)} \pmod q \tag{3.10}$$

事实上，式(3.10)即为

$$x \equiv \pm m \pmod p, \ x \equiv \pm m \pmod q$$

运用扩展的欧几里得算法分别求得整数 s, t 满足 $sq \equiv 1 \pmod p, \ tp \equiv 1 \pmod q$。

根据中国剩余定理，求得模 n 的 4 个解是

$$[\pm c^{\frac{1}{4}(p+1)} \pmod p]sq + [\pm c^{\frac{1}{4}(q+1)} \pmod q]tp \pmod n$$

其中，只有一个解为正确的明文。

注：可在加密前在明文中加入冗余信息，如发送者或接收者的身份信息、日期时间等，解密时可有效确定所加密的明文。若 m 是随机比特序列，则无法确定哪一个解是正确的消息。

Rabin 密码体制的安全性分析。

定理 3.13　Rabin 密码体制的安全性等价于大整数分解。

证明　以模数 $n = pq$ 为例，设同余方程(3.8)的 4 个根分别是

$$m_1, m_2, m_3, m_4$$

不难看出，若 m_1 是同余方程的根，则 $n - m_1 (= m_2)$ 也是它的根，且

$$n \nmid m_1 \pm m_3$$

于是由

$$(m_1 + m_3)(m_1 - m_3) \equiv 0 \pmod{n}$$

得到

$$(m_1 - m_3, n) = p \text{ 或 } q$$

例 3.17 Rabin 密码体制的加密和解密。

1. 密钥生成

(1) 秘密选取安全素数 $p = 7, q = 11$；

(2) 计算公钥为模数 $n = 7 \times 11 = 77$。

2. 加密

设明文信息 $m = 24$，则密文是

$$c \equiv 24^2 \pmod{77} \equiv 37 \pmod{77} \tag{3.11}$$

密文 c 经公开信道发送到接收方。

3. 解密

接收方拥有秘密参数 p, q，计算两组解

$$x \equiv \pm 37^{\frac{1}{4}(7+1)} \pmod 7 \equiv \pm 4 \pmod 7$$

$$x \equiv \pm 37^{\frac{1}{4}(11+1)} \pmod{11} \equiv \pm 9 \pmod{11} \tag{3.12}$$

因为 11 模 7 的逆元是 2，7 模 11 的逆元是 8，根据中国剩余定理，可知原式(3.11)的 4 个解分别是

$$\pm 4 \times 2 \times 11 \pm 9 \times 8 \times 7 \pmod{77}$$

即 4 个解分别为

$$53, 31, 46, 24$$

其中，24 是加密传输的明文。

习 题 3

1. 求 $p = 11, 17, 29, 31, 41$ 的二次剩余和二次非剩余。

2. 在不超过 100 的素数 p 中，2 是哪些模 p 的二次剩余？-2 是哪些模 p 的二次剩余？

3. 设 p 为奇素数，证明：$1, 2, \cdots, p-1$ 中有 $(p-1)/2$ 个模 p 的二次剩余，有 $(p-1)/2$ 个模 p 的二次非剩余。

4. 设 p 为奇素数，证明：$1^2 \cdot 3^2 \cdot 5^2 \cdots (p-2)^2 \equiv (-1)^{(p+1)/2} \pmod{p}$。

5. 设 $(a, m) = 1$，证明：

   (1) 当 $m > 2$ 时，a 是模 m 的二次剩余的必要条件是 $a^{\varphi(m)/2} \equiv 1 \pmod{m}$。该条件是充分条件吗？举例说明；

   (2) 若 a 是模 m 的二次剩余，$ab \equiv 1 \pmod{m}$，则 b 也是模 m 的二次剩余；

   (3) 设 m 是合数，两个二次非剩余之积一定是二次剩余吗？

6. 设 p 为奇素数，证明：

(1) 设 Q 是模 p 的所有二次剩余的乘积，则 $Q \equiv (-1)^{(p+1)/2} \pmod{p}$；

(2) 设 Q 是模 p 的所有二次非剩余的乘积，则 $Q \equiv (-1)^{(p-1)/2} \pmod{p}$；

(3) 设 Q 是模 p 的所有二次剩余之和，则当 $p = 3$ 时，$Q \equiv 1 \pmod{p}$；当 $p > 3$ 时，$Q \equiv 0 \pmod{p}$；

(4) 设 Q 是模 p 的所有二次非剩余之和，求 $Q \pmod{p}$。

7. 设奇素数 $p \equiv 1 \pmod 4$。证明：

(1) $1, 2, \cdots, (p-1)/2$ 中模 p 的二次剩余与二次非剩余的个数均为 $(p-1)/4$ 个；

(2) $1, 2, \cdots, p-1$ 中有 $(p-1)/4$ 个偶数为模 p 的二次剩余，有 $(p-1)/4$ 个奇数为模 p 的二次剩余；

(3) $1, 2, \cdots, p-1$ 中有 $(p-1)/4$ 个偶数为模 p 的二次非剩余，有 $(p-1)/4$ 个奇数为模 p 的二次非剩余；

(4) $1, 2, \cdots, p-1$ 中模 p 的全体二次剩余之和等于 $p(p-1)/4$；

(5) $1, 2, \cdots, p-1$ 中模 p 的全体二次非剩余之和等于 $p(p-1)/4$。

8. 求勒让德符号值 $\left(\dfrac{3}{7}\right)$，$\left(\dfrac{5}{11}\right)$，$\left(\dfrac{6}{13}\right)$，$\left(\dfrac{-104}{233}\right)$，$\left(\dfrac{91}{563}\right)$。

9. 设 p 为奇素数，证明：$\displaystyle\sum_{a=1}^{p} \left(\dfrac{a}{p}\right) = 0$。

10. 设奇素数 $p \nmid a$，证明：$\displaystyle\sum_{x=1}^{p} \left(\dfrac{ax+b}{p}\right) = 0$。

11. 设奇素数 $p \nmid a$，证明：$\displaystyle\sum_{x=1}^{p} \left(\dfrac{x^2+ax}{p}\right) = \displaystyle\sum_{x=1}^{p} \left(\dfrac{x^2+x}{p}\right) = 0$。

12. 设奇素数 $p \nmid a$，以及 $f(x) = ax^2 + bx + c, \Delta = b^2 - 4ac$。证明：

(1) 若 $p \nmid \Delta$，$\displaystyle\sum_{x=1}^{p} \left(\dfrac{f(x)}{p}\right) = -\left(\dfrac{a}{p}\right)$；

(2) 若 $p \mid \Delta$，$\displaystyle\sum_{x=1}^{p} \left(\dfrac{f(x)}{p}\right) = (p-1)\left(\dfrac{a}{p}\right)$。

13. 证明：$x^2 - y^2 \equiv a \pmod{p}$ 的解数是 $\displaystyle\sum_{y=1}^{p-1}\left(1 + \left(\dfrac{y^2+a}{p}\right)\right)$。

14. 证明：下列形式的素数 $8k-1, 8k+3, 8k-3$ 均有无穷多个。

15. 设 $(2, n) = 1$，奇素数 $p \mid a^n - 1$，证明：$\left(\dfrac{a}{p}\right) = 1$。

16. 不必计算，证明：$23 \mid 2^{11} - 1$，$47 \mid 2^{23} - 1$，$503 \mid 2^{251} - 1$。

17. 设素数 $p = 4k+1$，$d \mid k$，证明：$\left(\dfrac{d}{p}\right) = 1$。

18. 设 p 是奇素数，证明：$\left(\dfrac{2}{p}\right) = \left(\dfrac{8-p}{p}\right) = \left(\dfrac{p}{p-8}\right) = \left(\dfrac{8}{p-8}\right) = \left(\dfrac{2}{p-8}\right)$。

19. 设 p 是奇素数，$a \in Z^+$，$p \nmid a$，证明：$\left(\dfrac{a}{p}\right) = \left(\dfrac{a}{p-4a}\right)$。

20. 设 p 是奇素数，证明：同余式 $x^2 \equiv -3 \pmod{p}$ 有解的充要条件是 $p \equiv 1 \pmod 3$。

21. 设 p 是奇素数，a 是 $2^p - 1$ 的素因子，证明：$a \equiv 1 \pmod 8$ 或 $a \equiv -1 \pmod 8$。

22. 设奇素数 $p \equiv 3 \pmod 4$，证明：$2p+1$ 是素数的充要条件是 $2^p \equiv 1 \pmod{2p+1}$。

23. (1) 求所有的素数 p 使 3 为模 p 的二次剩余；

(2) 求所有的素数 p 使 -3 为模 p 的二次剩余；

(3) 求 $100^2 - 3$, $150^2 + 3$ 的素因数分解。

24. 证明：对任意素数 p，同余方程 $(x^2 - 2)(x^2 - 19)(x^2 - 38) \equiv 0 \pmod{p}$ 有解。

25. 证明：对任意的 $a, b \in Z$，同余方程 $(x^2 - a)(x^2 - b)(x^2 - ab) \equiv 0 \pmod{p}$ 有解。

26. (1) 求 $\left(\dfrac{-2}{p}\right) = 1$ 的全体素数 p；(2) 求 $\left(\dfrac{10}{p}\right) = 1$ 的全体素数 p。

27. 求使 $x^2 \equiv 13 \pmod{p}$ 有解的全体素数 p。

28. 计算雅可比符号值 $\left(\dfrac{17}{62}\right)$, $\left(\dfrac{23}{116}\right)$, $\left(\dfrac{131}{60}\right)$, $\left(\dfrac{1280}{4113}\right)$, $\left(\dfrac{1213}{4321}\right)$。

29. 设 $a, b \in Z^+$，b 为奇数。证明：雅可比符号有

$$\left(\frac{a}{b+2a}\right) = \begin{cases} \left(\dfrac{a}{b}\right), & a \equiv 0, 1 \pmod{4} \\[2mm] -\left(\dfrac{a}{b}\right), & a \equiv 2, 3 \pmod{4} \end{cases}$$

30. 选取适当的参数，设计 Goldwasser-Micali 公钥加密算法，并写出加解密过程。

31. 判断下列同余方程是否有解：

(1) $x^2 \equiv 5 \pmod{227}$；

(2) $x^2 \equiv -13 \pmod{117}$；

(3) $17x^2 \equiv -6 \pmod{47}$；

(4) $11x^2 \equiv -15 \pmod{6193}$。

32. 证明：二次同余方程 $x^2 \equiv a \pmod{p}$ 的解数是 $1 + \left(\dfrac{a}{p}\right)$。

33. 设 p 是奇素数，a 是整数，$(a, p) = 1$，证明：同余方程 $ax^2 + bx + c \equiv 0 \pmod{p}$ 的解数是 $1 + \left(\dfrac{b^2 - 4ac}{p}\right)$。

34. 求下列同余方程解的个数：

(1) $x^2 \equiv 2 \pmod{31}$；(2) $x^2 \equiv -2 \pmod{31}$；(3) $x^2 \equiv 3 \pmod{47}$；(4) $x^2 \equiv -5 \pmod{47}$。

35. 求满足同余方程 $E: y^2 \equiv x^3 + 3x + 3 \pmod{7}$ 的所有点。

36. 求满足同余方程 $E: y^2 \equiv x^3 + x + 1 \pmod{19}$ 的所有点。

37. 设 p 是素数，a 是整数，$(a, p) = 1$，证明：存在整数 u, v，$(u, v) = 1$ 使得 $u^2 + av^2 \equiv 0 \pmod{p}$ 的充要条件是 $-a$ 是模 p 的二次剩余。

38. 设素数 $p = 4k + 3$，在有解的情况下，求解同余式 $x^2 \equiv a \pmod{p}$。

39. 设素数 $p = 8k + 5$，在有解的情况下，求解同余式 $x^2 \equiv a \pmod{p}$。

40. 解下列高次同余方程：

(1) $f(x) = 2x^5 + 3x^2 + x + 6 \equiv 0 \pmod{36}$；

(2) $f(x) = 2x^{21} + 1003x^3 + 7x - 10 \equiv 0 \pmod{5^2 \times 2 \times 7^2}$。

41. 在 Rabin 密码体制中，设 $p = 53$, $q = 59$。

(1) 求明文 297 对应的密文；

(2) 对上述密文，求出可能的 4 条明文。

42. (1) 已知 Rabin 密码体制的两个秘密素数 $p = 67$, $q = 71$，对明文 $m = 29$ 进行加密、解密；

(2) 另取素数对，设计 Rabin 密码体制，给出加解密过程。

第4章 原 根 与 阶

本章介绍模整数的阶、原根等概念，以及阶与原根的一些性质。

4.1 模一个整数的阶与原根

设 $m \in Z^+$，$(g, m) = 1$，考虑 g 的方幂
$$g, g^2, g^3, \cdots$$
根据欧拉定理（定理 2.8），有
$$g^{\varphi(m)} \equiv 1 \pmod{m}$$
这里重点关注的是使 $g^d \equiv 1 \pmod{m}$ 成立的最小正整数 d。

定义 4.1 设整数 $m > 0$，$(g, m) = 1$，d_0 是使得
$$g^d \equiv 1 \pmod{m}$$
成立的最小正整数，则 d_0 称为 g 模 m 的阶（或次数），记为 $\mathrm{ord}_g m = d_0$。

例 4.1 设 $m = 11$，这时 $\varphi(11) = 10$，且有
$$1^1 \equiv 1 \pmod{11}$$
$$2^5 \equiv -1 \pmod{11}$$
$$3^5 \equiv 1 \pmod{11}$$
$$4^5 \equiv 1 \pmod{11}$$
$$5^5 \equiv 1 \pmod{11}$$
$$6^5 \equiv -1 \pmod{11}$$
$$7^5 \equiv -1 \pmod{11}$$
$$8^5 \equiv -1 \pmod{11}$$
$$9^5 \equiv 1 \pmod{11}$$
$$10^2 \equiv 1 \pmod{11}$$

Z_{11}^*（Z_{11} 中与 11 互素的数）中的元素与相应的阶见表 4.1。

表 4.1 Z_{11}^* 中的非零元素与阶

g	1	2	3	4	5	6	7	8	9	10
$\mathrm{ord}_g 11$	1	10	5	5	5	10	10	10	5	2

例 4.2 设 $m = 6 = 2 \times 3$，这时 $\varphi(6) = 2$，且有
$$1^1 \equiv 1, \quad 5^2 \equiv 1$$
于是

$$\text{ord}_1 6 = 1, \ \text{ord}_5 6 = 2$$

例 4.3　设 $m = 15 = 3 \times 5$，这时 $\varphi(15) = 8$，且有

$$1^1 \equiv 1 \ (\text{mod } 15)$$

$$2^4 \equiv 1 \ (\text{mod } 15)$$

$$4^2 \equiv 1 \ (\text{mod } 15)$$

$$7^4 \equiv 1 \ (\text{mod } 15)$$

$$8^4 \equiv (-7)^4 \equiv 1 \ (\text{mod } 15)$$

$$11^2 \equiv (-4)^2 \equiv 1 \ (\text{mod } 15)$$

$$13^4 \equiv (-2)^4 \equiv 1 \ (\text{mod } 15)$$

$$14^2 \equiv (-1)^2 \equiv 1 \ (\text{mod } 15)$$

Z_{15}^* 中的元素与相应的阶见表 4.2。

表 4.2　Z_{15}^* 中的可逆元素与阶

g	1	2	4	7	8	11	13	14
$\text{ord}_g 15$	1	4	2	4	4	2	4	2

注意到在例 4.3 中，若幂指数是阶的倍数（如 8），则

$$1^8 \equiv 1 \ (\text{mod } 15)$$

$$2^8 \equiv 1 \ (\text{mod } 15),$$

$$4^8 \equiv 1 \ (\text{mod } 15)$$

$$\cdots$$

$$14^8 \equiv 1 \ (\text{mod } 15)$$

一般地，有以下定理。

定理 4.1　对任意的 $d \in Z^+$，则

$$g^d \equiv 1 \ (\text{mod } m)$$

当且仅当 $\text{ord}_g m \mid d$。

证明　假设 $d = kd_0 + r$，其中，$d_0 = \text{ord}_g m$，$k \in Z$，$0 \leqslant r < d_0$，于是

$$g^d \equiv 1 \ (\text{mod } m) \Leftrightarrow g^{kd_0+r} \equiv g^r (\text{mod } m) \equiv 1 (\text{mod } m)$$

由定义 4.1，可知 d_0 是使 $g^d \equiv 1 \ (\text{mod } m)$ 成立的最小正整数，所以

$$g^r \equiv 1 \ (\text{mod } m) \Leftrightarrow r = 0$$

推论 4.1　$\text{ord}_g m \mid \varphi(m)$。

根据推论 4.1，整数 g 模 m 的阶 $\text{ord}_g m$ 是 $\varphi(m)$ 的因子，所以可以在 $\varphi(m)$ 的因子中求得 $\text{ord}_g m$，即 $\text{ord}_g m \mid \varphi(m)$。

在例 4.1 中，$\varphi(11) = 10$ 的因子为 1, 2, 5, 10，可逐个验证 $g^1 \equiv 1 \ (\text{mod } 11)$，$g^2 \equiv 1 \ (\text{mod } 11)$，$g^5 \equiv 1 \ (\text{mod } 11)$ 是否成立，便可确定 $\text{ord}_g m$（$g = 1, 2, \cdots, 10$）。

例 4.4　计算 Z_{13} 中的元素模 13 的阶。

解　因为 $\varphi(13) = 12$，12 的因子有 1, 2, 3, 4, 6, 12，所以对于整数 a（$1 \leqslant a \leqslant 12$），逐次验证

$$a^1 \equiv 1 \pmod{13}$$
$$a^2 \equiv 1 \pmod{13}$$
$$a^3 \equiv 1 \pmod{13}$$
$$a^4 \equiv 1 \pmod{13}$$
$$a^6 \equiv 1 \pmod{13}$$

是否成立，若上述同余式都不成立，则 a 模 13 的阶是 12。

通过验证，得 $a\,(1 \leqslant a \leqslant 12)$ 模 13 的阶分别是

$$\text{ord}_1 13 = 1, \quad \text{ord}_2 13 = 12, \quad \text{ord}_3 13 = 3, \quad \text{ord}_4 13 = 6$$
$$\text{ord}_5 13 = 4, \quad \text{ord}_6 13 = 12, \quad \text{ord}_7 13 = 12, \quad \text{ord}_8 13 = 4$$
$$\text{ord}_9 13 = 3, \quad \text{ord}_{10} 13 = 6, \quad \text{ord}_{11} 13 = 12, \quad \text{ord}_{12} 13 = 2$$

定理 4.2　设 p 是奇素数，且 $\dfrac{p-1}{2}$ 也是素数，如果 $(g,p)=1$，则 $\text{ord}_g p$ 的可能值是

$$\text{ord}_g p = 1, 2, \frac{p-1}{2} \ \text{或} \ p-1$$

证明　根据推论 4.1，得 $\text{ord}_g p \mid p-1$。

所以，$\text{ord}_g p$ 的 4 个可能值分别是 $1, 2, \dfrac{p-1}{2}, p-1$。

例 4.5　求 $\text{ord}_2 19$。

解　$\varphi(19) = 18 = 2 \times 3 \times 3$，根据推论 4.1，可知 $\text{ord}_2 19$ 的可能值是 $d = 1, 2, 3, 6, 9, 18$，逐个验证 $2^d \pmod{19}$ 即可得 2 模 19 的阶。

$$2^1 \equiv 2 \pmod{19}$$
$$2^2 \equiv 4 \pmod{19}$$
$$2^3 \equiv 8 \pmod{19}$$
$$2^6 \equiv 7 \pmod{19}$$
$$2^9 \equiv 18 \pmod{19}$$
$$2^{18} \equiv 1 \pmod{19}$$

因此 $\text{ord}_2 19 = 18 = \varphi(19)$。

定义 4.2　设整数 g 满足 $(g,m)=1$，如果 g 模 m 的阶为 $\varphi(m)$，即 $\text{ord}_g m = \varphi(m)$，则 g 称为模 m 的一个原根。

根据定义 4.2，可知如果 g 模素数 p 的阶为 $\varphi(p) = p-1$，则 g 是模 p 的一个原根。

定理 4.3　设 g 为整数，$(g,m)=1$，$m \in Z^+$，则 g 是模 m 的一个原根的充要条件是

$$g, g^2, \cdots, g^{\varphi(m)} \tag{4.1}$$

构成模 m 的一组缩系。

证明　"$\Rightarrow$" 由于 g 是模 m 的一个原根，所以，式(4.1)中的数与 m 互素且模 m 互不同余，由定理 2.6 与定义 2.3，可知式(4.1)构成模 m 的一组缩系。

"$\Leftarrow$" 若式(4.1)构成模 m 的一组缩系，因为

$$g^{\varphi(m)} \equiv 1 \pmod{m}$$

所以

$$g^k \not\equiv 1 (\mathrm{mod}\ m), 1 \le k < \varphi(m)$$

由定义 4.2，可知 g 是模 m 的一个原根。

例 4.6　整数 $\{2^k \mid k = 1, 2, \cdots, 11, 12\}$ 构成模 13 的一组缩系。

解　由例 4.4，可知 2 是模 13 的原根，再根据定理 4.3，$\{2^k \mid k = 1, 2, \cdots, 12\}$ 是模 13 的一组缩系。

事实上

$$2^1 \equiv 2, 2^2 \equiv 4, 2^3 \equiv 8, 2^4 \equiv 3$$
$$2^5 \equiv 6, 2^6 \equiv 12, 2^7 \equiv 11, 2^8 \equiv 9$$
$$2^9 \equiv 5, 2^{10} \equiv 10, 2^{11} \equiv 7, 2^{12} \equiv 1$$

定理 4.4　设 g 模 m 的阶是 d，则

$$1, g, g^2, \cdots, g^{d-1}$$

模 m 两两不同余。

证明　假设结论不成立，则有某对 $r, s\ (0 \le r < s \le d-1)$，使

$$g^r \equiv g^s (\mathrm{mod}\ m)$$

成立。则有

$$g^{s-r} \equiv 1 (\mathrm{mod}\ m)$$

而 $0 < s-r < d$，这与 $\mathrm{ord}_g m = d$ 矛盾。

定理 4.5　设 $(g, m) = 1$，则

$$g^r \equiv g^s (\mathrm{mod}\ m)$$

的充要条件是

$$r \equiv s (\mathrm{mod}\ \mathrm{ord}_g m)$$

证明

$$g^r \equiv g^s (\mathrm{mod}\ m)$$
$$\Leftrightarrow g^{s-r} \equiv 1 (\mathrm{mod}\ m)$$
$$\Leftrightarrow \mathrm{ord}_g m \mid s-r （由定理 4.1）$$

例 4.7　计算 $5^{2001} (\mathrm{mod}\ 13), 2^{3356} (\mathrm{mod}\ 19)$。

解　由例 4.4，可知 $\mathrm{ord}_5 13 = 4$，所以

$$5^{2001} \equiv (5^4)^{500} \times 5 \equiv 5 (\mathrm{mod}\ 13)$$

由例 4.5，可知 $\mathrm{ord}_2 19 = 18$，所以

$$2^{3356} \equiv (2^{18})^{186} \times 2^8 \equiv 9 (\mathrm{mod}\ 19)$$

定理 4.6　设 $k \in Z^+, p$ 为素数，则同余方程

$$x^k \equiv 1 (\mathrm{mod}\ p) \tag{4.2}$$

的解数为 $(k, p-1)$。

证明　设 $d = (k, p-1)$，则存在 $s, t \in Z$，满足

$$sk + t(p-1) = d$$

这样，方程(4.2)的任意解必为方程

$$x^d \equiv 1 \pmod{p}$$

的解。

反之，由于 $d \mid k$，因此方程 $x^d \equiv 1 \pmod{p}$ 的解，必为方程 $x^k \equiv 1 \pmod{p}$ 的解。

故

$$x^k \equiv 1 \pmod{p}$$

与

$$x^d \equiv 1 \pmod{p} \tag{4.3}$$

的解相同。

因为 $d \mid p-1$，所以 $x^{p-1} \equiv 1 \pmod{p}$ 可以写成

$$(x^d - 1)(x^{p-1-d} + x^{p-2-d} + \cdots + 1) \equiv 0 \pmod{p}$$

由定理 2.9，可知 $x^{p-1} \equiv 1 \pmod{p}$ 有 $p-1$ 个解。

由定理 2.20，可知 $x^d \equiv 1 \pmod{p}$ 最多有 d 个解，且

$$x^{p-1-d} + x^{p-2-d} + \cdots + 1 \equiv 0 \pmod{p}$$

最多有 $p-1-d$ 的解。

所以，方程(4.3)有 $d = (k, p-1)$ 个解。即同余方程(4.2)有 $(k, p-1)$ 个解。

定理 4.7 设 p 为素数，$d \mid p-1$，则模 p 的阶为 d 的元素个数为 $\varphi(d)$。

证明 对 d 使用数学归纳法，若 $d = 1$，显然成立，假设对小于 d 的数成立，考虑 d 的情形。

若 $k \mid d$，则任何满足

$$x^k \equiv 1 \pmod{p}$$

的解必为

$$x^d \equiv 1 \pmod{p}$$

的解，于是阶为 d 的解的个数为

$$d - \sum_{k \mid d, 1 \leqslant k < d} \varphi(k)$$

由定理 2.14，得

$$d = \varphi(d) + \sum_{k \mid d, 1 \leqslant k < d} \varphi(k)$$

故阶为 d 的解数为 $\varphi(d)$。

定理 4.8 存在模素数 p 的原根，且模 p 的原根数量为 $\varphi(p-1)$。

证明 在定理 4.7 中，令 $d = p-1$ 即证。

一般地，有以下定理。

定理 4.9 设整数 $m > 1$，当且仅当 m 为下列诸数之一时，即

$$m = 2, 4, p^k, 2p^k \ (k \in Z^+, p \text{ 为奇素数})$$

模 m 有原根。

证明 略[2]。

例 4.8 模 5 的原根数为 $\varphi(5-1) = \varphi(4) = 2$，模 7 的原根数为 $\varphi(6) = 2$，模 11 的原根数为 $\varphi(10) = 4$。

定理 4.10 设 p 为素数，g 为模 p 的原根，则 g^s 模 p 的阶为 $\dfrac{p-1}{(s,p-1)}$；g^s 为模 p 的原根，当且仅当 $(s,p-1)=1$。

证明 假设 $(s,p-1)=d$，则

$$(g^s)^{\frac{p-1}{d}} \equiv 1 \,(\mathrm{mod}\, p) \tag{4.4}$$

设 $t\in Z^+$，满足

$$(g^s)^t \equiv 1 \,(\mathrm{mod}\, p)$$

因为 g 是模素数 p 的原根，所以 $p-1\,|\,st$。即

$$\frac{p-1}{d}\Big|\frac{s}{d}t$$

因为 $\left(\dfrac{p-1}{d},\dfrac{s}{d}\right)=1$，所以

$$\frac{p-1}{d}\Big|t \tag{4.5}$$

故由式(4.4)与式(4.5)，可知 g^s 模 p 的阶为 $\dfrac{p-1}{d}=\dfrac{p-1}{(s,p-1)}$。

进一步，有

$$g^s \text{ 为模 } p \text{ 的原根}$$
$$\Leftrightarrow g^s \text{ 模 } p \text{ 的阶为 } p-1$$
$$\Leftrightarrow (s,p-1)=1$$

同理，有以下结论。

定理 4.11 设 $d\in Z^+$，a 为整数，$(a,m)=1$，则 a^d 模 m 的阶为 $\dfrac{\mathrm{ord}_a m}{(d,\mathrm{ord}_a m)}$。

推论 4.2 若 g 为模 m 的原根，则 g^d 是模 m 的原根的充要条件是 $(d,\varphi(m))=1$。

例 4.9 求 $6^{15}\,(\mathrm{mod}\,13)$ 的阶。

解 由例 4.4，$\mathrm{ord}_6 13=12$。根据定理 4.10，则有

$$\mathrm{ord}_{6^{15}}13=\frac{12}{(15,12)}=\frac{12}{3}=4$$

定理 4.12* 设 a,b 是与 m 互素的整数，如果 $(\mathrm{ord}_a m,\mathrm{ord}_b m)=1$，则

$$\mathrm{ord}_{ab}m=\mathrm{ord}_a m\times\mathrm{ord}_b m$$

证明 设 $\mathrm{ord}_a m=d$，$\mathrm{ord}_b m=e$，$(d,e)=1$。

不难验证，$\mathrm{ord}_{ab}m\,|\,de$。

假设 $\mathrm{ord}_{ab}m=d_1 e_1$，其中，$d_1\,|\,d$，$e_1\,|\,e$。于是

$$(ab)^{d_1 e_1}\equiv 1\,(\mathrm{mod}\,m)$$

即

$$a^{d_1 e_1}\equiv b^{-d_1 e_1}\,(\mathrm{mod}\,m) \tag{4.6}$$

根据定理 4.11，可知同余式(4.6)左边的阶是

$$\frac{\mathrm{ord}_a m}{(\mathrm{ord}_a m,d_1 e_1)}=\frac{d}{(d,d_1 e_1)}=\frac{d}{d_1}$$

另一方面，根据定理 4.11，同余式(4.6)右边 $b^{d_1 e_1} \pmod m$ 的阶是

$$\frac{\mathrm{ord}_b m}{(\mathrm{ord}_b m, d_1 e_1)} = \frac{e}{(e, d_1 e_1)} = \frac{e}{e_1}$$

又因为 $(d, e) = 1$，所以

$$\frac{d}{d_1} = \frac{e}{e_1} = 1$$

因此 $\mathrm{ord}_{ab} m = de = \mathrm{ord}_a m \times \mathrm{ord}_b m$。

一般地，有以下定理。

定理 4.13*　设 a 是与 m, n 互素的整数，且 $(m, n) = 1$，则 $\mathrm{ord}_a mn = [\mathrm{ord}_a m, \mathrm{ord}_a n]$。

证明　不难验证，$[\mathrm{ord}_a m, \mathrm{ord}_a n] \mid \mathrm{ord}_a mn$。又由

$$a^{[\mathrm{ord}_a m, \mathrm{ord}_a n]} \equiv 1 \pmod m,\quad a^{[\mathrm{ord}_a m, \mathrm{ord}_a n]} \equiv 1 \pmod n$$

以及推论 2.2，推出

$$a^{[\mathrm{ord}_a m, \mathrm{ord}_a n]} \equiv 1 \pmod{mn}$$

于是

$$\mathrm{ord}_a mn \mid [\mathrm{ord}_a m, \mathrm{ord}_a n]$$

故 $\mathrm{ord}_a mn = [\mathrm{ord}_a m, \mathrm{ord}_a n]$。

推论 4.3*　如果 $m = p_1^{\alpha_1} p_2^{\alpha_2} \cdots p_t^{\alpha_t}$ 是 m 的标准分解式，则整数 g $((g, m) = 1)$ 模 m 的阶等于 g 模 $p_i^{\alpha_i}$ $(i = 1, 2, \cdots, t)$ 阶的最小公倍数。

例 4.10*　已知 3 模 7 的阶是 6，3 模 11 的阶是 5，求 3 模 77 的阶。

解　根据定理 4.13，则有 $\mathrm{ord}_3 77 = [\mathrm{ord}_3 7, \mathrm{ord}_3 11] = 30$。

注*：对于模 m，不一定有 $\mathrm{ord}_{ab} m = [\mathrm{ord}_a m, \mathrm{ord}_b m]$ 成立。

例如，假设 a 模 m 的阶 $d > 1$。

因为对于整数 t，有

$$a^t \equiv 1 \pmod m$$

当且仅当

$$1 \equiv a^{-t} \pmod m$$

于是

$$\mathrm{ord}_a m = d = \mathrm{ord}_{a^{-1}} m$$

但 $\mathrm{ord}_{aa^{-1}} m = 1$。

4.2　原根的性质

定理 4.14　设 $m \in Z^+$，如果存在模 m 的一个原根 g，则有 $\varphi(\varphi(m))$ 个不同的模 m 原根，它们由集合

$$S = \{ g^d \mid 1 \leqslant d \leqslant \varphi(m), (d, \varphi(m)) = 1 \}$$

中的数给出。

证明　设 g 是模 m 的一个原根，根据定理 4.3，则

$$g, g^2, \cdots, g^{\varphi(m)}$$

构成模 m 的一组缩系，因此这些元素各不相同。

再根据推论 4.2，可知 g^d 是模 m 的原根，当且仅当 $(d, \varphi(m)) = 1$。

数集 $\{0, 1, 2, \cdots, \varphi(m) - 1\}$ 中与 $\varphi(m)$ 互素的数共有 $\varphi(\varphi(m))$ 个。

因此，若模 m 存在原根，则模 m 有 $\varphi(\varphi(m))$ 个不同的原根。

注：m 满足定理 4.9 中的形式时，才存在模 m 的原根。

定理 4.15* 设 $m \in Z^+$，且模 m 存在原根，并设 $\varphi(m)$ 的标准分解为

$$\varphi(m) = q_1^{\alpha_1} q_2^{\alpha_2} \cdots q_t^{\alpha_t}, \ \alpha_i > 0, \ i = 1, 2, \cdots, t$$

则任取一整数 a $((a, m) = 1)$ 是模 m 原根的概率是

$$\prod_{i=1}^{t}\left(1 - \frac{1}{p_i}\right)$$

证明 根据定理 4.14，可知整数 a $((a, m) = 1)$ 是模 m 原根的概率是 $\dfrac{\varphi(\varphi(m))}{\varphi(m)}$。

而

$$\frac{\varphi(\varphi(m))}{\varphi(m)} = \prod_{i=1}^{t}\left(1 - \frac{1}{p_i}\right)$$

例 4.11 求模 13 的所有原根。

解 根据例 4.4，可知 2 是模 13 的一个原根。再根据定理 4.14，可知模 13 共有 $\varphi(\varphi(13)) = \varphi(12) = \varphi(4)\varphi(3) = 4$ 个原根，因为在数集 $\{1, 2, \cdots, 11\}$ 中与 12 互素的四个数是 1, 5, 7, 11，所以模 13 的 4 个原根分别是

$$2, \ 2^5 \ (\text{mod } 13), \ 2^7 \ (\text{mod } 13), \ 2^{11} \ (\text{mod } 13)$$

定理 4.16 设 $m \in Z^+$，$\varphi(m)$ 的所有不同素因子是 $q_1, q_2, \cdots, q_t$，则 g 是模 m 的一个原根，当且仅当

$$g^{\varphi(m)/q_i} \not\equiv 1 \ (\text{mod } m), \ i = 1, 2, \cdots, t \tag{4.7}$$

证明 "$\Rightarrow$" 若存在 q_i，满足

$$g^{\varphi(m)/q_i} \equiv 1 \, (\text{mod } m)$$

则 g 模 m 的阶小于 $\varphi(m)$，与 g 是模 m 的原根相矛盾。

"$\Leftarrow$" 假设 g 模 m 的阶 d 小于 $\varphi(m)$，则根据推论 4.1，有 $d \mid \varphi(m)$。

因此存在某个素因子 q_i，满足

$$d \, \Big| \, \frac{\varphi(m)}{q_i}$$

于是

$$g^{\varphi(m)/q_i} \equiv 1 \, (\text{mod } m)$$

与已知 $g^{\varphi(m)/q_i} \not\equiv 1 \ (\text{mod } m)$ $(i = 1, 2, \cdots, t)$ 矛盾。

所以 g 模 m 的阶为 $\varphi(m)$，是模 m 的一个原根。

根据定理 4.16，可知在找模 m 的原根时，可先求出 $\varphi(m)$ 的所有不同素因子，然后任选一个与 m 互素的数 g，若满足条件(4.7)，则 g 便是模 m 的原根。

例 4.12 求模 19 的原根。

解 $(2, 19) = 1$，$\varphi(19) = 18 = 2 \times 3^2$。

验证 $2^{18/2} \equiv 18 \neq 1 \pmod{19}$，$2^{18/3} \equiv 7 \neq 1 \pmod{19}$，因此 2 是模 19 的原根。

根据定理 4.11 与定理 4.14，可知模 19 的所有 $\varphi(\varphi(19)) = 6$ 个原根分别是 $2, 2^5 \equiv 13 \pmod{19}$，$2^7 \equiv 14 \pmod{19}$，$2^{11} \equiv 15 \pmod{19}$，$2^{13} \equiv 3 \pmod{19}$，$2^{17} \equiv 10 \pmod{19}$。

4.3 指数[*]

如果 g 是模 m 的一个原根，已知 $1, g, g^2, \cdots, g^{\varphi(m)-1}$ 构成模 m 的一组缩系，可以给出下面的定义。

定义 4.3 设 $(a, m) = 1$，g 为模 m 的原根，必存在唯一整数 $k, 0 \leqslant k < \varphi(m)$，满足
$$a \equiv g^k \pmod{m}$$
其中，k 称为以 g 为底（或基）的 a 模 m 的指数，记为 $k = \operatorname{ind}_g a(m)$，无歧义时简记为 $k = \operatorname{ind}_g a$。

例 4.13 由例 4.1，可知 2 是模 11 的原根，$2^k \pmod{11}$ $(k = 1, 2, \cdots, 10)$ 的运算结果由表 4.3 给出。

表 4.3　$2^k \pmod{11}$ $(k = 1, 2, \cdots, 10)$ 的运算结果

k	1	2	3	4	5	6	7	8	9	10
$2^k \pmod{11}$	2	4	8	5	10	9	7	3	6	1

因此，$\operatorname{ind}_2 2(11) = 1$，$\operatorname{ind}_2 4(11) = 2$，$\operatorname{ind}_2 8(11) = 3$，$\operatorname{ind}_2 5(11) = 4$，$\cdots$，$\operatorname{ind}_2 1(11) = 10$。

定理 4.17 设整数 $m > 1$，g 是模 m 的一个原根，则 $a \equiv g^r \pmod{m}$，当且仅当 $r \equiv \operatorname{ind}_g a \pmod{\varphi(m)}$。

证明 设 $k = \operatorname{ind}_g a(m)$，即 $0 \leqslant k < \varphi(m)$，且 $a \equiv g^k \pmod{m}$。

"$\Leftarrow$" 因为 $r = k + t\varphi(m)$，t 为某整数，所以
$$g^r \equiv g^{k+t\varphi(m)} \equiv g^k \equiv a \pmod{m}$$

"$\Rightarrow$" 因为
$$a \equiv g^r \equiv g^k \pmod{m}$$
所以
$$g^{r-k} \equiv 1 \pmod{m}$$
由于 g 是模 m 的一个原根，其阶是 $\varphi(m)$，因此，$\varphi(m) \mid r - k$。

故
$$r \equiv k \pmod{\varphi(m)}$$
定理 4.17 得证。

定理 4.18 设 g 是模 m 的原根，$(a, m) = (b, m) = 1$，则

(1) $\operatorname{ind}_g(ab) \equiv \operatorname{ind}_g a + \operatorname{ind}_g b \pmod{\varphi(m)}$；

(2) $\operatorname{ind}_g a^n \equiv n \times \operatorname{ind}_g a \pmod{\varphi(m)}$，这里 $n \in Z^+$；

(3) $\operatorname{ind}_g 1 = 0$，$\operatorname{ind}_g g = 1$；

(4) $\operatorname{ind}_g(-1) = \varphi(m)/2$，$m > 2$；

(5) 设 h 也是模 m 的一个原根，则 $\operatorname{ind}_h a \equiv \operatorname{ind}_h g \times \operatorname{ind}_g a \pmod{\varphi(m)}$。

证明 设 $a \equiv g^u \pmod{m}$，$b \equiv g^v \pmod{m}$，其中 $u = \operatorname{ind}_g a$，$v = \operatorname{ind}_g b$。

(1) 因为 $ab \equiv g^{u+v} \pmod{m}$，所以

$$\text{ind}_g(ab) \equiv u + v \pmod{\varphi(m)}$$
$$\equiv \text{ind}_g a + \text{ind}_g b \pmod{\varphi(m)}$$

(2) 因为 $a^n = g^{un}$，所以

$$\text{ind}_g a^n \equiv \text{ind}_g g^{un} \equiv n \times u \pmod{\varphi(m)} \equiv n \times \text{ind}_g a \pmod{\varphi(m)}$$

(3) 显然成立。

(4) 设 $\text{ind}_g(-1) = k, 0 < k < \varphi(m)$，于是

$$-1 \equiv g^k \pmod{m}$$

进一步，有

$$1 \equiv (-1)^2 \equiv (g^k)^2 \pmod{m}$$

由于 g 是模 m 的原根，所以

$$\varphi(m) \mid 2k$$

由于 $0 < 2k < 2\varphi(m)$，故 $2k = \varphi(m)$。即

$$\text{ind}_g(-1) = k = \varphi(m)/2$$

(5) 设 $g = h^t \bmod m, 0 \le t < \varphi(m)$，于是

$$\text{ind}_h a \equiv \text{ind}_h g^u \pmod{\varphi(m)}$$
$$\equiv \text{ind}_h h^{tu} \pmod{\varphi(m)}$$
$$\equiv t \times u \pmod{\varphi(m)}$$
$$\equiv \text{ind}_h g \times \text{ind}_g a \pmod{\varphi(m)}$$

定理 4.19 设整数 $m > 1$，g 是模 m 的一个原根，$a \equiv g^r \pmod{m}$，则 a 模 m 的阶是

$$\text{ord}_a m = \frac{\varphi(m)}{(r, \varphi(m))}$$

特别地，a 是模 m 的原根，即模 m 的阶是 $\varphi(m)$，当且仅当

$$(r, \varphi(m)) = 1$$

证明 因为 $a \equiv g^r \pmod{m}$，且根据定理 4.11，所以 a (g^r) 模 m 的阶 $\text{ord}_a m$ 是 $\dfrac{\varphi(m)}{(r, \varphi(m))}$。

进一步，a 是模 m 的原根，当且仅当 $(r, \varphi(m)) = 1$。

习　题　4

1. 证明：2 是模 29 的原根。

2. 计算下列整数的阶 $\text{ord}_a m$：

    (1) $m = 13, a = 2, 3, 6$；

    (2) $m = 17, a = 3, 7, 10$；

    (3) $m = 123, a = 11$；

    (4) $m = 2^5 \times 3^4 \times 5^3, a = 13$。

3. 设素数 $p = 4k + 1$，证明：a 是模 p 的原根当且仅当 $-a$ 是模 p 的原根。

4. 设素数 $p = 4k + 3$，证明：a 是模 p 的原根当且仅当 $-a$ 模 p 的阶是 $(p-1)/2$。

5. 如果 $p = 2^n + 1$ 是费马素数，证明：3 是模 p 的原根。

6. 如果素数 $p = 8k + 3$，且 $q = (p-1)/2$ 也是素数，证明：2 是模 p 的原根。

7. 求模 67 的所有原根。

8. 求模 341 的所有原根。

9. 设 p 是奇素数，$n \geqslant 2$，a 是模 p^n 的原根，证明：a 是模 p 的原根。

10. 设 $1976 \leqslant m \leqslant 1985$，问其中哪些 m 有原根。

11. 设 Q 为模 p 的全体原根之积，证明：$Q \equiv (-1)^{\varphi(p-1)} \pmod{p}$。

12. 证明定理 4.11。

13. 如果不存在整数 $a > 1$ 使得 $a^2 \mid n$，就称 n 不含平方因数（Square–free）。证明：任意正整数 m 可以写成 $m = ab^2$ 的形式，其中 a 是 Square–free。

14. 定义一个函数 μ（Möbius 函数）为

$$\mu(n) = \begin{cases} 1 & n = 1 \\ 0 & n \text{含平方因数} \\ (-1)^l & n = p_1 p_3 \cdots p_l \text{不同素数的乘积} \end{cases}$$

设 A 为模 p 的全体原根之和，证明：$A \equiv \mu(p-1) \pmod{p}$。

15. 求出模 31 的一个原根 g，分别写出指数表 $\text{ind}_g i(31)$, $i = 1, 2, \cdots, 30$。

16. 求出模 41 的一个原根 g，分别写出指数表 $\text{ind}_g i(41)$, $i = 1, 2, \cdots, 40$。

17. 设 p 为素数，证明：$x^{16} \equiv 16 \pmod{p}$ 有解。

18. 求解同余式 $x^{22} \equiv 17 \pmod{43}$。

19. 求解同余式 $x^7 \equiv 36 \pmod{43}$。

第5章 素性检测

关于素数的研究已有相当长的历史，现代密码学的研究为它注入了新的活力。公钥密码通常使用大素数，如何选取安全的大素数成为密码学以及数论领域的新课题，其中一项重要的内容就是素数的判定。

5.1 素数的简单判别法

定义 5.1 给定一个正整数 m，判断 m 是不是素数，称为**素性检测**。

定理 1.17 给出了一个素数判断方法。

如果 n 不能被小于等于 $\sqrt{n}$ 的任何素数整除，那么 n 是一个素数，该方法称为**整除判别法**。

例 5.1 用整除判别法判断 $m = 89, 90$ 是否为素数。

证明

(1) $m = 89$ 时，$\sqrt{m} = \sqrt{89} \approx 9.43$。已知小于 9.43 的素数有 2, 3, 5, 7，它们都不整除 89，由整除判别法，89 是一个素数。

(2) $m = 90$ 时，$\sqrt{m} = \sqrt{90} \approx 9.49$。已知小于 9.49 的素数有 2, 3, 5, 7，有 $2 \mid 90, 3 \mid 90, 5 \mid 90$。所以，90 是一个合数。

定理 5.1（Wilson 定理） 设整数 $m > 1$，则 m 为素数当且仅当 $(m-1)! \equiv -1 \pmod{m}$。

这一素数判别方法称为 **Wilson（阶乘）判别法**。

例 5.2 用 Wilson 判别法判断 $m = 29, 30$ 是否为素数。

证明

(1) $m = 29$ 时，$(29 - 1)! \equiv -1 \pmod{29}$，所以 29 是素数。

(2) $m = 30$ 时，$(30 - 1)! \equiv 0 \pmod{30}$，所以 30 是合数。

5.2 素数的确定判别法

如果素性检测算法能够确定一个给定的整数是否为素数，那么就称该检测算法是**确定性算法**。5.1 节中的两种素数判别方法是确定性算法，本节介绍另外三种确定性素数判别方法。

定理 5.2（莱梅，D. H. Lehmer） 设奇数 $m > 1$，$m - 1 = \prod_{i=1}^{k} p_i^{\alpha_i}$，$2 = p_1 < p_2 < \cdots < p_k$，$p_i (i = 1, 2, \cdots, k)$ 为素数。如果对每个 p_i，都存在 $a_i ((a_i, m) = 1)$，满足

$$a_i^{m-1} \equiv 1 \pmod{m}, \quad a_i^{\frac{m-1}{p_i}} \not\equiv 1 \pmod{m}, \quad i = 1, 2, \cdots, k \tag{5.1}$$

则 m 为素数。

证明 由欧拉函数的定义，m 为素数当且仅当 $\varphi(m) = m - 1$。

无论 m 为素数或合数，都有

$$\varphi(m) \leq m - 1$$

因此只要由式(5.1)能够证明 $\varphi(m) \geq m - 1$，即可证明 m 是素数。

令 a_i 模 m 的阶 $\mathrm{ord}_{a_i} m = d$，由式(5.1)，则

$$d \mid m - 1$$

由式(5.1)，可得 $p_i \mid d$；否则，$d \mid \dfrac{m-1}{p_i}$，且有

$$a_i^{\frac{m-1}{p_i}} \equiv 1 \pmod{m}$$

进一步，有 $p_i^{\alpha_i} \mid d$；否则，$d \mid \dfrac{m-1}{p_i}$，与式(5.1)矛盾。

根据推论 4.1，得 $d \mid \varphi(m)$，则

$$p_i^{\alpha_i} \mid \varphi(m)$$

同理

$$p_i^{\alpha_i} \mid \varphi(m), i = 1, 2, \cdots, k \tag{5.2}$$

于是 $m - 1 \mid \varphi(m)$。因此

$$\varphi(m) \geq m - 1$$

故

$$\varphi(m) = m - 1$$

即 m 为素数。

注：定理 5.2 中的 a_i（$i = 1, 2, \cdots, k$），可以相同也可以不同。

例 5.3 用莱梅判别法证明 $m = 29$ 是素数。

证明 $m - 1 = 28 = 2^2 \times 7$，对于素因子 2 来说，取 $a_1 = 2$，计算

$$a_1^{29-1} \equiv 1 \pmod{29}, \quad a_1^{\frac{29-1}{2}} \equiv -1 \not\equiv 1 \pmod{29}$$

对于素因子 7 来说，取 $a_2 = 3$，计算

$$a_2^{29-1} \equiv 1 \pmod{29}, \quad a_2^{\frac{29-1}{7}} \equiv 23 \not\equiv 1 \pmod{29}$$

由莱梅判别法，可知 29 是素数。

对某些整数 m，如果对 $m - 1$ 仅做部分分解，也可以判断其素性。

定理 5.3（普罗兹，F. Proth） 设奇数 $m > 1$，$m - 1 = nq$，其中，q 是一个奇素数且满足 $2q + 1 > \sqrt{m}$。如果存在 a 满足

$$a^{m-1} \equiv 1 \pmod{m}, \quad a^n \not\equiv 1 \pmod{m} \tag{5.3}$$

则 m 为素数。

证明　令式(5.3)中 a 模 m 的阶为 $\mathrm{ord}_a m = d$，记 $m-1 = dm_1 = nq$，有 $q \nmid m$。

如果 $q \mid m_1$，则 $a^n = a^{d\frac{m_1}{q}} \equiv 1 \pmod{m}$，与条件矛盾，所以必有 $q \mid d$。

又因为 $d \mid \varphi(m)$，所以 $q \mid \varphi(m)$。

设 m 的标准分解式是 $m = \prod\limits_{i=1}^{k} p_i^{\alpha_i}$，则

$$q \mid \prod_{i=1}^{k} p_i^{\alpha_i - 1}(p_i - 1)$$

进而有某个 p_i 满足 $q \mid p_i - 1$。

由于 q 是奇素数，有 $2q \mid p_i - 1$，所以

$$p_i^{-1} \equiv 1 \pmod{2q} \text{ 且 } p_i \geq 2q + 1 > \sqrt{m} \tag{5.4}$$

又因为 $m - 1 \equiv 0 \pmod{2q}$，则

$$\frac{m}{p_i} \equiv 1 \pmod{2q}$$

如果 $m \neq p_i$，则存在整数 $k \geq 1$，有

$$\frac{m}{p_i} = 2kq + 1 \geq 2q + 1 > \sqrt{m} \tag{5.5}$$

由式(5.4)和式(5.5)，得 $m > m$，矛盾。

所以假设 $m \neq p_i$ 错误。故 $m = p_i$ 为素数。

例 5.4　用普罗兹判别法证明 $m = 41$ 是素数。

证明　$m = 8 \times 5 + 1$，奇素数 $q = 5$，且满足 $2q + 1 = 11 > \sqrt{41}$。

取 $a = 2$，满足

$$a^{40} \equiv 1 \pmod{41} \quad \text{和} \quad a^8 \equiv 10 \not\equiv 1 \pmod{41}$$

由普罗兹判别法，可知 41 是素数。

定理 5.4　设整数 $m = 2q + 1$，其中，q 为素数，则 m 为素数当且仅当 $2^{2q} \equiv 1 \pmod{m}$。

证明　" $\Rightarrow$ " 根据欧拉定理可证。

" $\Leftarrow$ " 当 $q = 2$ 时，$m = 5$ 是素数。

当 q 为奇素数时，应用普罗兹判别法。

$m - 1 = 2q$，显然 q 满足 $2q + 1 > \sqrt{m}$。

令 $a = 2$，由条件

$$a^{m-1} = 2^{2q} \equiv 1 \pmod{m}$$

且因为 q 为奇素数，所以

$$m = 2q + 1 > 3$$

令 $n = 2$，因此

$$a^n = 2^2 \not\equiv 1 \pmod{m}$$

满足普罗兹判别法的两条件，故 m 为素数。

例 5.5　已知 $q = 41$ 是素数，根据定理 5.4，可证明 $m = 83$ 是素数。

证明　$m = 2 \times 41 + 1$，41 是素数。

计算

$$2^{2q} \pmod m = 2^{82} \pmod{83} \equiv 1 \pmod{83}$$

根据定理 5.4，得 $m = 83$ 是素数。

定理 5.5（波克林顿，H. C. Pocklington） 设整数 $m > 2$，$m - 1 = FR$，其中，F 是 $m - 1$ 已经分解的部分，R 是 $m - 1$ 未分解的部分，且 $(F, R) = 1$。如果对于 F 的每个素因子 q_i，都存在整数 $a_i > 1$，满足

$$a_i^{m-1} \equiv 1 \pmod m, \quad (a_i^{\frac{m-1}{q_i}} - 1, m) = 1 \tag{5.6}$$

则 m 的每个素因子都满足 $p \equiv 1 \pmod F$。进一步，如果 $F > \sqrt{m}$（即 $F > R$），则 m 为素数。

证明 设 m 的任意素因子 p，对于满足式(5.6)的正整数 a，记 $\mathrm{ord}_a p = d$，$m - 1 = dm_1 = FR$，以及 $F = q_1^{\alpha_1} q_2^{\alpha_2} \cdots q_k^{\alpha_k}$（$\alpha_i \in Z^+$，$1 \leqslant i \leqslant k$）是 F 的标准分解。

如果 F 的任一素因子 $q_i \mid m_1$（$1 \leqslant i \leqslant k$），则

$$a^{\frac{m-1}{q_i}} = a^{d\frac{m_1}{q_i}} \equiv 1 \pmod p$$

与条件 $(a_i^{\frac{m-1}{q_i}} - 1, m) = 1$ 矛盾，所以必有 $q_i^{\alpha_i} \mid d$。

又因为 $d \mid p - 1$，所以 $q_i^{\alpha_i} \mid p - 1$。

同理

$$q_i^{\alpha_i} \mid p - 1, \quad i = 1, 2, \cdots, k$$

所以有

$$F \mid p - 1$$

即

$$p \equiv 1 \pmod F$$

进一步，如果

$$F > \sqrt{m}$$

则

$$p > \sqrt{m}$$

所以 m 不存在小于 $\sqrt{m}$ 的素因子。

根据素数的整除判别法，可知 m 为素数。

注：定理 5.5 中的 a_i（$i = 1, 2, \cdots, k$）可以相同也可以不同。

例 5.6 用波克林顿判别法证明 $m = 19001$ 是素数。

证明 $m - 1 = 19000 = 2^3 \times 19 \times 125$，$F = 2^3 \times 19$，$R = 125$，$(F, R) = 1$，$F = 152 > \sqrt{m} = \sqrt{19001} \approx 137.8$。

(1) 对于 $q_1 = 2$，取 $a_1 = 3$，计算

$$a_1^{m-1} = 3^{19000} \equiv 1 \pmod{19001}$$

而

$$a_1^{\frac{m-1}{q_1}} - 1 = 3^{9500} - 1 \equiv 18999 \pmod{19001}$$

所以

$$(a_1^{\frac{m-1}{q_1}} - 1, m) = (3^{9500} - 1, 19001) = (18999, 19001) = 1$$

(2) 对于 $q_2 = 19$，取 $a_2 = 2$，计算

$$a_2^{m-1} = 2^{19000} \equiv 1 \pmod{190001}$$

而

$$a_2^{\frac{m-1}{q_2}} - 1 = 2^{1000} - 1 \equiv 15171 \pmod{19001}$$

所以

$$(a_2^{\frac{m-1}{q^2}} - 1, m) = (2^{1000} - 1, 19001) = (15171, 19001) = 1$$

由波克林顿判别法，可知 19001 是素数。

5.3 拟素数

一般来说，判断一个数是素数并不容易（这里并不是说它是 *NPC* 的，2002 年印度数学家给出的 AKS 素性检测算法已经证明了它是 *P* 类问题）。要判定一个数是合数相对容易，因为只需找出一个使得素数满足但它不满足的性质即可。所以，原始的素性检测思想就是检验素数的某个性质，不满足的数即为合数。

如果一个数是合数而它又满足素数的某个性质，则称该数为关于此性质的**拟素数**。

根据费马小定理（定理 2.9），只要 m 是一个素数，则对任意整数 a（$(a, m) = 1$），有

$$a^{m-1} \equiv 1 \pmod{m} \tag{5.7}$$

成立。

由此得到，如果有一个整数 a，满足 $(a, m) = 1$，使得

$$a^{m-1} \not\equiv 1 \pmod{m} \tag{5.8}$$

则 m 必为一个合数。

例 5.7 因为 $2^{50} \equiv 4 \pmod{51}$，所以 51 不是素数（是合数）。

但存在整数 16 为基，满足费马小定理，有

$$16^{50} \equiv 1 \pmod{51}$$

将整数 51 称为对于基 16 的（费马）拟素数。

一般地，有以下定义。

定义 5.2 设 m 是一个合数，如果存在整数 a（$(a, m) = 1$）使得同余式

$$a^{m-1} \equiv 1 \pmod{m}$$

成立，则称 m 为对于基 a 的（费马）**拟素数**。

例 5.8 证明：63 是对于基 $a = 8$ 的费马拟素数；$341 = 11 \times 31$ 是对于基 2 的费马拟素数。

证明 因为 $8^2 \equiv 1 \pmod{63}$，所以 $8^{62} \equiv 1 \pmod{63}$，故 63 是对于基 $a = 8$ 的费马拟素数。

因为 $2^{340} \equiv 1 \pmod{341}$，所以 341 是对于基 2 的费马拟素数。

对于任意正整数，存在多少个以该整数为基的费马拟素数？

定理 5.6 对于每一个整数 $a > 1$，均存在无穷多个对于基 a 的费马拟素数。

证明 对于整数 $a > 1$，设奇素数 $p \nmid a(a^2 - 1)$，令

$$n = \frac{a^{2p} - 1}{a^2 - 1} = \frac{a^p - 1}{a - 1} \frac{a^p + 1}{a + 1} \tag{5.9}$$

则 n 是一个合数。

下面证明 n 是对于基 a 的费马拟素数。

由式(5.9)，得

$$(a^2 - 1)(n - 1) = a^{2p} - a^2 = a(a^{p-1} - 1)(a^p + a) \tag{5.10}$$

由费马小定理，可知 $p \mid (a^{p-1} - 1)$，且 $(a^2 - 1) \mid (a^{p-1} - 1)$。再者，$2 \mid (a^p + a)$。

于是，由式(5.10)，得

$$2p(a^2 - 1) \mid (a^2 - 1)(n - 1)$$

即

$$2p \mid (n - 1)$$

由式(5.10)，得

$$a^{2p} = (a^2 - 1)n + 1$$

即

$$a^{2p} \equiv 1 \pmod{n}$$

于是

$$a^{n-1} \equiv 1 \pmod{n} \tag{5.11}$$

故 n 是对于基 a 的费马拟素数。

对于每个整数 $a > 1$，存在无穷多个素数 p，满足 $p \nmid a(a^2 - 1)$，所以存在无穷多个 $n = \frac{a^{2p} - 1}{a^2 - 1}$ 是对于基 a 的费马拟素数。

引理 5.1 设 $d, n \in Z^+$，如果 $d \mid n$，则 $2^d - 1 \mid 2^n - 1$。

证明 设 $n = dq$，其中 q 为整数，则

$$2^n - 1 = 2^{dq} - 1$$
$$= (2^d - 1)((2^d)^{q-1} + (2^d)^{q-2} + \cdots + 2^d + 1)$$

故 $2^d - 1 \mid 2^n - 1$。

定理 5.7 如果 n 是对于基 2 的费马拟素数，则 $m = 2^n - 1$ 也是对于基 2 的费马拟素数。

证明 因为 n 是合数，设 $n = dq$，$1 < d < n$，根据引理 5.1，有

$$2^d - 1 \mid 2^n - 1$$

所以，$m = 2^n - 1$ 也是合数。

要证 $m = 2^n - 1$ 也是对于基 2 的费马拟素数，需证

$$2^{m-1} \equiv 1 \pmod{m}$$

即证

$$2^n - 1 \mid 2^{2^n-2} - 1 \tag{5.12}$$

事实上，因为 n 是对于基 2 的费马拟素数，所以

$$n \mid 2^{n-1} - 1$$

再由引理 5.1，得

$$2^n - 1 \mid 2^{2(2^{n-1}-1)} - 1$$

式(5.12)得证。

所以 $m = 2^n - 1$ 也是对于基 2 的费马拟素数。

注：设 n_0 是对于基 2 的费马拟素数，根据定理 5.7，则

$$n_1 = 2^{n_0} - 1, \quad n_2 = 2^{n_1} - 1, \cdots$$

都是对于基 2 的费马拟素数。

定理 5.8 设 m 是一个奇合数，则

(1) m 是对于基 a 的费马拟素数，当且仅当 a 模 m 的阶整除 $m-1$；

(2) 如果 m 是分别对于基 a 和 b 的费马拟素数，则 m 是对于基 ab 的费马拟素数；

(3) 如果 m 是对于基 a 的费马拟素数，则 m 也是对于基 $a^{-1} \pmod m$ 的费马拟素数；

(4) 如果存在一个整数，使得式(5.7)不成立，则模 m 的缩系中，至少有一半的数使式(5.7)不成立。

证明

(1) " $\Leftarrow$ " 设 a 模 m 的阶为 d，$m-1 = dq$，则

$$a^{m-1} - 1 = (a^d - 1)((a^d)^{q-1} + (a^d)^{q-2} + \cdots + a^d + 1)$$

于是由

$$a^d \equiv 1 \pmod m$$

得

$$a^{m-1} \equiv 1 \pmod m$$

" $\Rightarrow$ " 如果 m 是对于基 a 的费马拟素数，即

$$a^{m-1} \equiv 1 \pmod m$$

根据定理 4.1，得 a 模 m 的阶整除 $m-1$。

(2) 如果 m 是分别对于基 a 和 b 的费马拟素数，即

$$a^{m-1} \equiv 1 \pmod m, \quad b^{m-1} \equiv 1 \pmod m$$

于是

$$(ab)^{m-1} \equiv a^{m-1} b^{m-1} \equiv 1 \pmod m$$

故 m 是对于基 ab 的费马拟素数。

(3) 如果 m 是对于基 a 的费马拟素数，即

$$a^{m-1} \equiv 1 \pmod m$$

于是

$$(a^{-1})^{m-1} \equiv (a^{m-1})^{-1} \equiv 1 \pmod m$$

故 m 也是对于基 $a^{-1} \pmod m$ 的费马拟素数。

（4）设 $b_1, b_2, \cdots, b_s, b_{s+1}, \cdots, b_{\varphi(m)}$ 是模 m 的一组缩系，其中前 s 个数使得式(5.7)成立，后 $\varphi(m) - s$ 个数使得式(5.7)不成立。

若 $\varphi(m) - s \geq \dfrac{\varphi(m)}{2}$，得证。

若 $s > \dfrac{\varphi(m)}{2}$，根据假设条件，存在一个整数 a（$(a, m) = 1$），使同余式

$$a^{m-1} \equiv 1 \pmod{m}$$

不成立。则不难验证

$$ab_1, ab_2, \cdots, ab_s$$

也使式(5.7)不成立。

因此在(4)的条件下，模 m 的缩系中，至少有一半的数使同余式 $a^{m-1} \equiv 1 \pmod{m}$ 不成立。

存在这样的合数 m，对任意的 a（$(a, m) = 1$），m 均为对于基 a 的费马拟素数。

定义 5.3 对于合数 m，若对所有的正整数 a（$(a, m) = 1$），都有同余式

$$a^{m-1} \equiv 1 \pmod{m}$$

成立，这样的合数 m 称为**卡米歇尔**（Carmichael）**数**。

例 5.9 $561 = 3 \times 11 \times 17$ 是 Carmichael 数。

证明 对任意的整数 a，如果 $(a, 561) = 1$，则 $(a, 3) = (a, 11) = (a, 17) = 1$，根据费马小定理，有

$$a^2 \equiv 1 \pmod 3, \ a^{10} \equiv 1 \pmod{11}, \ a^{16} \equiv 1 \pmod{17}$$

从而

$$a^{560} \equiv (a^2)^{280} \equiv 1 \pmod 3$$
$$a^{560} \equiv (a^{10})^{56} \equiv 1 \pmod{11}$$
$$a^{560} \equiv (a^{16})^{35} \equiv 1 \pmod{17}$$

因此有

$$a^{560} \equiv 1 \pmod{561}$$

前 3 个 Carmichael 数是 561，1105，1729。存在无穷多个 Carmichael 数，但非常稀疏，在 $1 \sim 10^8$ 范围内的整数中，只有 255 个 Carmichael 数。

注：定理 5.8 的(4)告诉我们，对于奇数 m，如果 m 是合数且不是 Carmichael 数（即存在一个整数 a（$(a, m) = 1$）使式(5.7)不成立），则对于随机选取的整数 b（$(b, m) = 1$），同余式(5.7)成立的概率小于 50%；即若同余式(5.7)成立，则 m 是素数的概率不低于 50%。

下面给出基于费马小定理的素性检测算法。

随机选取一个整数 a_1，$0 < a_1 < m$，使用欧几里得算法计算 (a_1, m)，如果 $(a_1, m) > 1$，则 m 为合数。如果 $(a_1, m) = 1$，则计算 $a_1^{m-1} \pmod{m}$，并验证同余式(5.7)是否成立。若不成立，m 为合数；若成立，m 是素数的可能性大于 $1/2$（m 是合数的可能性小于 $1/2$）。

若没有检测出 m 为合数，则随机选取另一个整数 a_2，$0 < a_2 < m$，重复上述步骤。若同余式(5.7)仍然成立，则 m 是素数的可能性大于 $1 - 1/2^2$。

若仍然没有检测出 m 为合数，则继续重复上述步骤 k 次。若同余式(5.7)仍然成立，则 m 是素数的可能性大于 $1 - 1/2^k$。

综合上述过程，则有以下算法。

算法 5.1　Fermat 素性检测

输入：奇整数 $m \geq 5$ 和安全参数 k；

输出：m 为合数或 m 为素数的概率是 $1 - 1/2^k$。

(1) 随机选取整数 a，$2 \leq a \leq m - 2$；

(2) 计算 $d = (a, m)$，如果 $d \neq 1$，则 m 为合数，结束；

(3) 计算 $r = a^{m-1} \pmod{m}$；

(4) 若 $r \neq 1$，则 m 为合数，结束；若 $r = 1$，则 m 可能为素数；

(5) 重复上述过程 k 次。

5.4　欧拉拟素数

设 m 为奇素数，根据欧拉–勒让德定理（定理 3.3），可知对于任意整数 a，有下式成立：

$$a^{\frac{m-1}{2}} \equiv \left(\frac{a}{m}\right) \pmod{m} \tag{5.13}$$

因此如果存在整数 a，$(a, m) = 1$，使得

$$a^{\frac{m-1}{2}} \not\equiv \left(\frac{a}{m}\right) \pmod{m} \tag{5.14}$$

则 m 为合数。

注：当 m 为一般正奇数时，$\left(\dfrac{a}{m}\right)$ 为雅可比符号；若 m 为奇素数，$\left(\dfrac{a}{m}\right)$ 简化为勒让德符号。

例 5.10　设 $m = 15$，$a = 2$，分别计算 $2^7 \equiv 8 \pmod{15}$ 以及 $\left(\dfrac{2}{15}\right) = 1$。

因为 $2^7 \not\equiv \left(\dfrac{2}{15}\right) \pmod{15}$，所以 15 不是素数（是合数）。

类似地对于 341 而言，因为 $2^{170} \not\equiv \left(\dfrac{2}{341}\right) \pmod{341}$，所以 341 是合数。

例 5.11　已知 $m = 1105$ 是合数，取 $a = 2$，但有以下两式成立：

$$2^{552} \equiv 1 \pmod{1105}$$

以及

$$\left(\frac{2}{1105}\right) = 1$$

即

$$2^{552} \equiv \left(\frac{2}{1105}\right) \pmod{1105}$$

此时称 1105 为对于基 2 的欧拉拟素数。

定义 5.4　设 m 是一个奇合数，如果存在整数 a（$(a, m) = 1$）使得同余式

$$a^{\frac{m-1}{2}} \equiv \left(\frac{a}{m}\right) (\bmod\, m)$$

成立，则 m 称为对于基 a 的**欧拉拟素数**。

  定理 5.9 若 m 是对于基 a 的欧拉拟素数，则 m 也是对于基 a 的费马拟素数。

  证明 若 m 是对于基 a 的欧拉拟素数，则有

$$a^{\frac{m-1}{2}} \equiv \left(\frac{a}{m}\right) (\bmod\, m)$$

将上式两端平方，得

$$a^{m-1} \equiv 1\ (\bmod\, m)$$

  因此，m 也是对于基 a 的费马拟素数。

  定理 5.9 的逆不成立，即存在整数是费马拟素数，但不是欧拉拟素数，如 341，它是对于基 2 的费马拟素数，但不是对于基 2 的欧拉拟素数。

  定理 5.10 设 m 是一个奇合数，则在模 m 的缩系中，至少有一半的数使式(5.13)不成立。

  证明 首先，证明在模 m 的缩系中，存在 a $((a,m)=1)$ 使式(5.13)不成立。

  设 $m = p_1^{\alpha_1} p_2^{\alpha_2} \cdots p_k^{\alpha_k}$（$\alpha_i \in Z^+$，$1 \le i \le k$）。

  如果 $\alpha_1 = \alpha_2 = \cdots = \alpha_k = 1$，取模 p_1 的一个平方非剩余 b，再利用中国剩余定理求得 a，满足

$$a \equiv b\ (\bmod\, p_1)$$
$$a \equiv 1 \left(\bmod\, \frac{m}{p_1}\right)$$

显然 $(a, m) = 1$，且

$$\left(\frac{a}{p_1}\right) = \left(\frac{b}{p_1}\right) = -1$$

$$\left(\frac{a}{p_j}\right) = \left(\frac{1}{p_j}\right) = 1, j = 2, \cdots, k$$

因此由雅可比符号定义（定义 3.3），可知

$$\left(\frac{a}{m}\right) = \prod_{i=1}^{k} \left(\frac{a}{p_i}\right) = -1 \tag{5.15}$$

  又因为 $a \equiv 1 \left(\bmod\, \dfrac{m}{p_1}\right)$，所以

$$a^{\frac{m-1}{2}} \equiv 1 \left(\bmod\, \frac{m}{p_1}\right) \tag{5.16}$$

因此

$$a^{\frac{m-1}{2}} \not\equiv -1\ (\bmod\, m)$$

即存在 a $((a,m)=1)$ 不满足式(5.13)。

如果 $\alpha_1, \alpha_2, \cdots, \alpha_k$ 不全为 1，不妨设 $\alpha_1 \geqslant 2$。取 $a = 1 + \dfrac{m}{p_1}$，则

$$a \equiv 1 \;(\mathrm{mod}\; p_i),\; i = 1, 2, \cdots, k$$

从而

$$\left(\frac{a}{p_i}\right) = \left(\frac{1}{p_i}\right) = 1,\; i = 1, 2, \cdots, k$$

所以

$$\left(\frac{a}{m}\right) = \prod_{i=1}^{k} \left(\frac{a}{p_i}\right)^{\alpha_i} = 1 \tag{5.17}$$

由于 $p_1^2 \mid m$，有

$$p_1^j \mid m^{j-1},\; j = 2, 3, \cdots$$

因为 $p_1 \mid m$，所以 $p_1 \nmid m-1$。

计算

$$a^{\frac{m-1}{2}} = \left(1 + \frac{m}{p_1}\right)^{\frac{m-1}{2}} = 1 + \frac{m-1}{2}\frac{m}{p_1} + m\sum_{j=2}^{\frac{m-1}{2}} C_{\frac{m-1}{2}}^{j} \frac{m^{j-1}}{p_1^j} \not\equiv 1 \;(\mathrm{mod}\; m) \tag{5.18}$$

因此

$$a^{\frac{m-1}{2}} \not\equiv \left(\frac{a}{m}\right) \;(\mathrm{mod}\, m)$$

即存在 $a\;((a, m) = 1)$ 不满足式 (5.13)。

类似定理 5.8 中 (4) 的证明，易证在模 m 的缩系中，至少有一半的数使式 (5.13) 不成立。

基于定理 5.10，有以下素性检测算法。

算法 5.2 Solavay–Steassen 素性检测

输入：奇整数 $m \geqslant 3$ 和安全参数 k；

输出：m 为合数或 m 为素数的概率是 $1 - 1/2^k$。

(1) 随机选取整数 $a, 2 \leqslant a \leqslant m - 1$；

(2) 计算 $d = (a, m)$，如果 $d \neq 1$，则 m 为合数，结束；

(3) 计算 $r = a^{(m-1)/2} \;(\mathrm{mod}\; m)$；

(4) 若 $r \neq 1$ 或 $r \neq m - 1$，则 m 为合数，结束；

(5) 计算雅可比符号 $s = \left(\dfrac{a}{m}\right)$；如果 $r \neq s$，则 m 是合数，结束；

(6) 如果不是上述情况，则 m 可能是素数；

(7) 重复上述过程 k 次。

5.5 强拟素数

Rabin–Miller 素性检测基于下述事实。

定理 5.11（素数的一个性质） 若 p 是奇素数，记 $p - 1 = 2^s t$，其中，$s \in Z^+$，t 是奇数。设正整数 a 满足 $(a, p) = 1$，则下述两个条件之一成立：

(1) $a^t \equiv 1 \pmod{p}$；

(2) $a^t, a^{2t}, a^{2^2 t}, \cdots, a^{2^{s-1} t}$ 之一模 p 余 -1。

证明 由费马小定理，可得

$$a^{p-1} \equiv 1 \pmod{p} \tag{5.19}$$

另外，有如下分解式

$$a^{p-1} - 1 = (a^{2^{s-1} t} + 1)(a^{2^{s-2} t} + 1) \cdots (a^t + 1)(a^t - 1) \tag{5.20}$$

由式(5.19)和式(5.20)即得结论。

定义 5.5 设 m 为奇合数，有表示式 $m - 1 = 2^s t$，其中，$s \in Z^+$，t 为奇数，整数 a 与 m 互素，如果有

$$a^t \equiv 1 \pmod{m}$$

成立，或者存在一个整数 $r, 0 \leqslant r < s$ 使得

$$a^{2^r t} \equiv -1 \pmod{m}$$

成立，则 m 称为对于基 a 的**强拟素数**。

例 5.12 整数 $m = 2047 = 23 \times 89$ 是对于基 2 的强拟素数。

解 $m - 1 = 2046 = 2^1 \times (11 \times 93), s = 1, t = 11 \times 93$，而

$$2^t \equiv (2^{11})^{93} \equiv 1 \pmod{2047}$$

所以，整数 2047 是对于基 2 的强拟素数。

定理 5.12 存在无穷多个对于基 2 的强拟素数。

证明 如果 n 是对于基 2 的费马拟素数，则 $m = 2^n - 1$ 是对于基 2 的强拟素数。

事实上，由费马拟素数定义 5.2，因为 n 是对于基 2 的费马拟素数，则 n 是奇合数，且

$$2^{n-1} \equiv 1 \pmod{n}$$

于是 $2^{n-1} - 1 = kn$（k 为某个奇数）。

进一步，有

$$m - 1 = 2(2^{n-1} - 1) = 2^1 kn \tag{5.21}$$

因为 $m = 2^n - 1$，所以

$$2^n = (2^n - 1) + 1 = m + 1 \equiv 1 \pmod{m}$$

有

$$2^{nk} \equiv (2^n)^k \equiv 1 \pmod{m} \tag{5.22}$$

易知若 n 是合数，则 m 也是合数。

所以，若 n 是对于基 2 的费马拟素数，则由式(5.21)与式(5.22)，得

$$m = 2^n - 1$$

是对于基 2 的强拟素数。

再由定理 5.6 与定理 5.7 可知，存在无穷多个对于基 2 的费马拟素数，故存在无穷多个对于基 2 的强拟素数。

定理 5.13 如果 m 是对于基 a 的强拟素数，则 m 是对于基 a 的欧拉拟素数。

证明 设 m 是对于基 a 的强拟素数，m 的素因子分解为 $p_1 p_2 \cdots p_t$，素因子可重复。通过适当调换 $p_1, p_2, \cdots, p_t$ 的顺序，定义 k_j 满足

$$2^{k_j} \| p_j - 1, \quad j = 1, 2, \cdots, t \tag{5.23}$$

且 $k_1 \leqslant k_2 \leqslant \cdots \leqslant k_t$。

由于 m 是奇数且 $(a, m) = 1$，将 m 的重复因子合并，得标准分解式是 $m = q_1^{\alpha_1} q_2^{\alpha_2} \cdots q_s^{\alpha_s}$（显然 $\{q_1, q_2, \cdots, q_s\} \subseteq \{p_1, p_2, \ldots, p_t\}$），则存在整数 $k \geqslant 0$，满足

$$2^k \| (\operatorname{ord}_a(q_1^{\alpha_1}), \operatorname{ord}_a(q_2^{\alpha_2}), \cdots, \operatorname{ord}_a(q_s^{\alpha_s}))$$

对任意的素数 p 和正整数 b，有

$$\frac{\operatorname{ord}_a(p^b)}{\operatorname{ord}_a(p)} = 1 \text{ 或 } p \text{ 的幂}$$

因此 $\dfrac{\operatorname{ord}_a(p^b)}{\operatorname{ord}_a(p)}$ 是奇数。所以有

$$2^k \| (\operatorname{ord}_a(p_1), \operatorname{ord}_a(p_2), \cdots, \operatorname{ord}_a(p_t)), j = 1, 2, \cdots, t \tag{5.24}$$

由式(5.23)与式(5.24)，得

$$k \leqslant k_1$$

设 $I \geqslant 0$ 是满足 $k = k_j$ ($j = 1, 2, \cdots, t$) 的等式个数，则当 I 为奇数时，$2^k \| m - 1$；当 I 为偶数时，$2^{k+1} | m - 1$。（提示：将 m 的素因子写成 $p_j = 2^{k_j} r_j + 1$ 形式，r_j 为奇数，$j = 1, 2, \cdots, t$。）

如果 $p^b \| m$，则

①若 $2^k \| m - 1$，有 $a^{\frac{m-1}{2}} \equiv -1 \pmod{p^b}$；

②若 $2^{k+1} | m - 1$，有 $a^{\frac{m-1}{2}} \equiv 1 \pmod{p^b}$。因此

$$\begin{cases} a^{\frac{m-1}{2}} \equiv -1 \pmod{p^b}, & I \text{ 为奇数} \\ a^{\frac{m-1}{2}} \equiv 1 \pmod{p^b}, & I \text{ 为偶数} \end{cases} \tag{5.25}$$

另一方面，由于 $\left(\dfrac{a}{p}\right) = -1$ 当且仅当 $\operatorname{ord}_a(p)$ 与 $p - 1$ 中 2 的幂指数相同，因此

$$\begin{cases} \left(\dfrac{a}{p_j}\right) = -1, & j \leqslant I \\ \left(\dfrac{a}{p_j}\right) = 1, & j > I \end{cases}$$

所以

$$\left(\frac{a}{n}\right) = \prod_{j=1}^{t} \left(\frac{a}{p_j}\right) = (-1)^I \tag{5.26}$$

故由式(5.25)与式(5.26)，得

$$a^{\frac{m-1}{2}} \equiv \left(\frac{a}{m}\right) \pmod{m}$$

定理 5.14 设 m 是一个奇合数，则 m 是对于基 $a\,(2 \leqslant a \leqslant n-1, (a, n) = 1)$ 的强拟素数的可能性至多为 25%。

证明 略[5]。

注：根据素数的性质（定理 5.11）可知，如果 m 是奇数，且 m 均不满足定理 5.11 中的两个条件，则必是合数；另一方面，对 a 的许多不同值，如果 m 确实具有素数性质，则 m 很可能是素数。

算法 5.3 Rabin–Miller 素性检测

输入：奇整数 $m \geqslant 5$ 和安全参数 k；

输出：m 为合数或 m 为素数的概率是 $1 - 1/4^k$。

写 $m - 1 = 2^s t$，其中，$s \in Z^+$，t 为奇数。

(1) 随机选取整数 $a, 2 \leqslant a \leqslant m-2$；

(2) 计算 $d = (a, m)$，如果 $d \neq 1$，则 m 为合数，结束；

(3) 计算 $r_0 = a^t \pmod{m}$；

(4) ① 如果 $r_0 = 1$ 或 $r_0 = m - 1$，则通过检验，可能为素数，返回(1)；

    ② 否则，有 $r_0 \neq 1$ 以及 $r_0 \neq m - 1$，计算 $r_1 \equiv r_0^2 \pmod{m}$；

(5) ① 如果 $r_1 = m - 1$，则通过检验，可能为素数，返回(1)；

    ② 否则，有 $r_1 \neq m - 1$，计算 $r_2 \equiv r_1^2 \pmod{m}$；

如此继续下去。

......

$(s+2)$ ① 如果 $r_{s-1} \equiv r_{s-2}^2 \equiv m-1 \pmod{m}$，则通过检验，可能为素数，返回(1)；

    ② 否则，有 $r_{s-1} \neq m - 1$，m 为合数；

$(s+3)$ 在 m 可能为素数的情况下，重复上述过程 k 次。

例 5.13 使用 Rabin–Miller 素性检测算法检验 561 是否为素数。

解 由例 5.9，可知 561 是卡米歇尔数。所以，对于所有的 a，费马素性检测无法得出正确结果。

取 $a = 2$，应用 Rabin–Miller 素性检测算法。

写 $n - 1 = 560 = 2^4 \times 35$，所以计算

$$2^{35} \equiv 263 \pmod{561} \not\equiv \pm 1 \pmod{561}$$

$$2^{2 \times 35} \equiv 263^2 \equiv 166 \pmod{561} \not\equiv -1 \pmod{561}$$

$$2^{4 \times 35} \equiv 67 \pmod{561} \not\equiv -1 \pmod{561}$$

$$2^{8 \times 35} \equiv 1 \pmod{561} \not\equiv -1 \pmod{561}$$

所以根据定理 5.11，可知 561 为合数，称 $a = 2$ 是 561 为合数的 Rabin–Miller 证据。

例 5.14 使用 Rabin–Miller 素性检测算法检验 $m = 172\,947\,529$ 是否为素数。

解 写 $m - 1 = 172\,947\,528 = 2^3 \times 21\,618\,441$。

第一次测试，取 $a = 3$，计算得

$$3^{21\,618\,441} \equiv -1 \pmod{172\,947\,529}$$

所以 m 可能为素数。

第二次测试，取 $a = 17$，计算得

$$17^{21\,618\,441} \equiv 1 \pmod{172\,947\,529}$$

所以 m 可能为素数。

第三次测试，取 $a = 23$，计算得

$$23^{21\ 618\ 441} \equiv 40\ 063\ 806 \not\equiv \pm 1 \pmod{172\ 947\ 529}$$

$$23^{2 \times 21\ 618\ 441} \equiv 2\ 257\ 065 \not\equiv -1 \pmod{172\ 947\ 529}$$

$$23^{4 \times 21\ 618\ 441} \equiv 1 \not\equiv -1 \pmod{172\ 947\ 529}$$

所以 m 是合数。

事实上，m 为 Carmichael 数，不容易被分解和检测。

5.6 AKS 素性检测*

2002 年印度数学家 M. Agrawal, N. Kaval, N. Saxena（AKS）给出能准确判断一个正整数是否为素数的算法[6]，D. J. Bernstein 给出了一个简洁的证明，并提出了改进算法[7]。

定理 5.15 设 m 是一个正整数，a 是与 m 互素的整数，则 m 是素数的充要条件是

$$(x - a)^m \equiv x^m - a \pmod{m}$$

定理 5.16（AKS） 设 m 是一个正整数，q 和 r 是素数，S 是有限整数集合，假设

(1) $q \mid r - 1$；

(2) $m^{(r-1)/q} \pmod r \not\equiv \{0, 1\}$；

(3) $(m, a - a') = 1$ 对所有不同的 $a, a' \in S$；

(4) $\dbinom{q + \#S - 1}{\#S} \geq m^{[\sqrt{r}]}$，$\#$ 表示集合 S 中元素的个数；

(5) 在环 $Z_n[x]$ 中，对所有的 $a \in S$，都有

$$(x + a)^m \equiv x^m + a \pmod{x^r - 1}$$

则 m 是一个素数的幂。

AKS 的作者证明了算法的渐近时间为 $O((\log m)^{12})$（m 为被测数），并通过筛法将其进一步简化到 $O((\log m)^{7.5})$。2005 年，H. W. Lenstra 和 C. Pomerance 给出了一个 AKS 的变体，可在 $O(\log^6(m))$ 次操作内完成测试[8]。

习 题 5

1．用整除判别法判断 195, 196, 197, 198, 199 是否为素数。

2．用 Wilson 判别法判断 11, 13, 35, 37, 39 是否为素数。

3．思考：为什么整除判别法、Wilson 判别法能准确判断某个整数是否为素数？

4．用莱梅判别法证明：$m = 37, 43$ 是素数。

5．用普罗兹判别法证明：$m = 31, 67$ 是素数。

6．用波克林顿判别法证明：$m = 461, 36551$ 是素数。

7．运用定理 5.4 证明：$m = 59, 167$ 是素数。

8．证明：91 是对于基 3 的费马拟素数。

9．证明：45 是对于基 17 和基 19 的费马拟素数。

10. 证明：每个费马合数 $E_m = 2^{2^m} + 1$ 是对于基 2 的拟素数。

11. 利用费马素性检测法判断整数 53 与 277 可能是素数，并给出可能性概率。

12. 利用费马素性检测法判断整数 3089 可能是素数，并给出可能性概率。

13. 证明：$1729 = 7 \cdot 13 \cdot 19$ 是 Carmichael 数。

14. 证明：$2645 = 5 \cdot 17 \cdot 29$ 是 Carmichael 数。

15. 求一个形如 $7 \cdot 23 \cdot q$ 的 Carmichael 数，这里 q 是奇素数。

16. 如果正整数 m 满足 $6m + 1$, $12m + 1$, $18m + 1$ 都是素数，则整数 $(6m + 1)(12m + 1)(18m + 1)$ 是 Carmichael 数。

17. 证明：561 是对于基 2 的欧拉拟素数。

18. 如果整数 m 是对于基 b_1, b_2 的欧拉拟素数，证明：m 是对于基 $b_1 b_2$ 的欧拉拟素数。

19. 使用 Solavay–Steassen 素性检测法判断 3229 与 3511 可能是素数，并给出可能性概率。

20. 证明：25 是对于基 7 的强拟素数。

21. 证明：1373653 是对于基 2 和 3 的强拟素数。

22. 证明：25326001 是对于基 2, 3, 5 的强拟素数。

23. 证明：1387 是对于基 2 的费马拟素数，但不是对于基 2 的强拟素数。

24. 证明定理 5.14。

25. 使用 Rabin–Miller 素性检测法判断 2657 和 3689 可能是素数，并给出可能性概率。

第6章 群

群是一种只含有单个运算的比较简单的代数结构，是可用来建立许多其他代数系统的一种基本结构，它的运算法则与数的某些运算法则类似。本章介绍群的基本概念、群阶的定义、元素阶与群阶的关系，以及循环群与置换群等。

6.1 群的定义

在给出群的定义之前，先了解几个基本概念。

定义 6.1 设 S 是一个非空集合，那么映射

$$\eta: \begin{cases} S \times S \to S \\ (a,b) \to z \end{cases} \tag{6.1}$$

称为集合 S 的二元（代数）运算。

对于这个映射，元素 (a,b) 的像 $\eta(a,b)$ 称为 a 与 b 的**乘积**，记为 $a \circ b$ 或 $a \cdot b$，在不引起歧义的情况下，可简记为 ab，这个结合法称为**乘法**。

显然，集合 S 的二元（代数）运算满足封闭性，即对任意的 a, $b \in S$，都有 $ab \in S$，或称集合 S 对该二元运算封闭。

整数集的加法与乘法都是集合中二元运算的具体实例。

例 6.1 剩余类集 Z_m 的模 m 运算。

设 $m \in Z^+$，对于 a, $b \in Z_m$，定义 $a \oplus_m b$ 为先按通常的整数加法求得整数和 $a + b$，再求 $a + b$ 除以 m 的余数，$\oplus_m$ 称为模 m 加法，其二元运算写成 $a \oplus_m b = c$，或 $c \equiv a + b \pmod{m}$。同理，可定义模 m 乘法运算 $\otimes_m$，对于 a, $b \in Z_m$，$a \otimes_m b$ 为先按通常的整数乘法求得乘积 ab，再求 ab 除以 m 的余数，该二元运算写成 $a \otimes_m b = c$，或 $c \equiv ab \pmod{m}$。

设 S 是一个非空集合，a, b, $c \in S$，有两种方式求得三者的乘积：$(ab)c$ 和 $a(bc)$，如果对 S 中的任意元素 a, b, c，都有

$$(ab)c = a(bc) \tag{6.2}$$

就称该二元运算满足**结合律**。

定义 6.2 如果非空集 S 上定义的二元运算满足封闭性、结合律，就称 S 关于该二元运算构成**半群**。

设 S 是一个非空集合，a, $b \in S$，有两种方式求得二者的乘积 ab 和 ba，如果对 S 中的任意元素 a, b，都有

$$ab = ba \tag{6.3}$$

就称该二元运算满足**交换律**。

定义 6.3 设 S 是一个非空集合，如果 S 中有一个元素 e，对任意的 $a \in S$，有

$$ea = a(ae = a)$$

就称 e 为 S 的**左单位元**（**右单位元**）。

若 e 既是 S 的左单位元，又是 S 的右单位元，就称 e 为 S 的**单位元**。

注：当 S 中的二元运算写作乘法时，这个 e 就称为 S 中的乘法**单位元**，通常记为 1；当 S 中的二元运算写作加法时，这个 e 就称为 S 中的加法**单位元**。为与乘法单位元区分，也称为**零元**，记为 0。

性质 6.1　设 S 是一个定义了二元运算的非空集合，则 S 中的单位元 e 是唯一的。

证明　设 e, e' 都是 S 中的单位元，根据单位元的定义有

$$e' = ee' = e$$

故单位元是唯一的。

定义 6.4　设非空集合 S 含有单位元，a 是 S 中的元素，如果存在 S 中一个元素 a' 使得

$$a'a = e(aa' = e)$$

则 a' 称为 a 的**左逆元**（**右逆元**）。

若 a' 既是 a 的左逆元，又是 a 的右逆元，则称为 a 的**逆元**，通常记为 a^{-1}。

当 S 中的二元运算为加法时，这个 a' 也称为元素 a 的**负元**，记为 $-a$。

性质 6.2　设 S 是一个有单位元的半群，则对于 S 中的任意可逆元 a，其逆元 a' 是唯一的。

证明　设 a', a'' 都是 a 的逆元，因为半群满足结合律，所以有

$$a'aa'' = (a'a)a'' = ea'' = a''$$

且

$$a'aa'' = a'(aa'') = a'e = a'$$

故 a 的逆元 a' 是唯一的。

定义 6.5　设 G 是一个定义了二元运算的非空集合，如果该二元运算满足如下条件：

(1) **封闭性**：即对任意的 $a, b \in G$，都有

$$ab \in G$$

(2) **结合律**：即对任意的 $a, b, c \in G$，都有

$$(ab)c = a(bc)$$

(3) **单位元**：即存在 $e \in G$，对任意的 $a \in G$，都有

$$ae = ea = a$$

(4) **逆元**：即对任意的 $a \in G$，都存在 $a' \in G$，使得

$$aa' = a'a = e$$

那么称 G 为一个**群**。

注：由定义 6.5 可知，若 G 是一个半群，且存在单位元，每个元素都有逆元，则 G 是一个群。

特别地，当群 G 的二元运算写作乘法时，就称 G 为**乘法群**；当群 G 的二元运算写作加法时，就称 G 为**加法群**。

定义 6.6　如果群 G 的二元运算满足交换律，即对任意的 $a, b \in G$，都有

$$ab = ba$$

则称 G 为**交换群**或**阿贝尔（Abel）群**。

例 6.2 自然数集 $N = \{0, 1, 2, \cdots\}$ 对于普通乘法满足封闭性、结合律，并存在单位元，但除 1 以外不存在逆元，故不是乘法群；N 对于普通加法满足封闭性、结合律，但除 0 以外不存在逆元，故也不是加法群。

例 6.3 整数集 $Z = \{\cdots, -2, -1, 0, 1, 2, \cdots\}$ 对于普通乘法满足封闭性、结合律，存在单位元 1，但除 1 和 -1 以外都不存在逆元，所以 Z 不是乘法群。而对于加法运算，Z 满足加法封闭性、结合律。存在零元，任意元素 $n \in Z$ 存在逆元 $-n$。所以，根据定义 6.5 可知，整数集是加法群。进一步，Z 也是一个加法交换群。

例 6.4 有理数集 Q 是加法群，不是乘法群；但 $Q^* = Q\backslash\{0\}$ 是乘法群，不是加法群。同理，实数集 R、复数集 C 是加法群，R^*、C^* 是乘法群。

例 6.5 设 $m \in Z^+$，则 $Z_m = \{0, 1, \cdots, m-1\}$ 对于模 m 运算构成加法群。

证明

(1) 封闭性：Z_m 的模 m 加法运算封闭性显然。

(2) 结合律：任意 $a, b, c \in Z_m$，有

$$(a + b) + c \,(\mathrm{mod}\, m) \equiv a + (b + c) \,(\mathrm{mod}\, m)$$

(3) 单位元：Z_m 中的加法单位元（零元）是 0；

(4) 逆元：对任意 $a \in Z_m$，若 $a = 0$，则 a 的逆元是自身；若 $a \neq 0$，则 a 在 Z_m 中的逆元是 $m - a$。

例 6.6 设 p 为素数，则 Z_p 是加法群，$Z_p^* = \{1, 2, \cdots, p-1\}$ 是乘法群。

证明 对于 Z_p^*，则有

(1) 封闭性：类似例 6.5 不难验证；

(2) 结合律：类似例 6.5 不难验证；

(3) 单位元：1 是 Z_p^* 中的乘法单位元；

(4) 逆元：对任意 $a \in Z_p^*$，有 $(a, p) = 1$。根据扩展的欧几里得算法，存在整数 s, t，使得 $as + pt = 1$。取 $a^{-1} \equiv s \,(\mathrm{mod}\, p)$，即为 a 在 Z_p^* 中的逆元。

例 6.7 若 m 为合数，则 $Z_m\backslash\{0\} = \{1, 2, \cdots, m-1\}$ 不构成乘法群。

证明 不难验证集合 $Z_m\backslash\{0\}$ 不满足乘法运算封闭性。

事实上，存在 $a, b \in Z_m\backslash\{0\}$ 是 m 的两个真因子，满足 $m = ab \notin Z_m\backslash\{0\}$。

例 6.8 若 m 为合数，则 $Z_m^* = \{a \mid a \in Z_m, (a, m) = 1\}$ 构成乘法群。

证明

(1) 封闭性：类似例 6.5 不难验证；

(2) 结合律：类似例 6.5 不难验证；

(3) 单位元：1 是 Z_m^* 中的乘法单位元；

(4) 逆元：对于任意 $a \in Z_m^*$，因为 $(a, m) = 1$，所以根据扩展的欧几里得算法，存在整数 s, t，使得 $as + mt = 1$。取 $a^{-1} \equiv s \,(\mathrm{mod}\, m)$，即为 a 在 Z_m^* 中的逆元。

例 6.9 设 $GL_n(R)$ 为所有 n 阶实数可逆方阵构成的集合，则 $GL_n(R)$ 构成矩阵乘法群。

6.2 群的性质

定理 6.1 对于群 G 中任意元素 a, b，方程

$$ax = b$$

在 G 中有唯一解。

证明 显然 $a^{-1}b \in G$ 是方程 $ax = b$ 的解，因此有解。

假设 x_1 与 x_2 是方程的两个解，于是有

$$ax_1 = ax_2,$$

两边同时左乘 a^{-1}，即得 $x_1 = x_2$，因此解唯一。

定义 6.7 设 H 是群 G 的一个子集合，如果对于群 G 的二元运算，H 也构成一个群，就称 H 为群 G 的**子群**，记作 $H \leqslant G$。

显然，$H = \{e\}$ 和 $H = G$ 都是 G 的子群，叫做群 G 的平凡子群。如果 $H \neq \{e\}$，且 $H \neq G$，就称 H 为群 G 的**真子群**。

定理 6.2 设 H 是群 G 的一个非空子集合，则 H 是群 G 的子群的充要条件是：对任意的 $a, b \in H$，都有

$$ab^{-1} \in H$$

证明 "$\Rightarrow$" 若 H 是群 G 的子群，则对任意的 $a, b \in H$，显然

$$ab^{-1} \in H$$

"$\Leftarrow$" (1) 由于 H 是群 G 的一个非空子集合，则结合律成立。

(2) 取 $a = b$，则有

$$ab^{-1} = e \in H$$

所以 H 含有单位元。

(3) 设 $a \in H \subseteq G$，a^{-1} 为 a 的逆元，根据假设，有

$$ea^{-1} = a^{-1} \in H$$

所以 H 中的任意元素存在逆元。

关于封闭性，对 $\forall a, b \in H$，由(3)，可知 $b^{-1} \in H$。所以由题设得

$$a(b^{-1})^{-1} \in H$$

即

$$ab \in H$$

故群 G 的子集合 H 也是一个群。

例 6.10 应用定理 6.2，可以证明 Q^* 是 R^* 的乘法子群。

定理 6.3 设 G 是一个群，$\{H_i\}_{i \in I}$ 是群 G 的一组子群，则 $\cap_{i \in I} H_i$ 是群 G 的一个子群。

证明 对任意的 $a, b \in \cap_{i \in I} H_i$，有

$$a, b \in H_i, i \in I$$

因为 H_i 是群 G 的子群，所以根据定理 6.2，有

$$ab^{-1} \in H_i, i \in I$$

于是

$$ab^{-1} \in \cap_{i \in I} H_i$$

故 $\cap_{i \in I} H_i$ 是群 G 的一个子群。

定义 6.8 若群 G 包含的元素个数有限，则称 G 为**有限群**，否则称为**无限群**。有限群

G 所包含的元素个数称为 **G 的阶**，记为 $|G|$。

定义 6.9 设 a 是群 G 中的一个元素，若存在正整数 n 使得 $a^n = e$，则称 a 为**有限阶元素**，满足 $a^n = e$ 的最小正整数 n 叫做 **a 的阶**，记为 $|a|$。若不存在正整数 n 使得 $a^n = e$，则称 a 为**无限阶元素**。

定理 6.4 设群 G 中元素 a 的阶是 m，b 的阶是 n，则当 $ab = ba$ 且 $(m, n) = 1$ 时，$|ab| = mn$。

证明 首先，由于 $|a| = m$，$|b| = n$，$ab = ba$，所以

$$(ab)^{mn} = (a^m)^n (b^n)^m = e$$

其次，设正整数 t 满足 $(ab)^t = e$，则

$$(ab)^{tm} = (a^m)^t b^{tm} = b^{tm} = e$$

由于 $|b| = n$，所以 $n \mid tm$。又因为 $(n, m) = 1$，所以

$$n \mid t$$

同理

$$m \mid t$$

再由 $(m, n) = 1$，故

$$mn \mid t$$

从而 mn 是满足 $(ab)^{mn} = e$ 的最小正整数，即

$$|ab| = mn$$

定理 6.5 设 G 为交换群，且 G 中所有元素阶的最大值为 m，则 G 中每个元素的阶均整除 m。从而群 G 中每个元素均满足 $x^m = e$。

证明 设群 G 中元素 a 的阶是 m，b 为 G 中任意一个元素，阶为 n。

如果 $n \nmid m$，则存在素数 p 满足以下等式

$$m = p^k m_1, \quad p \nmid m_1$$
$$n = p^t n_1, \quad t > k$$

于是 $|a^{p^k}| = m_1$，$|b^{n_1}| = p^t$。

因为 $(m_1, p^t) = 1$，所以根据定理 6.4，有

$$|a^{p^k} b^{n_1}| = p^t m_1 > p^k m_1 = m$$

这与 m 是 G 中所有元素的最大阶矛盾。

因此

$$n \mid m$$

即群中任一元素的阶整除元素的最大阶。

故群 G 中每个元素均满足

$$x^m = e$$

定义 6.10 设 G 为群，若存在 G 的一个元素 a，使得 G 中的任意元素均由 a 的幂组成，即

$$G = \{ a^n \mid n \in Z \}$$

则称群 G 为**循环群**，元素 a 为循环群 G 的**生成元**，记为 $G = <a>$。

例 6.11 $Z_{11}{}^* = <2>$。

由例 4.1，可知 2 模 11 的阶为 10，所以 $<2> = \{2^k \mid k = 1, 2, \cdots, 10\} = Z_{11}{}^*$。

6.3　群的陪集

定义 6.11　设 H 为群 G 的子群，a 为 G 中一元素，定义 $aH = \{ah \mid h \in H\}$，称为子群 H 在 G 中以 a 为代表元的**左陪集**。类似地，$Ha = \{ha \mid h \in H\}$ 称为子群 H 在 G 中以 a 为代表元的**右陪集**。如果 $aH = Ha$，则 aH 称为 G 中 H 的一个陪集。

例 6.12　$G = Z_{12}$，$H = \{0, 3, 6, 9\}$ 为 Z_{12} 的模加法子群，则 H 在 G 中的陪集有

(1) $0 + H = \{0, 3, 6, 9\}$；

(2) $1 + H = \{1, 4, 7, 10\}$；

(3) $2 + H = \{2, 5, 8, 11\}$。

例 6.13　设 $m > 1$，则 $H = mZ = \{mk \mid k \in Z\}$ 是 Z 的子群，a 为一整数，Z 的子集

$$a + mZ = \{a + mk \mid k \in Z\}$$

是 mZ 的一个陪集，这个陪集就是模 m 的一个剩余类。

定理 6.6　如果 H 是群 G 的一个有限子群，则 H 的每个（左或右）陪集都与 H 有同样多的元素。

证明　设任意的 $a \in G$，aH 是 G 的左陪集，则 aH 中元素个数至多为 $|H|$。

对任意的 $h_1, h_2 \in H$，若

$$h_1 \neq h_2$$

则

$$ah_1 \neq ah_2$$

因此 $|aH| = |H|$。

定理 6.7　设 H 是群 G 的子群，则

(1) $H = He$ 是自身的（左、右）陪集，$Ha = H$ 的充要条件是 $a \in H$；

(2) a 在陪集 Ha 中；

(3) 对于右陪集 Ha 中的任一元素 b，都有 $Ha = Hb$；

(4) $Ha = Hb$ 当且仅当 $ab^{-1} \in H$；

(5) 任意两个右陪集 Ha, Hb，或者相等或者无公共元，即有 $Ha = Hb$ 或 $Ha \cap Hb = \varnothing$。

证明　(1)，(2) 易证，仅证明 (3)，(4)，(5)。

(3) 由 $b \in Ha$，则存在 $h \in H$，使得

$$b = ha$$

因为 Hb 中的任意元素是 $h_1 b$ $(h_1 \in H)$ 的形式，因此有

$$h_1 b = h_1 ha \in Ha$$

于是 $Hb \subseteq Ha$。

而根据定理 6.6，得 $|Ha| = |Hb|$，故 $Ha = Hb$。

(4) "$\Rightarrow$"　若 $Ha = Hb$，则存在 $h_1, h_2 \in H$，使得

$$h_1 a = h_2 b$$

因此 $ab^{-1} = h_1^{-1} h_2 \in H$。

"$\Leftarrow$"　若 $ab^{-1} \in H$，则存在 $h \in H$，有

$$a = hb \in Hb$$

根据(3)，可得 $a \in Hb$，则 $Ha = Hb$。

(5) 若 $Ha \cap Hb \neq \phi$，得证。

若 $Ha \cap Hb \neq \phi$，设 $c \in Ha \cap Hb$。

根据(3)，则有 $Ha = Hc = Hb$。

定理 6.8　设 H 是群 G 的子群，则 G 可以表示为互不相交的 H 的左（或右）陪集的并集。

证明　设 $g_1, g_2, \cdots$ 是 G 的所有元素，显然
$$G = \{g_1 H, g_2 H, \cdots\}$$
根据定理 6.7 的(5)，可取互不相交的左陪集 $g_1 H, g_2 H, \cdots$，使得
$$G = \cup g_i H$$
其中，$g_i H \cap g_j H = \phi, i \neq j$。

定义 6.12　设 $H \leq G$，将 H 在 G 中不同的左（或右）陪集的个数称为 H 在 G 中的指数，记为 $[G : H]$。

定理 6.9（拉格朗日定理）　设 $H \leq G$，则
$$|G| = [G : H] |H|$$
特别地有 $|H| \mid |G|$。

进一步，假设 $K \leq H \leq G$，则
$$[G : K] = [G : H] [H : K]$$

证明　根据定理 6.8，可知 $G = \cup g_i H$，其中，$g_i H \cap g_j H = \phi, i \neq j$。

所以
$$|G| = [G : H] |H| \tag{6.4}$$
由式(6.4)，可知 $|H| \mid |G|$。

若 $K \leq H \leq G$，则
$$|G| = [G : K] |K|$$
且
$$|G| = [G : H] |H|, \text{ 以及 } |H| = [H : K] |K|$$
于是
$$[G : K] |K| = [G : H] [H : K] |K|$$
故
$$[G : K] = [G : H] [H : K]$$

定理 6.10　群中元素的阶整除所在群的阶。

证明　设 G 是一个群，$a \in G$，则 $H = <a>$ 构成 G 的一个循环子群，且 $|a| = |H|$。

由定理 6.9，得
$$|H| \mid |G|$$
因此
$$|a| \mid |G|$$

6.4　正规子群、商群

设 H, K 是群 G 的子集，用 HK 表示两个集合相乘：

$$HK = \{hk \mid h \in H, k \in K\}$$

如果写成加法，用 $H + K$ 表示集合：

$$H + K = \{h + k \mid h \in H, k \in K\}$$

例 6.14 设 H, K 是交换群 G 的两个子群，则 HK 是 G 的子群。

证明 由定理 6.2 可证。

定理 6.11 设 N 是 G 的子群，则下面条件等价。

(1) 对任意的 $a \in G$，有 $aN = Na$。

(2) 对任意的 $a \in G$，有 $aNa^{-1} = N$。

(3) 对任意的 $a \in G$，有 $aNa^{-1} \subseteq N$。

证明 $(1) \Rightarrow (2) \Rightarrow (3)$ 易证。

$(3) \Rightarrow (1)$：由 $aNa^{-1} \subseteq N$，得

$$aN \subseteq Na$$

因为

$$|aN| = |N| = |Na|$$

所以

$$aN = Na$$

定义 6.13 设 N 是群 G 的一个子群，如果它的左陪集与右陪集总是相等（对任意的 $a \in G$，有 $aN = Na$），就称 N 为群 G 的**正规子群**（记为 $N \lhd G$）。

定理 6.12 设 N 是群 G 的正规子群，G/N 表示 N 在 G 中所有（左）陪集组成的集合（即 $G/N = \{aN \mid a \in G\}$），则对于二元运算（陪集乘法）

$$(aN)(bN) = (ab)N \tag{6.5}$$

构成一个群。

证明

(1) 运算封闭性显然。

(2) 结合律。对于任意的 $aN, bN, cN \in G/N$，有

$$[(aN)(bN)](cN) = (ab)N(cN) = (abc)N$$

同样

$$(aN)[(bN)(cN)] = aN[(bc)N] = (abc)N$$

所以

$$[(aN)(bN)](cN) = (aN)[(bN)(cN)]$$

(3) 单位元。取 G 中的单位元 e，对任意的 $aN \in G/N$，则有

$$(eN)(aN) = (ea)N = aN$$

$$(aN)(eN) = (ae)N = aN$$

因此，eN 是 G/N 的单位元。

(4) 逆元。对任意的 $aN \in G/N$，$a^{-1}N$ 就是 aN 的逆元。

事实上，有

$$(a^{-1}N)(aN) = (a^{-1}a)N = eN$$

以及

$$(aN)(a^{-1}N) = (aa^{-1})N = eN$$

因此 G/N 是一个群。

定义 6.14 设 N 是群 G 的正规子群，陪集集合 G/N 对于式(6.5)的二元运算构成的群，称为群 G 对于正规子群 N 的**商群**。

如果群 G 的二元运算是加法，则 G/N 中的运算写作 $(a+N)+(b+N) = (a+b)+N$。

例 6.15 对于加法运算，整数模 m 的全体剩余类构成 Z 对于正规子群 mZ 的商群 Z/mZ，即 $Z/mZ = Z_m$。

6.5 群的同态定理

本节讨论群与群之间的映射。

定义 6.15 设 G, G' 是两个群，f 是 G 到 G' 的一个映射。如果对任意的 $a, b \in G$，都有

$$f(a)f(b) = f(ab) \tag{6.6}$$

那么，称 f 为 G 到 G' 的一个同态。

定义 6.16 如果对任意的 $a, b \in G$，若 $a \neq b$，有 $f(a) \neq f(b)$，就称映射 f 为**单映射**。如果同态 f 是单映射，则称 f 为**单同态**。

如果对任意的 $a' \in G'$，都存在 $a \in G$，使得 $f(a) = a'$，就称 f 为**满映射**。如果同态 f 是满映射，则称 f 为**满同态**。

如果 f 既是单同态又是满同态（即同态 f 是一一映射），则称 f 为**同构映射**。

当 $G = G'$ 时，同态 f 称为**自同态**；同构 f 称为**自同构**。

定义 6.17 设 G, G' 是两个群，如果存在一个 G 到 G' 的同构映射，我们称两个群 G 与 G'**同构**，记为 $G \cong G'$。

定理 6.13 设 f 是群 G 到群 G' 的一个同态，则

(1) $f(e) = e'$，即同态将单位元映射到单位元；

(2) 对任意的 $a \in G$，$f(a^{-1}) = f(a)^{-1}$；

(3) $\ker(f) = \{a \mid a \in G, f(a) = e'\}$ 是 G 的子群，当且仅当 $\ker(f) = e$ 时，f 是单同态；

(4) $\mathrm{im}(f) = f(G) = \{f(a) \mid a \in G\}$ 是 G' 的子群，当且仅当 $\mathrm{im}(f) = G'$ 时，f 是满同态；

(5) 设 H' 是群 G' 的子群，则集合 $f^{-1}(H') = \{a \in G \mid f(a) \in H'\}$ 是 G 的子群。

证明

(1) 对任意的 $f(a) \in G'$，根据同态映射定义6.15，有

$$f(e)f(a) = f(ea) = f(a)$$

以及

$$f(a)f(e) = f(ae) = f(a)$$

所以 $f(e) = e'$ 是 G' 中的单位元。

(2) 对任意的 $a \in G$，有

$$f(a^{-1})f(a) = f(a^{-1}a) = f(e) = e'$$

以及
$$f(a)f(a^{-1}) = f(aa^{-1}) = f(e) = e'$$
所以 $f(a^{-1})$ 就是 $f(a)$ 在 G' 中的逆元。

(3)
① 运算封闭性：对任意 $a, b \in \ker(f)$，都有 $f(ab) = f(a)f(b) = e'$，即 $ab \in \ker(f)$;
② 结合律：因为 $\ker(f) \subseteq G$，所以结合律自然成立；
③ 单位元：由(1) $f(e) = e'$，得 $e \in \ker(f)$，e 即为 $\ker(f)$ 的单位元；
④ 逆元：对任意的 $a \in \ker(f)$，都有 $a^{-1} \in \ker(f)$。

事实上，若 $a \in \ker(f)$，由(2)，可知
$$f(a^{-1}) = f(a)^{-1} = (e')^{-1} = e'$$
因此 $a^{-1} \in \ker(f)$。

故 $\ker(f)$ 是 G 的子群（或者运用定理 6.2 证明）。

下面证明 f 是单同态当且仅当 $\ker(f) = e$。

"$\Rightarrow$" 若 f 是同态映射，则由(1)得
$$f(e) = e'$$
由单同态定义，满足
$$f(a) = e'$$
的 $a \in G$ 只有 $a = e$。

所以
$$\ker(f) = e$$

"$\Leftarrow$" 已知 $\ker(f) = e$。假设 f 不是单同态，则存在 $a, b \in G$，$a \neq b$，但有
$$f(a) = f(b)$$
于是
$$e' = f(a)f(b)^{-1} = f(ab^{-1})$$
因为 $a \neq b$，所以
$$ab^{-1} \neq e$$
这与已知 $\ker(f) = e$ 相矛盾。

故 f 是单同态。

(4) 运用定理 6.2 证明 $\mathrm{im}(f)$ 是 G' 的子群。

对于任意的 $g, h \in \mathrm{im}(f)$，存在 $a, b \in G$，有
$$f(a) = g, \quad f(b) = h$$
$$gh^{-1} = f(a)f(b)^{-1} = f(a)f(b^{-1}) = f(ab^{-1}) \in \mathrm{im}(f)$$
因此 $\mathrm{im}(f)$ 是 G' 的子群。

下面证明 f 是满同态当且仅当 $\mathrm{im}(f) = G'$。

"$\Rightarrow$" 若 f 是满同态，则对任意的 $g \in G'$，都存在 $a \in G$，使得
$$f(a) = g$$
所以

$$\text{im}(f) \supseteq G'$$

根据 im(f)的定义，有

$$\text{im}(f) \subseteq G'$$

因此

$$\text{im}(f) = G'$$

"⇐" 已知 im(f) = G'。假设 f 不是满同态，则存在 $g \in G'$，满足：不存在 $a \in G$，使得 $f(a) = g$，因此 $g \notin \text{im}(f)$，这与已知 im(f) = G'相矛盾。故 f 是满同态。

(5) 对任意的 $a, b \in f^{-1}(H')$，有 $f(a), f(b) \in H'$。

因为 H'是群 G'的子群，于是

$$f(ab^{-1}) = f(a)f(b^{-1}) = f(a)f(b)^{-1} \in H'$$

因此 $ab^{-1} \in f^{-1}(H')$。故，$f^{-1}(H')$是 G 的子群。

ker(f)称为同态 f 的**核子群**，im(f)称为同态 f 的**像子群**。

例 6.16 乘群 $Q^*(R^*, C^*)$到自身的映射 $f: a \to a^n$ $(n \in Z)$是一个同态。

例 6.17 加群 $Z(Q, R, C)$到自身的映射 $f: a \to an$ $(n \in Z)$是一个同态。

例 6.18 加群 Z 到乘群 R^*的映射 $f: a \to e^a$ 是一个同态。

例 6.19 加群 Z 到加群 Z/nZ 的映射 $f: a \to a \pmod{n}$是一个同态。

例 6.20 设 a 是群 G 的一个元，则映射

$$f: b \to aba^{-1} \tag{6.7}$$

是 G 的自同态。

事实上，对任意的 $b, c \in G$，有

$$f(b)f(c) = (aba^{-1})(aca^{-1}) = abca^{-1} = f(bc)$$

定理 6.14 设 f 是群 G 到群 G'的同态，则 ker(f)是 G 的正规子群。反过来，如果 N 是群 G 的正规子群，则映射

$$s: G \to G/N$$

$$a \to aN$$

是群 G 到商群 G/N 的同态，且 ker(s) = N。

证明 根据定理 6.11 及正规子群定义 6.13，只要证明对任意的 $a \in G$，有 $a\text{ker}(f)a^{-1} \subseteq \text{ker}(f)$即可。

事实上，对任意的 $b \in \text{ker}(f)$，有

$$f(aba^{-1}) = f(a)f(b)f(a^{-1}) = f(a)f(a^{-1}) = e'$$

因此 $a\text{ker}(f)a^{-1} \subseteq \text{ker}(f)$。

反之，设 N 是群 G 的正规子群，对任意的 $a, b \in G$，根据定理 6.11 及定义 6.13，映射 s 满足

$$s(ab) = (ab)N = a(bN) = a(Nb) = a(NNb) = (aN)(Nb) = s(a)s(b)$$

而且 $s(a) = aN = N$ 的充要条件是 $a \in N$。

因此，s 是群 G 到商群 G/N 的同态，且 ker(s) = N。

6.6 循环群

定义 6.10 给出了循环群的定义，循环群理论研究得相对完善，本节介绍循环群的基本性质。

根据定义 6.10，循环群 $<a>$ 是由一切形如

$$a^k \quad (k \text{ 是任意整数})$$

的元素构成的群。

例 6.21 整数加群 Z 是无限循环群。

事实上，$1 \in Z$，且对任意的整数 n，有

$$n = n \times 1$$

故 $Z = <1>$ 是一个无限循环群，1 是它的生成元，易知，-1 是它的另一个生成元。

例 6.22 n 次单位根乘群 U_n 是一个 n 阶循环群。

事实上，设 ε 是一个 n 次原根，即 ε 是 U_n 的一个生成元，则

$$U_n = <\varepsilon> = \{1, \varepsilon, \varepsilon^2, \cdots, \varepsilon^{n-1}\}$$

这 n 个复数是互异的，且对任意的 $k \in Z$，ε^k 必与这 n 个复数中的一个相等。

定理 6.15 设群 $G = <a>$，则：

(1) 若 $|a| = \infty$，则对任意的 $s, t \in Z$，如果 $s \neq t$，有 $a^s \neq a^t$，即

$$\cdots, a^{-2}, a^{-1}, e, a^1, a^2, \cdots$$

是 $<a>$ 的全体互异的元素。

(2) 若 $|a| = n$，则 $<a>$ 是 n 阶群，且

$$<a> = \{e, a, a^2, \cdots, a^{n-1}\}$$

证明

(1) 假设存在 $s, t \in Z$，$s \neq t$，有 $a^s = a^t$，则

$$a^{t-s} = e$$

这与 $|a| = \infty$ 相矛盾。

(2) 因为 $|a| = n$，所以 $a^n = e$，且对于任意的 $0 < t < n$，有 $a^t \neq e$。

另外，对于任意的 $0 \leq s < t \leq n-1$，有

$$a^s \neq a^t$$

事实上，若 $a^s = a^t$，则

$$a^{t-s} = e$$

这与 $|a| = n$ 相矛盾。

推论 6.1 设群 $G = <a>$ 是无限循环群，则：

(1) $a^k = e \Leftrightarrow k = 0$；

(2) 元素 a^k（$k \in Z$）两两不同。

推论 6.2 设群 $G = <a>$ 是 n 阶循环群，则：

(1) n 是使得 $a^n = e$ 的最小正整数；

(2) $a^k = e \Leftrightarrow n \mid k$；

(3) $a^t = a^k \Leftrightarrow t \equiv k \pmod{n}$;

(4) 元素 a^k（$k = 0, 1, \cdots, n-1$）两两不同；

(5) 对任意整数 $0 \le k \le n-1$，有 $|a^k| = \dfrac{n}{(n,k)}$。

证明

(1) 由元素阶的定义可得。

(2) "$\Leftarrow$" 当 $n \mid k$ 时，设 $k = nt$（$t \in Z$），则

$$a^k = a^{nt} = (a^n)^t = e^t = e$$

"$\Rightarrow$" 反之，假设 $n \nmid k$，即 $k = nt + r, 0 < r < n$，于是

$$a^k = a^{nt+r} = a^{nt}a^r = a^r = e$$

这与 a 的阶为 n 相矛盾，故 $n \mid k$。

(3) "$\Leftarrow$" 当 $t \equiv k \pmod{n}$ 时，令 $t = nt_1 + r, k = nk_1 + r$，其中，$t_1, k_1 \in Z, 0 \le r < n$，则

$$a^t = a^{nt_1}a^r = a^r \tag{6.8}$$

$$a^k = a^{nk_1}a^r = a^r \tag{6.9}$$

所以 $a^t = a^k$。

"$\Rightarrow$" 设 $t = nt_1 + r, k = nk_1 + s$，其中，$t_1, k_1 \in Z, 0 \le r, s < n$，则

$$a^t = a^{nt_1}a^r = a^r \tag{6.10}$$

$$a^k = a^{nk_1}a^r = a^s \tag{6.11}$$

于是

$$a^r = a^s$$

即

$$a^{r-s} = e \tag{6.12}$$

因为 $-n < r - s < n$，且 a 的阶为 n，所以只有

$$r = s$$

因此

$$t \equiv k \pmod{n}$$

(4) 类似(3)的证明可得。

(5) 设 $(n, k) = d, k = k_1 d$（$k_1 \in Z$）。

显然，有

$$(a^k)^{n/(n,k)} = a^{k_1 n} = e$$

所以

$$|a^k| \mid \frac{n}{(n,k)} \tag{6.13}$$

另一方面，设 a^k 的阶 $|a^k| = t$，则

$$n \mid kt$$

即

$$n \mid k_1 dt$$

96

于是

$$\frac{n}{d} \mid k_1 t$$

因为 $\left(k_1, \dfrac{n}{d}\right) = 1$，所以

$$\frac{n}{d} \mid t \qquad\qquad (6.14)$$

由式(6.13)与式(6.14)，得

$$|a^k| = \frac{n}{(n,k)}$$

定理 6.16　n 阶群 G 是循环群当且仅当 G 中有 n 阶元素。

证明

"$\Rightarrow$"　设 G 是 n 阶循环群，则根据循环群的定义，存在一个 n 阶生成元 a，使得 $G = <a>$。

"$\Leftarrow$"　设 G 有 n 阶元素 a，则易证

$$H = \{e, a, a^2, \cdots, a^{n-1}\}$$

是 G 一个 n 阶子群，因为 $|G| = n$，所以

$$G = H = <a>$$

定理 6.17　无限循环群 $<a>$ 只有两个生成元，即 a 与 a^{-1}；n 阶循环群有 $\varphi(n)$ 个生成元。

证明　当 $|a| = \infty$ 时，显然 a 与 a^{-1} 是无限循环群 $<a>$ 的生成元。

假设还有其他生成元，即存在大于 1 的正整数 t，使得 a^t 是 $<a>$ 的生成元，则必存在某个 $s \in Z$，满足

$$(a^t)^s = a$$

此时

$$a^{ts-1} = e$$

$$ts - 1 \neq 0$$

这与 $|a| = \infty$ 相矛盾。故无限循环群 $<a>$ 只有两个生成元，即 a 与 a^{-1}。

当 $|a| = n$ 时，如果 $(d, n) > 1$，则 a^d 不是 $<a>$ 的生成元。

事实上，根据定理 2.17，可知不存在 $k \in Z$，使得

$$dk \equiv 1 \pmod{n}$$

即不存在 $k \in Z$，使得

$$(a^d)^k = a$$

当 $|a| = n$ 时，如果 $(d, n) = 1$，则 a^d 是 $<a>$ 的生成元。

事实上，对任意的 $a^t \in <a>$，则根据定理 2.15，可知存在一个 $k \in Z$，使得

$$dk \equiv t \pmod{n}$$

即存在 $k \in Z$，使得

$$(a^d)^k = a^t$$

因为在 $\{1, \cdots, n-1\}$ 中有 $\varphi(n)$ 个数与 n 互素，所以 n 阶循环群 $<a>$ 共有 $\varphi(n)$ 个生成元，即

$$\{a^d \mid (d, n) = 1, 1 < d < n\}$$

定理 6.18 设 $<a>$ 是循环群，则：

(1) 若 $|a| = \infty$，则 $<a>$ 与整数加群 Z 同构；

(2) 若 $|a| = n$，则 $<a>$ 与 n 次单位根群 U_n 同构。

证明 (1) 若 $|a| = \infty$，设映射 f 为

$$f: t \to a^t \ (t \in Z)$$

易知映射 f 是 Z 到循环群 $<a>$ 的一一映射，而且也是一个同态映射。

故 f 是 Z 到 $<a>$ 的同构映射，即

$$<a> \cong Z$$

(2) 若 $|a| = n$，设 $U_n = <\varepsilon> = \{1, \varepsilon, \varepsilon^2, \cdots, \varepsilon^{n-1}\}$，并设映射 f 为

$$f: a^t \to \varepsilon^t \ (t = 0, 1, \cdots, n-1)$$

易知映射 f 是循环群 $<a>$ 到 U_n 的一一映射，而且也是一个同态映射。

故 f 是 $<a>$ 到 U_n 的同构映射，即

$$<a> \cong U_n$$

易证当 $|a| = n$ 时，循环群 $<a>$ 也同构于加群 Z_n。

定理 6.19 循环群的子群也是循环群。

证明 设 H 是循环群 $G = <a>$ 的子群。

若 $H = <e>$，则显然 H 是循环群。

下面假设 $H \neq <e>$。

设 a^m 是子群 H 中 a 的最小正幂，则子群 H 中的所有元素均为 a^m 的幂的形式。

事实上，若不然，即存在 $a^k \in H$，且 $m \nmid k$，则设 $k = qm + r$，其中，$q \in Z, 0 < r < m$。因为 $a^k, a^m \in H$，所以

$$a^r = a^{k-qm} \in H$$

这与 "a^m 是子群 H 中 a 的最小正幂" 相矛盾。因此子群 H 中的所有元素都是 a^m 幂的形式。

故子群 $H = <a^m>$ 是循环群。

定理 6.20 无限循环群有无限多个子群。当 $<a>$ 为 n 阶循环群时，对 n 的每一个正因子 d，$<a>$ 有且只有一个 d 阶子群，这个子群是 $<a^{n/d}>$。

证明

(1) 设 $|a| = \infty$，则易知

$$<e>, <a>, <a^2>, \cdots$$

都是 $<a>$ 的不同子群。

进一步，除 $<e>$ 外都是无限循环群，从而彼此同构。

(2) 因为 $|a| = n$，且

$$n = dt \ (t \in Z) \tag{6.15}$$

则 $|a^t| = d$，从而 $<a^t>$ 是 d 阶循环子群。

假设 H 也是$< a >$的一个 d 阶子群，根据定理 6.19，可知其形式为 $H = < a^m > (m \in Z^+)$ 是$< a >$的 d 阶循环子群。

由推论 6.2 的(5)，得

$$| a^m | = \frac{n}{(n,m)} = d$$

于是

$$n = d(n, m) \qquad\qquad (6.16)$$

比较式(6.15)与式(6.16)，得 $t = (n, m)$，于是

$$t \mid m$$

从而 $a^m \in < a^t >$，所以

$$< a^m > \subseteq < a^t >$$

又因为

$$| < a^m > | = | < a^t > | = d$$

所以

$$< a^m > = < a^t >$$

故$< a >$的 d 阶子群是唯一的。

6.7 有限生成交换群[*]

对于任意的加法交换群 G，设 X 是 G 的非空子集，则由 X 生成的子群是所有线性组合

$$n_1 x_1 + n_2 x_2 + \cdots + n_k x_k, k \in N, n_1, \cdots, n_k \in Z, x_i \in X \qquad (6.17)$$

组成的集合。

特别地，由一个元生成的加法循环子群$< x > = \{nx \mid n \in Z\}$。

定义 6.18 交换群 G 的一个子集 X 称为 G 的基底，如果 X 是 G 的最小生成元，即

(1) $G = < X >$；

(2) X 中的任意不同元素 $x_1, x_2, \cdots, x_k$ 在 Z 上线性无关，即

$$n_1 x_1 + n_2 x_2 + \cdots + n_k x_k = 0 \text{ 当且仅当 } n_1 = n_2 = \cdots = n_k = 0$$

类似于线性无关，在乘法运算中对应乘性无关，即

$$a_1^{n_1} \cdots a_k^{n_k} = e \text{ 当且仅当 } n_1 = n_2 = \cdots = n_k = 0$$

定义 6.19 设 $H_1, H_2, \cdots, H_k$ 是交换群 G 的 k 个子群，称 $H_1 + H_2 + \cdots + H_k$ 是 $H_1, H_2, \cdots, H_k$ 的直和，如果

$$(H_1 + H_2 + \cdots + H_{i-1} + H_{i+1} + \cdots + H_k) \cap H_i = \{0\}, 1 \leqslant i \leqslant k$$

记作 $H_1 \oplus H_2 \oplus \cdots \oplus H_k$。

对于乘法运算，称 $H_1 H_2 \cdots H_k$ 是 $H_1, H_2, \cdots, H_k$ 的直积，如果

$$(H_1 H_2 \cdots H_{i-1} H_{i+1} \cdots H_k) \cap H_i = \{e\}, 1 \leqslant i \leqslant k$$

记作 $H_1 \otimes H_2 \otimes \cdots \otimes H_k$。

定理 6.21 设交换群 G 有一组非空基底，则 G 是一组循环群的直和。

证明 设 X 是 G 的一组基底，根据式(6.17)与基底的定义，得

$$G = \sum_{x_i \in X} <x_i>$$

下面证明 $\sum_{x_i \in X} <x_i>$ 是直和，即证对任意的 $x_j \in X$，有

$$<x_j> \cap \sum_{x_i \in X, i \neq j} <x_i> = \{0\}$$

令

$$y \in <x_j> \cap \sum_{x_i \in X, i \neq j} <x_i>$$

则存在 $n_i \in Z, i = 1, 2, \cdots$，使得

$$y = n_j x_j = \sum_{x_i \in X, i \neq j} n_i x_i$$

于是

$$(-n_j)x_j + \sum_{x_i \in X, i \neq j} n_i x_i = 0 \tag{6.18}$$

因为基底的元素之间是线性无关的，所以只有

$$n_1 = \cdots = n_j = \cdots = 0$$

因此只有 $y = 0$，于是

$$<x_j> \cap \sum_{x_i \in X, i \neq j} <x_i> = \{0\}$$

故交换群 $G = \sum_{x_i \in X} <x_i>$ 是一组循环群的直和。

定义 6.20 若群 G 有一组非空基底（从而是一组循环群的直和），则称 G 为**自由交换群**。自由交换群 G 的基底元素个数称为群 G 的**秩**。

6.8 置换群*

群论的研究是从置换群开始的，置换群比抽象群更直观。利用置换群，伽罗瓦（Évariste Galois）成功地解决了代数方程是否可用根式求解的问题。

定义 6.21 设 S 是一个非空集合，G 是 S 到自身的所有一一映射组成的集合，则对于映射的复合运算

$$\sigma, \delta : S \to S$$

$$\sigma\delta(s) = \sigma(\delta(s)), s \in S, \sigma, \delta \in G$$

G 构成一个群，称为**对称群**。G 中的元素叫做 S 的一个**置换**，恒等映射是 G 的单位元。

当 S 是 n 元有限集合时，G 就称为 **n 元对称群**，记作 S_n。

设 $S = \{1, 2, \cdots, n-1, n\}$，$\sigma$ 是 S 上的一个置换，即 σ 是 S 到自身的一一映射，即

$$\sigma: S \to S$$

$$k \to \sigma(k) = i_k$$

表示 k 在映射 σ 作用下的像是 i_k，所以可以将 σ 写成

$$\sigma = \begin{pmatrix} 1 & 2 & ... & n-1 & n \\ \sigma(1) & \sigma(2) & ... & \sigma(n-1) & \sigma(n) \end{pmatrix} = \begin{pmatrix} 1 & 2 & ... & n-1 & n \\ i_1 & i_2 & ... & i_{n-1} & i_n \end{pmatrix}$$

其中，$\sigma(1), \sigma(2), \cdots, \sigma(n)$ 是 $1, 2, \cdots, n$ 的一个排列。

例 6.23 设 $\sigma = \begin{pmatrix} 1 & 2 & 3 & 4 & 5 \\ 4 & 5 & 1 & 2 & 3 \end{pmatrix}$，$\tau = \begin{pmatrix} 1 & 2 & 3 & 4 & 5 \\ 3 & 5 & 2 & 4 & 1 \end{pmatrix}$，计算 $\sigma^2, \sigma\tau, \sigma^{-1}$。

解
$$\sigma^2 = \begin{pmatrix} 1 & 2 & 3 & 4 & 5 \\ 4 & 5 & 1 & 2 & 3 \end{pmatrix}\begin{pmatrix} 1 & 2 & 3 & 4 & 5 \\ 4 & 5 & 1 & 2 & 3 \end{pmatrix}$$

$$= \begin{pmatrix} 1 & 2 & 3 & 4 & 5 \\ 4 & 5 & 1 & 2 & 3 \end{pmatrix}\begin{pmatrix} 3 & 4 & 5 & 1 & 2 \\ 1 & 2 & 3 & 4 & 5 \end{pmatrix}$$

$$= \begin{pmatrix} 3 & 4 & 5 & 1 & 2 \\ 4 & 5 & 1 & 2 & 3 \end{pmatrix}$$

$$= \begin{pmatrix} 1 & 2 & 3 & 4 & 5 \\ 2 & 3 & 4 & 5 & 1 \end{pmatrix}$$

$$\sigma\tau = \begin{pmatrix} 1 & 2 & 3 & 4 & 5 \\ 4 & 5 & 1 & 2 & 3 \end{pmatrix}\begin{pmatrix} 1 & 2 & 3 & 4 & 5 \\ 3 & 5 & 2 & 4 & 1 \end{pmatrix}$$

$$= \begin{pmatrix} 1 & 2 & 3 & 4 & 5 \\ 4 & 5 & 1 & 2 & 3 \end{pmatrix}\begin{pmatrix} 5 & 3 & 1 & 4 & 2 \\ 1 & 2 & 3 & 4 & 5 \end{pmatrix}$$

$$= \begin{pmatrix} 5 & 3 & 1 & 4 & 2 \\ 4 & 5 & 1 & 2 & 3 \end{pmatrix}$$

$$= \begin{pmatrix} 1 & 2 & 3 & 4 & 5 \\ 1 & 3 & 5 & 2 & 4 \end{pmatrix}$$

$$\sigma^{-1} = \begin{pmatrix} 4 & 5 & 1 & 2 & 3 \\ 1 & 2 & 3 & 4 & 5 \end{pmatrix} = \begin{pmatrix} 1 & 2 & 3 & 4 & 5 \\ 3 & 4 & 5 & 1 & 2 \end{pmatrix}$$

定理 6.22 n 元置换全体组成的集合 S_n 对置换的乘法构成一个群，其阶是 $n!$。

证明

(1) 易知，一一映射的乘积仍然是一一映射。运算封闭性成立。

(2) 结合律。设 $\sigma, \tau, \delta \in S_n$ 是三个映射，对任意的 $i \in S$，有

$$\sigma(i) = j, \tau(j) = k, \delta(k) = l$$

其中，j, k, l 为 S 中的元素。于是

$$\tau\sigma(i) = \tau(\sigma(i)) = k, \delta\tau(j) = l$$

所以

$$(\delta\tau)\sigma(i) = \delta\tau(j) = l$$

$$\delta(\tau\sigma)(i) = \delta(k) = l$$

因此有

$$(\delta\tau)\sigma = \delta(\tau\sigma)$$

(3) 单位元。恒等置换 $e = (1) = \begin{pmatrix} 1 & 2 & \cdots & n-1 & n \\ 1 & 2 & \cdots & n-1 & n \end{pmatrix}$ 是 S_n 的单位元。

(4) 逆元。设任意置换 $\sigma = \begin{pmatrix} 1 & 2 & \cdots & n-1 & n \\ i_1 & i_2 & \cdots & i_{n-1} & i_n \end{pmatrix}$，则 σ 的逆元是

$$\sigma^{-1} = \begin{pmatrix} i_1 & i_2 & \cdots & i_{n-1} & i_n \\ 1 & 2 & \cdots & n-1 & n \end{pmatrix}$$

因此，S_n 对于置换的乘法构成一个乘法群。

因为 $(1, 2, \cdots, n-1, n)$ 在置换 σ 下的像 $(\sigma(1), \sigma(2), \cdots, \sigma(n-1), \sigma(n))$ 是 $(1, 2, \cdots, n-1, n)$ 的一个排列，所以这样的排列共有 $n!$ 个。

故 n 元对称群 S_n 的阶是 $n!$。

定义 6.22　如果一个置换 σ 将元素 i_1 映射成 i_2，i_2 映射成 i_3，$\cdots$，i_{k-1} 映射成 i_k，又将 i_k 映射成 i_1，但其余元素保持不变，则称 σ 是一个 **k-循环置换**，简称 **k-循环**或**循环**，并表示成

$$\sigma = (i_1, i_2, \cdots, i_k) = (i_2, i_3, \cdots, i_k, i_1) = \cdots = (i_k, i_1, \cdots, i_{k-1})$$

其中，k 称为循环长度，$k = 1$ 时，1-循环为恒等置换；$k = 2$ 时，2-循环 $(i_1 i_2)$ 称为对换。

例如，$\begin{pmatrix} 1 & 2 & 3 \\ 2 & 3 & 1 \end{pmatrix} = (123) = (231) = (312)$，是 3-循环。

$\begin{pmatrix} 1 & 2 & 3 \\ 3 & 2 & 1 \end{pmatrix} = (13) = (31)$，是 2-循环。

如果两个循环 $\sigma = (i_1, i_2, \cdots, i_k)$ 和 $\tau = (j_1, j_2, \cdots, j_t)$ 中的元素均不相同，就称这两个**循环不相连**。

定理 6.23　不相连的循环相乘时可以交换。

证明　设两个循环 $\sigma = (i_1, i_2, \cdots, i_k)$ 与 $\tau = (j_1, j_2, \cdots, j_t)$ 不相连，则由映射复合运算，σ 与 τ 的乘积（$\sigma\tau$ 或 $\tau\sigma$）也是集合 $\{1, 2, \cdots, n\}$ 中元素间的置换，且均满足

$$i_1 \to i_2, i_2 \to i_3, \cdots, i_{k-1} \to i_k, i_k \to i_1 \tag{6.19}$$

$$j_1 \to j_2, j_2 \to j_3, \cdots, j_{t-1} \to j_t, j_t \to j_1 \tag{6.20}$$

其他元素保持不变。

因此，$\sigma\tau = \tau\sigma$。

定理 6.24　每个置换可以表示为不相连的循环之积，每个循环都可表示为对换之积，因此每个置换都可表示为对换之积。

证明

(1) 任何一个置换都可以依据式 (6.19) 将构成一个循环的所有元素按连贯顺序写成多个循环之积，如

$$\begin{pmatrix} 1 & 2 & 3 & 4 & 5 & 6 \\ 3 & 1 & 2 & 5 & 4 & 6 \end{pmatrix} = (132)(45)(6)$$

一般地，对任意置换 σ，可写成不相连的循环置换之积

$$\begin{pmatrix} i_1i_2\cdots i_k & \cdots & j_1j_2\cdots j_t & a\cdots b \\ i_2i_3\cdots i_1 & \cdots & j_2j_3\cdots j_1 & a\cdots b \end{pmatrix} = (i_1, i_2,\cdots, i_k)\cdots(j_1, j_2,\cdots, j_t)$$

(2) 由映射的复合运算可得

$$(i_1, i_2,\cdots, i_k) = (i_1, i_k)(i_1, i_{k-1})\cdots(i_1, i_3)(i_1, i_2)$$

例 6.24　$\sigma = \begin{pmatrix} 1 & 2 & 3 & 4 & 5 & 6 \\ 6 & 5 & 2 & 1 & 3 & 4 \end{pmatrix} = (164)(253)$。

注意将一个置换表示成对换的乘积时，表示法不是唯一的。例如

$$(1432) = (34)(13)(23)$$
$$= (23)(12)(14)$$
$$= (23)(13)(23)(13)(14);$$
$$(132) = (12)(23)(23)(13)$$
$$= (12)(13)$$

定理 6.25　每个置换表示成对换的乘积时，其对换个数的奇偶性不变。

证明　设 $\sigma \in S_n$，且 σ 表示成 m 个对换之积 $\sigma = \sigma_1\sigma_2\cdots\sigma_m$。

下面证明 m 的奇偶性与排列 $\sigma(1)\sigma(2)\cdots\sigma(n)$ 的奇偶性一致。所谓排列的奇偶性，是指排列的逆序数为奇数还是为偶数。确定某个数的逆序数要看这个数的前面有几个比它大的数，或者它的后面有几个比它小的数，把排列中每个数的逆序数合起来就是这个排列的逆序数。

σ 将排列 $12\cdots n$ 置换成排列

$$\sigma(1)\sigma(2)\cdots\sigma(n) = \sigma_1\sigma_2\cdots\sigma_m(1)\sigma_1\sigma_2\cdots\sigma_m(2)\cdots\sigma_1\sigma_2\cdots\sigma_m(n) \tag{6.21}$$

式(6.21)中共有 m 个对换。每实施一次对换都改变排列的奇偶性，而排列 $12\cdots n$ 是偶排列，故 m 的奇偶性与式(6.21)的奇偶性是一致的。

当 σ 表示成多个对换之积时，排列 $\sigma(1)\sigma(2)\cdots\sigma(n)$ 的奇偶性是固定的。因此对换个数 m 的奇偶性不变。

定义 6.23　一个置换分解成奇数个对换的乘积时，称为**奇置换**；否则，称为**偶置换**。

恒等置换是偶置换，偶置换之积仍是偶置换，因此，S_n 的所有偶置换构成一个 $n!/2$ 阶子群，称为 n 次**交错群**。

定义 6.24　由一组 n 元置换构成的群就称为 n 元置换群。

注： n 元对称群的任意一个子群，都叫做 n 元置换群，简称置换群。

下面是几种常见的置换群。

$$S_2 = \{(1), (12)\}$$
$$S_3 = \{(1), (12), (13), (23), (123), (132)\}$$
$$G_3 = \{(1), (132), (123)\}$$

定理 6.26（凯莱定理）　设 G 是一个 n 元群，则 G 同构于某个 n 元置换群。

证明　设 G 是一个群，对于每一个 $a \in G$，定义 G 的变换 σ_a，有

$$\sigma_a(x) = ax, \quad \forall\, x \in G$$

显然，σ_a 是 G 的一一映射。

令 $G' = \{\sigma_a \mid a \in G\}$，下面阐明 G' 是 G 的一个置换群：

(1) 任意置换 $\sigma_a, \sigma_b \in G'$，乘积 $\sigma_a\sigma_b = \sigma_{ab} \in G'$，满足封闭性；

(2) 结合律易证；

(3) G 的恒等映射 $I_G = \sigma_e$ 是 G' 单位元；

(4) 任意置换 $\sigma_a \in G'$ 的逆元是 $\sigma_{a^{-1}}$。

事实上，有

$$\sigma_a\sigma_{a^{-1}}(x) = aa^{-1}x = x = I_G(x)$$

所以 G' 是 G 的一个置换群。

下面证明 G 与 G' 是同构的。

对于 G 到 G' 的映射，$f: f(a) = \sigma_a, \forall a \in G$。根据 G' 中元素的构成，G' 中的任意元素均存在原像，即 f 是满射。

对任意的 $a, b \in G$，有

$$f(a) = f(b) => \sigma_a = \sigma_b => \sigma_a(e) = \sigma_b(e) => a = b$$

因此 f 是单射。

故 f 是一一映射。

此外，f 满足同态性，即对任意的 $a, b \in G$，有

$$f(ab) = \sigma_{ab} = \sigma_a\sigma_b = f(a)f(b)$$

所以，f 是群 G 到置换群 G' 的同构，从而 $G \cong G'$。

定理 6.26 建立了置换群与抽象群之间的对应关系，是群论的一个重要定理。

习 题 6

1. 如果 a, b 是群 G 中的任意元素，证明：$(ab)^{-1} = b^{-1}a^{-1}$。

2. 若群 G 中的每个元素都满足方程 $x^2 = e$，e 是 G 的单位元，证明：G 是交换群。

3. 设集合 $G = \{(a, b) \mid a, b$ 为实数且 $a \neq 0\}$，规定 $(a, b) \circ (c, d) = (ac, ad + b)$，证明：$G$ 对于所规定的运算 "$\circ$" 构成群。

4. 证明：群 G 是交换群的充要条件是对任意的 $a, b \in G$，有 $(ab)^2 = a^2b^2$。

5. 证明：Z_m 中的所有可逆元构成一个乘法群，记为 Z_m^*。

6. 证明：在一个群里阶大于 2 的元素的个数一定是偶数。

7. 设群 G 的阶大于 2，且 G 中每个元素都满足方程 $x^2 = e$，证明：G 必定含有 4 阶子群。

8. 设 G 是群，$a \in G$，证明：$<a> \leqslant G$。

9. 设 a, b 是群 G 中的元素，证明：a 与 a^{-1} 的阶相同；ab 与 ba 的阶相同；对任意的 $c \in G$，cac^{-1} 的阶与 a 的阶相同。

10. 在一个群中，两个子群的并集仍然是子群吗？

11. 证明：有限群的任意元的阶都是有限正整数。

12. 设 G 为全体 2×2 非奇异实数矩阵构成的乘法群，证明：$a = \begin{pmatrix} 0 & -1 \\ 1 & 0 \end{pmatrix}$ 的阶为 4，$b = \begin{pmatrix} 0 & 1 \\ -1 & -1 \end{pmatrix}$ 的阶为 3，但 ab 的阶是 ∞。

13. 设 H, K 是群 G 的两个子群，且 $|H| = m, |K| = n$，证明：若 $(m, n) = 1$，则 $H \cap K = \{e\}$。

14. 证明：素阶群 G 的子群只有 G 与 $\{e\}$，即只有平凡子群。

15. 设 G 是群，$\mathrm{Cent}(G) = \{a \in G \mid ab = ba,$ 对任意的 $b \in G\}$，证明：$\mathrm{Cent}(G)$ 是 G 的正规子群。

16. 证明：交换群的商群是交换群。

17. 如果 $H \leqslant G$，$|G:H| = 2$，证明：H 是 G 的正规子群。

18. 给出加群 Z_m 的所有子群。

19. 设 N, H 是群 G 的正规子群，证明：$N \cap H, NH$ 是 G 的正规子群。

20. 设 f 是群 G 到 G' 的一个同态映射，$a \in G$，试问 a 的阶与 $f(a)$ 在 G' 中的阶是否相同？

21. 设 a 是群 G 的一个元素，证明：映射 $f: b \to aba^{-1}$ 是 G 到自身的自同构。

22. 证明：循环群是交换群。

23. 令 n 是一个奇合数且不是素数的幂，乘法群 Z_n^* 有生成元吗？

24. 令 $n = pq$，其中，p, q 是不同的奇素数，证明：(1) Z_n^* 中元素的最大阶是 $\lambda(n) = [p - 1, q - 1]$；(2) Z_n^* 中每个元素的阶均整除 $\lambda(n)$。

25. 设 $G = <a>$ 是 n 阶循环群，证明：$G = <a^r>$，其中，$(r, n) = 1$。

26. 若 G 是一个素阶群，证明：G 是循环群。

27. 设 G 是循环群，证明：对任意正整数 m，$G^{(m)} = \{a^m \mid a \in G\}$ 是 G 的子群。

28. 设 G 是 mn 阶交换群，$(m, n) = 1$，如果存在 $a, b \in G$，满足 a 的阶是 m，b 的阶是 n，证明：G 是循环群。

29. 设 G' 是循环群 G 的同态像，证明：G' 也是循环群。

30. 设 G 是有限交换群，证明：对任意元素 $a, b \in G$，存在 $c \in G$ 使得 $|c| = [|a|, |b|]$。

31. 设 $\sigma = \begin{pmatrix} 1 & 2 & 3 & 4 & 5 & 6 & 7 & 8 \\ 5 & 1 & 4 & 3 & 2 & 8 & 6 & 7 \end{pmatrix}$, $\tau = \begin{pmatrix} 1 & 2 & 3 & 4 & 5 & 6 & 7 & 8 \\ 7 & 3 & 1 & 5 & 2 & 4 & 8 & 6 \end{pmatrix}$，在 S_8 中计算 $\sigma^2, \tau^2, \sigma^{-1}, \tau^{-1}, \sigma\tau, \tau\sigma$。

32. 在 S_{10} 中 $\sigma = \begin{pmatrix} 1 & 2 & 3 & 4 & 5 & 6 & 7 & 8 & 9 & 10 \\ 3 & 2 & 1 & 5 & 4 & 8 & 10 & 7 & 6 & 9 \end{pmatrix}$，将 σ 写成若干不相交的循环置换之积。

第7章 环

群是含有一个运算的代数系统，一般的代数系统通常至少含有两个代数运算，如实数、有理数、整数、多项式和矩阵等代数系统至少含有乘法与加法运算。环和域是最具代表性的两类代数系统。

本章主要介绍环的定义和基本性质。

7.1 环的定义

定义 7.1 设非空集合 R 有两个代数运算，一个称为加法，用加号"$+$"表示，另一个称为乘法，用乘号"$\cdot$"表示（不引起歧义时"$\cdot$"可省略）。如果下面三个条件成立：

(1) 加法交换群：R 对于加法构成一个交换群；

(2) 乘法结合律：对任意的 $a, b, c \in R$，有

$$(ab)c = a(bc)$$

(3) 乘法对加法的分配律：对任意的 $a, b, c \in R$，有

$$(a + b)c = ac + bc, \quad c(a + b) = ca + cb$$

则 R 称为**环**。

定义 7.2 如果环 R 还满足

(4) 乘法交换：对任意的 $a, b \in R$，有

$$ab = ba$$

则环 R 称为**交换环**。

定义 7.3 如果在环 R 中有一个元素 $e = 1_R$，使得

(5) 乘法单位元：对任意的 $a \in R$，有

$$a1_R = 1_R a = a$$

则环 R 称为**有单位元的环**。

例 7.1 全体整数集合 Z 构成一个环。

事实上，(1) Z 对于加法构成一个加法交换群。其中，零元为 0，Z 中任意元素 a 的负元为 $-a$。

(2) Z 中的乘法满足结合律。

(3) Z 中的乘法对加法满足分配律。

(4) Z 中的乘法可交换，有单位元 1。

因此 Z 是有单位元的交换环。

例 7.2 模一个正整数 m 的全体剩余类 Z_m 对于模加法与乘法运算构成一个环，称为剩余类环。

事实上，(1) Z_m 对于模加法构成一个加法交换群。

(2) Z_m 中的乘法满足结合律。

(3) Z_m 中的乘法对加法满足分配律。

(4) Z_m 中的乘法可交换，有单位元 1。

因此剩余类环 Z_m 是有单位元的交换环。

例 7.3 有理数集 Q、实数集 R、复数集 C 都是环；Z, Q, R, C 上的全体多项式集合构成多项式环；所有 n 阶矩阵集合构成 n 阶矩阵环。

例 7.4 $Q[x]$ 是定义在有理数域上的多项式环。

事实上，假设 $f(x) = a_n x^n + \cdots + a_1 x + a_0, g(x) = b_m x^m + \cdots + b_1 x + b_0 \in Q[x], n \geq m$，在 $Q[x]$ 上定义加法，有

$$f(x) + g(x) = a_n x^n + \cdots + a_{m+1} x^{m+1} + (a_m + b_m) x^m + \cdots + (a_1 + b_1) x + (a_0 + b_0)$$

则 $Q[x]$ 对于多项式加法构成加法交换群。

零元为 0，$f(x)$ 的负元为

$$-f(x) = (-a_n) x^n + \cdots + (-a_1) x + (-a_0)$$

在 $Q[x]$ 上定义乘法，有

$$f(x)g(x) = c_{m+n} x^{m+n} + \cdots + c_1 x + c_0$$

其中，$c_k = \sum_{i+j=k} a_i b_j, 0 \leq k \leq m + n$，即

$$c_{m+n} = a_n b_m, c_{m+n-1} = a_n b_{m-1} + a_{n-1} b_m, \cdots, c_0 = a_0 b_0$$

$Q[x]$ 对于多项式乘法，满足结合律、乘法对加法的分配律，且满足乘法交换律，有单位元 1，因此 $Q[x]$ 是有单位元的交换环。

整数环和域上多项式环都是交换环。当 $n > 1$ 时，n 阶矩阵环是非交换环。

如果环 R 只包含有限个元素，则称 R 为**有限环**；否则，称 R 为**无限环**。

有限环 R 的元素个数称为 R 的**阶**，记为 $|R|$。

例 7.5 设 R 是一个加法交换群，对任意的 $a, b \in R$，规定

$$ab = 0$$

则 R 是一个环。

例 7.6 设 R 为整数集，则 R 对以下两个运算构成一个环：

$$a \oplus b = a + b - 1, \quad a \circ b = a + b - ab$$

事实上，R 对 $\oplus$ 构成一个加法交换群，1 是零元，$2 - a$ 是元素 a 的负元；可以验证，乘法 "$\circ$" 满足结合律，乘法 "$\circ$" 对加法 "$\oplus$" 满足分配律，所以 R 对于 "$\oplus$"、"$\circ$" 构成一个环。

定理 7.1 设 R 是一个环，对任意的 $a, b \in R$，有

(1) $0a = a0 = 0$;

(2) $(-a)b = a(-b) = -ab$;

(3) $(-a)(-b) = ab$;

(4) $(ma)(nb) = (na)(mb) = (mn)(ab)$，其中，$m, n$ 为任意整数；

(5) 任意的 $a_i, b_j \in R$，有 $\left(\sum\limits_{i=1}^{m} a_i \right)\left(\sum\limits_{j=1}^{n} b_j \right) = \sum\limits_{i=1}^{m} \sum\limits_{j=1}^{n} a_i b_j$。

证明 (1) $0a = (1-1)a = a - a = 0$。同理，$a0 = 0$。

(2) 因为 $(-a)b + ab = (-a+a)b = 0$，所以 $(-a)b$ 是 ab 的负元，即 $(-a)b = -ab$；另外 $a(-b) + ab = a(-b+b) = 0$，所以 $a(-b) = -ab$。

故 $(-a)b = a(-b) = -ab$。

(3) 由(2)，可得 $(-a)(-b) = a(-(-b)) = ab$。

(4) $(ma)(nb) = (a+a+\cdots+a)(b+b+\cdots+b) = ab+ab+..+ab = (mn)(ab)$。同理 $(na)(mb) = (mn)(ab)$。

(5) $\left(\sum\limits_{i=1}^{m} a_i \right)\left(\sum\limits_{j=1}^{n} b_j \right) = (a_1 + a_2 + \cdots + a_m)(b_1 + b_2 + \cdots + b_n)$

$$= a_1b_1 + a_1b_2 + a_1b_n + a_2b_1 + \cdots a_2b_n + \cdots + a_mb_1 + \cdots + a_mb_n$$

$$= \sum\limits_{i=1}^{m} \sum\limits_{j=1}^{n} a_i b_j$$

例 7.7 设 $R = \left\{ \dfrac{m}{2^n}, m, n \in Z \right\}$，则 R 是关于数的加法和乘法构成一个有单位元 1 的交换环。

定义 7.4 设 R 是一个环，A 是 R 的一个非空子集，如果 A 对 R 的加法与乘法也构成一个环，则 A 称为 R 的**子环**。记为 $A \leq R$ 或 $R \geq A$。

定理 7.2 设 S 是环 R 的非空子集，则 S 是 R 的子环的充要条件是对任意的 $a, b \in S$，有 $a-b, ab \in S$。

证明

"$\Rightarrow$" 若 S 是 R 的子环，则根据环的定义，有 $a-b, ab \in S$。

"$\Leftarrow$" (1) 加法交换群。

① 存在零元：当 $a = b$ 时，得 $0 = a - a \in S$。

② 存在负元：对任意的 $b \in S$，有 $-b = 0 - b \in S$。

③ 封闭性：对任意的 $a, b \in S$（于是 $-b \in S$），有 $a+b = a-(-b) \in S$。

④ 结合律：因为 S 是 R 的子集，加法结合律显然成立。

另外 S 中的加法交换律显然成立。

因为 S 是环 R 的子集，显然

(2) 乘法结合律成立；

(3) 乘法对加法的分配律成立。

所以 S 是 R 的一个子环。

定义 7.5 设环 R 有单位元 1_R，一个元 b 叫做元 a 的**左逆元**（**右逆元**），如果

$$ba = 1 \quad (ab = 1)$$

如果 $ab = ba = 1$，则 b 就称为 a 的逆元。

当然环 R 中的元未必有逆元，如整数环是一个有单位元的环，但除 ± 1 外，其他整数都没有乘法逆元。

7.2 零因子和特征

在数的普通乘法中，如果 $a \neq 0, b \neq 0$，则必有 $ab \neq 0$，但这一性质在一般环中未必成立。

定义 7.6 设 $a \neq 0$ 是环 R 的一个元素，如果存在 $b \in R$ 且 $b \neq 0$，使 $ab = 0$，则称 a 为 R 的一个**左零因子**。

同样可定义**右零因子**。既是左零因子又是右零因子的元素称为**零因子**。

例 7.8 设 R 为由一切形如

$$\begin{pmatrix} x & 0 \\ y & 0 \end{pmatrix} \ (x, y \text{ 为有理数})$$

的方阵构成的环，则 $\begin{pmatrix} 1 & 0 \\ 0 & 0 \end{pmatrix}$ 是 R 的一个左零因子，因为存在矩阵 $\begin{pmatrix} 0 & 0 \\ 1 & 0 \end{pmatrix}$，满足

$$\begin{pmatrix} 1 & 0 \\ 0 & 0 \end{pmatrix} \begin{pmatrix} 0 & 0 \\ 1 & 0 \end{pmatrix} = \begin{pmatrix} 0 & 0 \\ 0 & 0 \end{pmatrix}$$

但 $\begin{pmatrix} 1 & 0 \\ 0 & 0 \end{pmatrix}$ 不是 R 的右零因子，因为对任意的 $\begin{pmatrix} x & 0 \\ y & 0 \end{pmatrix} \neq \begin{pmatrix} 0 & 0 \\ 0 & 0 \end{pmatrix}$，都有

$$\begin{pmatrix} x & 0 \\ y & 0 \end{pmatrix} \begin{pmatrix} 1 & 0 \\ 0 & 0 \end{pmatrix} = \begin{pmatrix} x & 0 \\ y & 0 \end{pmatrix} \neq \begin{pmatrix} 0 & 0 \\ 0 & 0 \end{pmatrix}$$

例 7.9 在实数域上的二阶矩阵环中，$\begin{pmatrix} 1 & 0 \\ 3 & 0 \end{pmatrix}$ 既是左零因子又是右零因子。事实上，有

$$\begin{pmatrix} 1 & 0 \\ 3 & 0 \end{pmatrix} \begin{pmatrix} 0 & 0 \\ 1 & 2 \end{pmatrix} = \begin{pmatrix} 3 & -1 \\ 0 & 0 \end{pmatrix} \begin{pmatrix} 1 & 0 \\ 3 & 0 \end{pmatrix} = \begin{pmatrix} 0 & 0 \\ 0 & 0 \end{pmatrix}$$

例 7.10 环 $Z_{10} = \{0, 1, 2, \cdots, 8, 9\}$ 中有零因子，因为 $2 \times 5 = 0$。

通常将左或右零因子统称为零因子，只在必要时加以区分。

定义 7.7 设 R 为交换环，如果 R 有单位元，且无零因子，则称 R 为一个**整环**。

例如，整数集 Z、有理数 Q，以及整环或域上的多项式环都是整环。

定义 7.8 设 R, R' 是两个环，称映射 $f: R \rightarrow R'$ 为环同态，如果对任意 $a, b \in R$，f 满足如下条件：

(1) $f(a + b) = f(a) + f(b)$；

(2) $f(ab) = f(a)f(b)$。

进一步，若 $a \neq b$，都有 $f(a) \neq f(b)$，则称 f 为单同态；若对任意的 $a' \in R'$，都存在 $a \in R$，使得 $f(a) = a'$，则称 f 为满同态；如果 f 既是单同态又是满同态（即同态 f 是一一映射），则称 f 为同构。

定义 7.9 设 R, R' 是两个环，如果存在一个 R 到 R' 的同构映射，则称 R 与 R' 环同构，记为 $R \cong R'$。

将环 R 看成加群时，类似于群中元素阶的定义（定义 6.9），可以定义环中元素的阶，即有如下定义。

定义 7.10 设 R 为环，$a \in R$，满足

$$na = a + a + \cdots + a = 0$$

的最小正整数 n 称为元素 a 的阶，记为 $|a|$。若不存在正整数 n 使得 $na = 0$，则称 a 为无限阶元素。

定义 7.11 设 R 是一个环，对任意的 $a \in R$，满足 $na = 0$ 成立的最小正整数 n，称为环 R 的特征。如果不存在这样的正整数，则称环 R 的特征为 0。

由于有限群中每个元素的阶都有限，故有限环的特征必有限。以后将知道，无限环的特征也可能有限。

定理 7.3 设环 R 的阶大于 1 且无零因子，则 R 中所有非零元素（对于加法）的阶均相同。

证明 设环 R 中两个非零元素 a, b 的阶分别阶为 m, n，并设 $m < n$。
于是

$$(ma)b = 0b = 0 \tag{7.1}$$

而 $a \neq 0$，$mb \neq 0$，因为环 R 无零因子，所以

$$(ma)b = a(mb) \neq 0 \tag{7.2}$$

式(7.1)与式(7.2)矛盾，故无零因子环 R 中所有非零元素的阶均相同。

定理 7.4 如果无零因子环 R（$|R| > 1$）的特征不为 0，则其特征为素数。

证明 若不然，设环 R 的特征为

$$n = n_1 n_2, \, 1 < n_1, n_2 < n$$

由定理 7.3，可知 R 中每个非零元素的阶都是 n。
所以对任意的 $0 \neq a \in R$，有

$$n_1 a \neq 0, \quad n_2 a \neq 0$$

但是

$$(n_1 a)(n_2 a) = (n_1 n_2)a^2 = na^2 = 0$$

这与 R 是无零因子环矛盾，故 n 必是素数。

例 7.11 环 Z_n 的特征是 n，如果 n 是合数，则环 Z_n 有零因子；如果 n 是素数，则环 Z_n 无零因子。

定理 7.5 设 R 是有单位元的交换环，其特征为素数 p，则对任意的 $a, b \in R$，有

$$(a + b)^p = a^p + b^p$$

证明 将 $(a + b)^p$ 展开，得

$$(a + b)^p = a^p + \sum_{k=1}^{p-1} \frac{p!}{k!(p-k)!} a^k b^{p-k} + b^p$$

对于 $1 \leq k \leq p - 1$，有 $(p, k!(p-k)!) = 1$，从而

$$p \, \Big| \, \frac{p!}{k!(p-k)!}$$

由于 R 的特征是素数 p，则

$$\sum_{k=1}^{p-1} \frac{p!}{k!(p-k)!} a^k b^{p-k} = 0$$

因此，定理 7.5 成立。

定理 7.6 设 p 为素数，$f(x) = a_n x^n + \cdots + a_1 x + a_0$ 是整系数多项式，则

$$f(x)^p \equiv f(x^p) \pmod{p}$$

证明 显然 Z_p 是一个有单位元的交换环，且其特征为素数 p。

在 Z_p 上，由定理 7.5，有

$$f(x)^p = (a_n x^n)^p + \cdots + (a_1 x)^p + (a_0)^p$$
$$= a_n (x^p)^n + \cdots + a_1 (x^p) + a_0$$
$$= f(x^p)$$

即

$$f(x)^p \equiv f(x^p) \pmod{p}$$

7.3 理想*

定义 7.12 设 I 为环 R 的加法子群，且对任意的 $a \in I$，$r \in R$，都有

(L) $\qquad\qquad\qquad\qquad\qquad ra \in I$

(R) $\qquad\qquad\qquad\qquad\qquad ar \in I$

则 I 称为环 R 的**理想**。

如果子条件(L)成立，就称 I 为环 R 的左理想；如果(R)成立，称 I 为右理想。

对任意环 R，如果 $|R| > 1$，则 R 至少有两个理想：一个是零理想 $\{0\}$，另一个是 R 自身，称为环 R 的单位理想。这两个理想统称为环 R 的平凡理想。非零、非 R 本身的理想称为真理想。

例 7.12 设 I 是有理数域上的多项式环 $Q[x]$ 中常数项为 0 的多项式全体，则 I 是 $Q[x]$ 的一个理想。

注：一个理想一定是一个子环，但一个子环未必是一个理想。

例 7.13 整数环 Z 是数环

$$R = \{a + b\sqrt{2} \mid a, b \in Z\}$$

的一个子环，但它却不是 R 的理想。

定理 7.7 设 $\{A_i\}_{i \in J}$ 是环 R 的一族理想，则 $\cap_{i \in J} \{A_i\}$ 是 R 的一个理想。

证明 对任意的 $a, b \in \cap_{i \in J} \{A_i\}$，有 $a, b \in A_i (i \in J)$，因为 $A_i (i \in J)$ 是环 R 的加法子群，所以

$$a - b \in A_i (i \in J)$$

从而

$$a - b \in \cap_{i \in J} \{A_i\}$$

根据定理 6.2，可知 $\cap_{i \in J} \{A_i\}$ 也是 R 的一个加法子群。

进一步，对任意的 $a \in \cap_{i \in J} \{A_i\}$，$r \in R$，有

$$a \in A_i \ (i \in J), \quad \text{以及} \ ra, ar \in A_i \ (i \in J)$$

从而

$$ra, ar \in \cap_{i \in J} \{A_i\}$$

因此，$\cap_{i \in J} \{A_i\}$ 也是 R 的一个理想。

定义 7.13 设 I 为环 R 的理想，若

$$I = \{xa + ay + \sum_{i=1}^{m} x_i a y_i \mid x, y, x_i, y_i \in R, m \in Z^+\} \tag{7.3}$$

则 I 称为环 R 的（由 a 生成的）**主理想**，记为 (a)。

任意环 R 的主理想 (a) 是包含元素 a 的最小理想。式(7.3)是主理想 (a) 中元素的一般表达形式。

当 R 是交换环时：

$$I = \{ra + na \mid r \in R, n \in Z\} \tag{7.4}$$

当 R 有单位元时：

$$I = \left\{\sum_{i=1}^{m} x_i a y_i \mid x_i, y_i \in R, m \in Z^+\right\} \tag{7.5}$$

当 R 是有单位元的交换环时，有

$$I = \{ra \mid r \in R\} \tag{7.6}$$

例 7.14 在整数环 Z 中，令 $nZ = \{kn \mid k \in Z\}$，则 nZ 是环 Z 的理想，且是环 Z 的主理想，$nZ = (n)$。

引理 7.1 循环环的每个理想都是主理想。

证明 设环 $R = <r>$ 是循环环，I 是 R 的一个理想。作为 R 的一个子集合，I 中的元素形式为 $I = \{0, k_1 r, k_2 r, \cdots \mid k_i \in Z\}$，并设 k_1 是 $\{k_1, k_2, \cdots\}$ 中最小的正整数，则

$$I = (k_1 r)$$

若不然，则必有

$$k_i \in \{k_1, k_2, \cdots\}, \quad \text{且} \ k_1 \nmid k_i$$

于是

$$k_i = q k_1 + t$$

其中，$q, t \in Z, 0 < t < k_1$。所以有

$$(k_i - q k_1)r = tr \in I$$

这与 k_1 是 $\{k_1, k_2, \cdots\}$ 中最小的正整数相矛盾。

因此，$I = (k_1 r)$ 是主理想。

定义 7.14 设 R 是一个交换环，如果 R 的每一个理想都是主理想，则称 R 是一个主理想环。

由引理 7.1，可知整数环与模 m 剩余类环的每个理想都是主理想，因而是主理想环。有理数域（或一般域）F 上的多项式环 $F[x]$ 也是主理想环。

定义 7.15 设 I 是环 R 的理想，则加法商群为

$$R/I = \{\bar{a} = a + I \mid a \in R\} \tag{7.7}$$

关于二元运算

$$\overline{a} + \overline{b} = \overline{a+b}, \quad \overline{a} \cdot \overline{b} = \overline{ab}$$

构成环，称为 R 模 I（或对于理想 I）的**商环**（有时也称为剩余类环）。并称同态映射 $a \xrightarrow{\varphi} \overline{a}$ 为自然同态。

定义 7.16 设 φ 是环 R 到环 R′的同态映射，称集合

$$\ker(\varphi) = \{a \in R \mid \varphi(a) = 0\}$$

为环同态 φ 的核。

定理 7.8 设 φ 是环 R 到环 R′的同态映射，则 $\ker(\varphi)$ 是环 R 的理想。

证明

(1) 因为 $\ker(\varphi)$ 是 R 的子集，对任意的 $a, b \in \ker(\varphi)$，有

$$\varphi(a - b) = \varphi(a) - \varphi(b) = 0 - 0 = 0$$

所以

$$a - b \in \ker(\varphi)$$

根据定理 6.2，$\ker(\varphi)$ 是 R 的加法子群。

(2) 进一步，对任意的 $a \in \ker(\varphi), r \in R$，有

$$\varphi(ra) = \varphi(r)\varphi(a) = \varphi(r)0 = 0$$
$$\varphi(ar) = \varphi(a)\varphi(r) = 0\varphi(r) = 0$$

所以

$$ra, ar \in \ker(\varphi)$$

故根据定义 7.12，$\ker(\varphi)$ 是环 R 的理想。

定理 7.9（环同态基本定理） 设 φ 是环 R 到环 R′的满同态，则有环同构

$$R/(\ker\varphi) \cong R'$$

证明

(1) 对任意 $\overline{a} \in R/\ker(\varphi)$，令

$$\varphi': R/(\ker\varphi) \to R'$$
$$\overline{a} \to \varphi(a)$$

设 $\overline{a} = \overline{b}$，即 $a - b \in \ker(\varphi)$，则

$$0 = \varphi(a - b) = \varphi(a) - \varphi(b) = \varphi'(\overline{a}) - \varphi'(\overline{b})$$

所以 $\varphi'(\overline{a}) = \varphi'(\overline{b})$，$\varphi'$ 是 $R/(\ker\varphi)$ 到 R′的映射。

(2) 对任意的 $\overline{a}, \overline{b} \in R/\ker(\varphi)$，有

$$\varphi'(\overline{a} + \overline{b}) = \varphi'(\overline{a+b}) = \varphi(a+b) = \varphi(a) + \varphi(b) = \varphi'(\overline{a}) + \varphi'(\overline{b})$$
$$\varphi'(\overline{ab}) = \varphi'(\overline{ab}) = \varphi(ab) = \varphi(a)\varphi(b) = \varphi'(\overline{a})\varphi'(\overline{b})$$

所以 φ' 是 $R/(\ker\varphi)$ 到 R′的同态映射。

(3) 因为 φ 是环 R 到环 R′的满同态，所以对任意的 $a' \in R'$，存在 $a \in R$，使 $\varphi(a) = a'$。于是，有

$$\varphi'(\bar{a}) = \varphi(a) = a'$$

所以，φ'是$R/(\ker\varphi)$到R'的满同态。

(4) 设$\bar{a}, \bar{b} \in R/\ker(\varphi)$，如果$\varphi'(\bar{a}) = \varphi'(\bar{b})$，则

$$0 = \varphi'(\bar{a}) - \varphi'(\bar{b}) = \varphi'(\bar{a} - \bar{b}) = \varphi(a - b)$$

从而$a - b \in \ker(\varphi)$，由此得$\bar{a} = \bar{b}$。

所以，φ'是$R/(\ker\varphi)$到R'的单同态。

综上，φ'是$R/(\ker\varphi)$到R'的同构映射，即

$$R/(\ker\varphi) \cong R'$$

定义 7.17　设P是交换环R的一个理想，对任意$a, b \in R$，如果

$$ab \in P \Rightarrow a \in P \text{ 或 } b \in P \tag{7.8}$$

则称P是R的一个**素理想**。

显然，环R本身是R的一个素理想；零理想是环R的素理想当且仅当R无零因子。

例 7.15　整数环Z的全部素理想是$\{0\}$、Z，以及由所有素数p生成的理想(p)。

证明　这些理想显然都是Z的素理想。

根据引理 7.1，Z的理想都是主理想$(n) = nZ$。如果n是一个合数，(n)不是Z的素理想。

事实上，当n是合数时，设$n = n_1 n_2$, $1 < n_1, n_2 < n$，则

$$n = n_1 n_2 \in (n), \text{ 但 } n \nmid n_1, n \nmid n_2$$

即

$$n_1 \notin (n), n_2 \notin (n)$$

即(n)不是整数环Z的素理想。

定义 7.18　环R的理想I称为**极大理想**，如果$I \neq R$，且除R和I外，环R中没有包含I的其他理想。

例 7.16　对任一素数p，主理想(p)必是Z的极大理想。

事实上，如果Z的某个理想$A \supset (p)$，则存在$a \in A$，有$p \nmid a$，于是$(a, p) = 1$。

所以存在$s, t \in Z$，满足$1 = sp + ta \in A$，有$A = Z$。

定理 7.10　整数环Z的理想I是Z的极大理想，当且仅当I是由素数生成的理想。

证明

"$\Leftarrow$"　设理想$I = (p)$，p是素数，并设K是Z是一个理想，且

$$(p) \subseteq K \subseteq Z$$

由引理 7.1，K是主理想，令$K = (m)$，则

$$p \in (m), m \mid p$$

只有

$$m = 1 \text{ 或 } p$$

即只有

$$K = (1) = Z \text{ 或 } K = (p)$$

从而(p)是Z的极大理想。

"⇒" 设 I 是 Z 的极大理想，由于整数环 Z 的理想都是主理想，故 $I = (n)$。

不妨设 $n \in Z^+$，如果 n 是合数，令

$$n = n_1 n_2, \ 1 < n_1, n_2 < n$$

则 Z 的理想

$$(n_1) \neq Z, \quad (n_1) \neq (n)$$

但有

$$I = (n) \subset (n_1) \subset Z$$

这与 I 是 Z 的极大理想矛盾。

所以，n 是素数。

根据定理 7.10，除平凡理想外，整数环的素理想与极大理想是一致的。

定理 7.11 有理数域上的多项式环 $Q[x]$ 中，由不可约多项式 $f(x) \in Q[x]$ 生成的理想 $(f(x))$ 是素理想，并且也是极大理想。

证明

(1) 对任意的 $g(x), h(x) \in Q[x]$，如果 $g(x)h(x) \in (f(x))$，则由主理想的定义，有

$$f(x) \mid g(x)h(x)$$

因为 $f(x)$ 是 $Q[x]$ 中的不可约多项式，有

$$f(x) \mid g(x) \ \ \text{或} \ \ f(x) \mid h(x)$$

于是

$$g(x) \in (f(x)) \ \ \text{或} \ \ h(x) \in (f(x))$$

由定义 7.17，可知 $(f(x))$ 是 $Q[x]$ 中的一个素理想。

(2) 设 $Q[x]$ 中某个理想 A 满足 $(f(x)) \subseteq A$，由于 $Q[x]$ 是主理想环，则

$$A = (g(x)), g(x) \in Q[x]$$

所以

$$f(x) \in (g(x))$$

即

$$g(x) \mid f(x)$$

由于 $f(x)$ 是不可约多项式，于是 $g(x)$ 为常数，或 $g(x) = c f(x)$，$c \in Q$。

前者成立时，$A = Q[x]$；后者成立时，$(f(x)) = A$。

故 $f(x)$ 是 $Q[x]$ 中的极大理想。

注：对于一般域 F 上多项式环 $F[x]$，定理 7.11 仍成立。

关于极大理想与域的关系，有以下一般结果。

定理 7.12 设 R 是有单位元的交换环，I 是 R 的一个理想，则 R/I 是域 $\Leftrightarrow I$ 是 R 的极大理想。

证明 略（[9]）。

定理 7.13 在有单位元的交换环 R 中，每一个极大理想 I 一定是素理想。

证明 略（[10]）。

7.4 NTRU 公钥密码体制

NTRU（Number Theory Research Unit）是一种基于多项式环构造的公钥密码体制，1996年由 J. Hofftstein、J. Pipher 和 J. H. Silverman 三人设计，可抵抗量子计算攻击。NTRU 的优点是密钥短且容易生成，加密、解密的速度快，所需存储空间小，不足之处是解密可能出错。

NTRU 的参数包括 3 个正整数 (n, p, q)，$n = 263$、503 时，安全性分别与 RSA1024、RSA2048 相当，p, q 不要求是素数，但满足 $(p, q) = 1$，且 $q \gg p$。

环 $R_{\text{NTRU}} = Z[x]/(x^n - 1)$ 表示次数小于 n 的整系数多项式全体，环 R_{NTRU} 中的元素 $f(x) = f_{n-1}x^{n-1} + \cdots + f_1 x + f_0$，$g(x) = g_{n-1}x^{n-1} + \cdots + g_1 x + g_0$，定义运算为

$$f(x) + g(x) = (f_{n-1} + g_{n-1})x^{n-1} + \cdots + (f_1 + g_1)x + (f_0 + g_0)$$

$$f(x)*g(x) = f(x)g(x) \pmod{x^n - 1} = \sum_{i=1}^{n-1} \left(\sum_{s+t \equiv i \pmod{n}} f_s g_t \right) x^i$$

NTRU 涉及环 R_{NTRU} 中的模运算（$\bmod x^n - 1$ 运算），并涉及 $\bmod p$ 与 $\bmod q$ 的运算。

算法 7.1　NTRU 密码体制

1. 密钥生成

从 R_{NTRU} 中随机选取两个小多项式 $f(x)$ 和 $g(x)$（系数是稀疏的，即系数中 0 的比例很高），且满足 $f(x)$ 在 R_{NTRU} 中 $\bmod p$ 和 $\bmod q$ 均是可逆的，其逆元分别表示为 $F_p(x)$，$F_q(x)$，即

$$F_p(x)*f(x) \equiv 1 \pmod{p}$$

$$F_q(x)*f(x) \equiv 1 \pmod{q}$$

计算

$$h(x) \equiv pF_q(x)*g(x) \pmod{q} \tag{7.9}$$

其中，以 $h(x)$ 为公钥，$f(x)$ 为私钥，接收者同时保存 $F_q(x)$。

2. 加密

对明文消息 $m(x) \in R_{\text{NTRU}}/p$（$m(x)$ 的系数取自 $0, 1, \cdots, p - 1$）进行加密，在 R_{NTRU} 中随机选取一个小多项式 $r(x)$（即范数 $|r(x)| = \left(\sum_{i=0}^{n-1} r_i^2 \right)^{\frac{1}{2}}$ 很小）

$$r(x) = r_{n-1}x^{n-1} + \cdots + r_1 x + r_0$$

然后计算

$$c(x) \equiv h(x)*r(x) + m(x) \pmod{q}$$

3. 解密

接收者利用私钥 $f(x)$ 进行解密，计算

(1) $a(x) \equiv f(x)*c(x) \pmod{q}$，$a(x)$ 的系数选在区间 $\left[-\dfrac{q}{2}, \dfrac{q}{2} \right]$ 内；

(2) $F_p(x)*a(x) \pmod{p}$ 即可恢复明文 $m(x)$。

NTRU 解密原理。

$$a(x) \equiv f(x)*c(x) \ (\mathrm{mod}\ q)$$
$$\equiv f(x)*h(x)*r(x) + f(x)*m(x) \ (\mathrm{mod}\ q)$$
$$\equiv pg(x)*r(x) + f(x)*m(x) \ (\mathrm{mod}\ q) \tag{7.10}$$

通过选择适当的参数，可以非常高的概率保证多项式 $pg(x)*r(x) + f(x)*m(x)$ 的系数在 $\left(-\dfrac{q}{2}, \dfrac{q}{2}\right]$ 内，此时有

$$pg(x)*r(x) + f(x)*m(x) \ (\mathrm{mod}\ q) = pg(x)*r(x) + f(x)*m(x)$$

于是

$$F_p(x)*a(x) \ (\mathrm{mod}\ p) = F_p(x)pg(x)r(x) + F_p(x)f(x)m(x) \ (\mathrm{mod}\ p) = m(x)$$

文献[11]给出了参数选择细节，并将解密标准括号错误概率控制在特定范围内。

例 7.17　NTRU 加密与解密

1. 密钥生成

NTRU 的参数 (n, p, q) 分别取 $n = 5, p = 3, q = 7$，环 $R_{\mathrm{NTRU}} = Z[x]/(x^5 - 1)$。

从 R_{NTRU} 中随机选取两个小多项式 $f(x) = x^4 + 2x + 1$, $g(x) = x^4 + x^2 + 2$，$f(x)$ 在 R_{NTRU} 中 $\mathrm{mod}\ 3$ 和 $\mathrm{mod}\ 11$ 均是可逆的，求得 $f(x)$ 的逆元 $F_3(x)$、$F_7(x)$ 分别为

$$F_3(x) = 2x^4 + 2x^2 + 2x + 1$$
$$F_7(x) = 6x^4 + 6x^3 + x^2 + 3$$

计算

$$h(x) \equiv pF_q(x)*g(x) \ (\mathrm{mod}\ q)$$
$$\equiv 3 \times (6x^4 + 6x^3 + x^2 + 3) \times (x^4 + x^2 + 2) \ (\mathrm{mod}\ x^5 - 1) \ (\mathrm{mod}\ 7)$$
$$= 6x^4 + 5x^3 + 5x^2 + 1$$

以 $h(x) = 6x^4 + 5x^3 + 5x^2 + 1$ 为公钥，$f(x)$ 为私钥，接收方同时保存 $F_7(x)$。

2. 加密

设明文消息为 11011，相应地，$m(x) = x^4 + x^3 + x + 1 \in R_{\mathrm{NTRU}}$（$m(x)$ 系数取自 0, 1, 2），在 R_{NTRU} 中随机选取一个小多项式 $r(x) = x^4 + x^3 + 1$，

然后计算

$$c(x) \equiv h(x)*r(x) + m(x) \ (\mathrm{mod}\ q)$$
$$\equiv (6x^4 + 5x^3 + 5x^2 + 1)(x^4 + x^3 + 1) + (x^4 + x^3 + x + 1) \ (\mathrm{mod}\ x^5 - 1) \ (\mathrm{mod}\ 7)$$
$$= x^4 + 2x^2 + 4x$$

3. 解密

接收者利用私钥 $f(x) = x^4 + 2x + 1$ 进行解密，计算

(1)　　　　$$a(x) \equiv f(x)*c(x) \ (\mathrm{mod}\ q)$$
$$\equiv (x^4 + 2x + 1)(x^4 + 2x^2 + 4x) \ (\mathrm{mod}\ x^5 - 1) \ (\mathrm{mod}\ 7)$$
$$= x^4 - 2x^3 + 3x^2 - x - 1$$

$a(x)$ 的系数限制在区间 $\left(-\dfrac{7}{2}, \dfrac{7}{2}\right]$ 内。

(2) $F_p(x)*a(x) \ (\mathrm{mod}\ p) \equiv (2x^4 + 2x^2 + 2x + 1)(x^4 - 2x^3 + 3x^2 - x - 1) \ (\mathrm{mod}\ x^5 - 1) \ (\mathrm{mod}\ 3)$
$$= x^4 + x^3 + x + 1$$

恢复明文为 11011。

习　题　7

1. 设 $Z[i] = \{a + bi \mid a, b \in Z, i^2 = -1\}$，证明：$Z[i]$关于复数域的加法和乘法构成一个环。

2. 设 R 是有单位元的环，证明：R 关于"加法运算" $a \odot b = a + b - 1$ 与"乘法运算" $a \circ b = a + b - ab$ 也构成一个有单位元的环。

3. 在环 R 中，$(a + b)^n$ $(a, b \in R)$的展开式是否适用牛顿二项定理？在什么条件下适用？

4. 如果环 R 中的每个元素都满足 $a^2 = a$，则称 R 为布尔环，证明：布尔环中的任意元素 a, b 都满足 $a + a = 0, ab = ba$。

5. 证明：若布尔环 R 至少包含 3 个元素，则 R 不是整环。

6. 证明：若环 R 中没有零因子，则 R 中的消去律成立。

7. 若环 $\{R, +, \cdot\}$ 的非零元在乘法运算下构成群，则称环 $\{R, +, \cdot\}$ 为**除环**。证明：除环一定有单位元且除环中无零因子。

8. 证明：一个至少有两个元且无零因子的有限环是一个除环。

9. 证明：若一个整环中的元素个数大于 1，则其加法的零元与乘法的单位元不相等。

10. 设 R 是一整环，证明：R 中所有可逆元构成的集合关于 R 的乘法构成一个群。

11. 在整数环中，数 10 与 13 联合生成的理想是什么？

12. 在偶数环 R 中，$a \in R$，举例说明 $\{ra \mid r \in R\}$ 是 R 中的理想，但不一定与主理想(a)重合。

13. 证明：整数环上的多项式环 $Z[x]$ 的理想$(2, x)$，不是主理想。

14. 问(x)是不是多项式环 $Z[x]$ 的极大理想？(x)是不是 $Q[x]$ 的极大理想？

15. 试给出剩余类环 Z_6 与 Z_{10} 中所有素理想和极大理想。

16. 证明：在有单位元的交换环中，极大理想一定是素理想。但反之不成立，试举一例。

第8章 域

在域上可以进行加、减、乘、除运算，其应用领域广泛。本章主要介绍域的定义、特征、扩域，以及域的基本性质。

8.1 域的定义

定义 8.1 设集合 F 上定义了两个运算（加法"+"和乘法"·"），并且这两个运算满足：

(1) $(F, +)$ 是加法交换群；

(2) $(F^*, \cdot)$ 是乘法交换群，其中，$F^* = F \backslash \{0\}$；

(3) 乘法运算"·"对加法运算"+"满足分配律，即 $a(b + c) = ab + ac$。则 F 称为**域**。

事实上，如果一个环中的非零元集合构成乘法交换群，则该环就称为域。

若 F 包含有限个元素，就称为**有限域**；否则，称为**无限域**。有限域用 F_q 或 $GF(q)$ 表示，这里的 q 表示有限域中的元素个数。

例如，在 $\{0, 1\}$ 集合上定义模 2 加法与模 2 乘法，构成最简单的有限域 F_2。

已知实数域是在有理数域的基础上，通过添加所有无理数而得到，复数域是在实数域上添加复数 i $(i^2 = -1)$ 而得到。研究域的一般方法也是从一个给定的域出发，通过添加一个或若干个元素，获得包含该域的更大的域，并以此方法研究域的结构。

定义 8.2 如果集合 K 是域 F 的子集合，并且 K 在域 F 的运算下也构成一个域，则称 K 是 F 的**子域**，或称 F 是域 K 的**扩域**（或**扩张**），记为 $K \subseteq F$ $(F \supseteq K)$ 或 F/K。

显然，任意域 F 是自身的子域，称为 F 的**平凡子域**。若子域不是平凡子域，就称为**真子域**。

设 Z 为整数环，则称有理数域

$$Q = \left\{ \frac{a}{b} \mid a, b \in Z, b \neq 0 \right\} \tag{8.1}$$

是 Z 的分式域。

$F[x]$ 是域 F 上的多项式环，F 上的有理函数域定义为

$$F(x) = \left\{ \frac{f(x)}{g(x)} \mid \forall f(x), g(x) \in F[x], g(x) \neq 0 \right\} \tag{8.2}$$

称 $F(x)$ 是 $F[x]$ 的分式域。

定义 8.3 一个域 F 称为一个整环 D 的**分式域**，如果 F 包含 D，且 $F = \{ab^{-1} \mid a, b \in D, b \neq 0\}$。

定理 8.1 交换环 A 有分式域当且仅当 A 为整环。

证明 根据整环的定义（定义 7.7）与分式域的定义不难证明。

例 8.1　整数环 Z 是一个整环，根据定理 8.1，Z 有分式域，称为有理数域，记为 Q。实际上，有理数集合 Q、实数集合 R、复数集合 C 都是域，并且 $Q \subseteq R \subseteq C$。

例 8.2　若 p 为素数，则 Z/pZ 是一个整环，从而有分式域，且分式域为自身，称为 p 元域，记为 F_p、$GF(p)$或 Z_p。

定理 8.2　剩余类环 Z_p 是域的充要条件是 p 为素数。

证明

"$\Leftarrow$"如果 p 为素数，由定义 8.1，不难验证：

(1) $(Z_p, +)$是加法交换群；

(2) $Z_p^*(= Z_p \setminus \{0\})$是乘法交换群，且满足以下条件：

① 乘法封闭性；

② 乘法结合律；

③ 存在单位元 1；

④ 存在逆元。

事实上，对任意的 $a \in Z_p^*$，存在整数 s, t，满足

$$as + pt = 1$$

则 $s(\bmod p)$即为 a 在 Z_p^*中的逆元。

因此 Z_p^*是乘法群，乘法交换律显然。

(3) 在 Z_p 中，乘法运算对加法满足分配律。

故当 p 为素数时，剩余类环 Z_p 是域。

"$\Rightarrow$"假设 p 为合数，设其整数分解式为

$$p = m_1 m_2, 1 < m_1, m_2 < p$$

则元素 $m_1 \in Z_p \setminus \{0\}$，但 m_1 在 $Z_p \setminus \{0\}$中不存在逆元。

因此，若剩余类环 Z_p 是域，则 p 为素数。

定义 8.4　设 F 是域，如果存在正整数 n，使得对于每个 $a \in F$，都有 $na = 0$，则满足此条件的最小正整数 n 称为域 F 的**特征**。如果不存在这样的正整数 n，则称域 F 的特征数为 0。用 $\mathrm{Char}(F)$表示域 F 的特征。

事实上，可以将域 F 的特征定义为满足 $n \cdot 1 = 0\ (1 \in F)$的最小正整数。

如果两个域是子域与扩域的关系 $F \subseteq E$，则 $\mathrm{Char}(E) = \mathrm{Char}(F)$。

根据域的定义，域也是一类环，且是无零因子环，由定理 7.4 可知，域的特征要么为 0，要么为素数。

有理数域 Q 的特征 $\mathrm{Char}(Q) = 0$，整数模一个素数的剩余类域 Z_p 的特征 $\mathrm{Char}(Z_p) = p$。

定义 8.5　设 φ 是域 F 到域 F'的映射，如果 φ 满足

$$\varphi(a + b) = \varphi(a) + \varphi(b)$$
$$\varphi(ab) = \varphi(a)\varphi(b)$$

其中，$a, b \in F$，就称 φ 是域 F 到域 F'的同态映射。当 φ 为单映射（满映射、一一映射）时，就称 φ 为单同态（满同态、同构），F 与 F'同构时记为 $F \cong F'$。

定义 8.6　不含真子域的域称为**素域**。

显然，素域只有平凡子域，即它自身。

定理 8.3　设 F 是素域，如果 $\mathrm{Char}(F) = p$（素数），则

$$F \cong Z_p$$

如果 Char(F) = 0，则

$$F \cong Q$$

证明　当 Char(F) = p 时，有

$$F \supseteq \{m \cdot 1 \mid 1 \in F, m \in Z\} \cong \{0, 1, \cdots, p-1\} = Z_p$$

因为素域 F 无真子域，所以只有 $F \cong Z_p$。

当 Char(F) = 0 时，有

$$F \supseteq \{m \cdot 1 \cdot (n \cdot 1)^{-1} \mid 1 \in F, m, n \in Z, n \neq 0\} \cong \left\{\frac{a}{b}, a, b \in Z, b \neq 0\right\} = Q$$

因为 F 是素域，所以只有 $F \cong Q$。

由定理 8.3 可知，不但存在素域，而且根据特征不同，在同构意义下只有两类素域：有理数域 Q 和剩余类域 Z_p。

进一步，如果 F 是一个域，e 是 F 的乘法单位元，则

$$P = \left\{\frac{me}{ne} \mid m, n \in Z, ne \neq 0\right\} \tag{8.3}$$

是 F 的素子域。

定理 8.4　每个域包含且只包含一个素域。

证明　设 F 为任意一个域，e 是 F 的单位元，则式(8.3)中的 P 是包含单位元 e 的最小域，即是 F 的素子域。

如果另一个域 P′ 也是 F 的一个素子域，则由于子域和扩域的单位元相同，故有 P′ = P。

8.2　域上的多项式

域 F 上的多项式环 F[x] 同整数集合性质类似，可以定义加法、减法与乘法运算，但对除法运算不封闭。在 F[x] 中，也可以定义带余除法，并可将整数集合中的一些概念迁移到 F[x] 中，如在 F[x] 中定义整除、最大公因式、最小公倍式、唯一分解等。

用 deg f(x) 表示多项式 f(x) 的次数，类似定理 1.1，有多项式带余除法（多项式欧几里得算法）。

定理 8.5（多项式带余除法）　设 $f(x), g(x) \in F[x], g(x) \neq 0$，则存在 $q(x), r(x) \in F[x]$，使

$$f(x) = q(x)g(x) + r(x), \tag{8.4}$$

其中，r(x) = 0，或 r(x) ≠ 0 且 0 ≤ deg r(x) < deg g(x)。

证明　当 deg f(x) < deg g(x) 时，令 q(x) = 0, r(x) = f(x)。

当 deg f(x) ≥ deg g(x) 时，利用多项式除法可求得商式 q(x) 和余式 r(x)。

定义 8.7　如果式(8.4)中的 r(x) = 0，就称 g(x) 整除 f(x)，记为 g(x) | f(x)，称 g(x) 为 f(x) 的因式，称 f(x) 为 g(x) 的倍式。进一步，若 0 < deg g(x) < deg f(x)，则称 g(x) 为 f(x) 的真因式。如果 r(x) ≠ 0，就称 g(x) 不整除 f(x)，记为 g(x) ∤ f(x)。

例 8.3　在 Q[x] 中，有 $x + 1 \mid x^2 - 1$, $x^3 + x + 1 \mid x^4 + x^2 + x$。

例 8.4　设 $f(x) = x^6 + 4x^4 + 8x^3 + 5x^2 + 7x + 2, g(x) = x^4 + 3x^2 + 6x + 1 \in Q[x]$，求 q(x), $r(x) \in Q[x]$，使得

$$f(x) = q(x)g(x) + r(x), \quad \deg r(x) < \deg g(x)$$

解 逐次消除最高项

$$x^6 + 4x^4 + 8x^3 + 5x^2 + 7x + 2 = x^2(x^4 + 3x^2 + 6x + 1) + x^4 + 2x^3 + 4x^2 + 7x + 2$$

$$x^4 + 2x^3 + 4x^2 + 7x + 2 = (x^4 + 3x^2 + 6x + 1) + 2x^3 + x^2 + x + 1$$

因此，$q(x) = x^2 + 1$，$r(x) = 2x^3 + x^2 + x + 1$。

定义 8.8 如果多项式 $g(x) | f(x)$，且 $g(x) | h(x)$，则称 $g(x)$ 为 $f(x)$ 与 $h(x)$ 的公因式。

定义 8.9 设 $f(x), g(x) \in F[x]$，如果 F 上的多项式 $d(x)$ 满足以下条件：

(1) $d(x)$ 是 $f(x)$ 与 $g(x)$ 的公因式；

(2) $f(x)$ 与 $g(x)$ 的任何公因式都是 $d(x)$ 的因式。

则称 $d(x)$ 是 $f(x)$ 与 $g(x)$ 的一个**最大公因式**，记为 $d(x) = (f(x), g(x))$。

设 $d_1(x), d_2(x)$ 都是 $f(x)$ 与 $g(x)$ 的最大公因式，则根据定义 8.9，得

$$d_1(x) | d_2(x), \quad d_2(x) | d_1(x)$$

由定义 8.9 的性质(2)，有

$$d_1(x) = cd_2(x), \quad c \in F$$

所以最大公因式除相差一个常数因子以外，是唯一确定的，因此规定 $(f(x), g(x))$ 表示首项系数为 1 的最大公因式。

若最大公因式 $(f(x), g(x)) = 1$，就称 $f(x)$ 与 $g(x)$ **互素**。

定理 8.6 设 $f(x), g(x), r(x) \in F[x]$ 是三个不为 0 的多项式，且

$$f(x) = q(x)g(x) + r(x)$$

其中，$q(x) \in F[x]$，则 $(f(x), g(x)) = (g(x), r(x))$。

证明 因为 $(f(x), g(x)) | f(x)$，$(f(x), g(x)) | g(x)$，所以

$$(f(x), g(x)) | r(x)$$

进一步，有

$$(f(x), g(x)) | (g(x), r(x))$$

同理可得

$$(g(x), r(x)) | (f(x), g(x))$$

所以

$$(f(x), g(x)) = (g(x), r(x))$$

定理 8.6 将求 $f(x)$ 与 $g(x)$ 的最大公因式问题，转化为求较低次数多项式（$g(x)$ 与 $r(x)$）的最大公因式问题。如此循环，就是将要介绍的用辗转相除法求最大公因式。

因为 0 可以被任何非 0 多项式整除，所以任一多项式 $f(x)$ 与 0 的最大公因子就是 $f(x)$。不妨设本节下面将要讨论的 $f(x), g(x)$ 均不为 0。

下面讨论最大公因式的求法，即多项式的辗转相除法。

设 $f(x), g(x) \in F[x]$，$\deg f(x) \geqslant \deg g(x)$，要计算 $(f(x), g(x))$，利用多项式带余除法定理 8.5，有下列等式：

$$f(x) = q_0(x)g(x) + r_0(x), \quad r_0(x) \neq 0, 0 \leqslant \deg r_0(x) < \deg g(x)$$

$$g(x) = q_1(x)r_0(x) + r_1(x), \quad r_1(x) \neq 0, 0 \leqslant \deg r_1(x) < \deg r_0(x)$$

$$r_0(x) = q_2(x)r_1(x) + r_2(x), \quad r_2(x) \neq 0, 0 \leqslant \deg r_2(x) < \deg r_1(x)$$

$$\cdots \tag{8.5}$$

$$r_{t-3}(x) = q_{t-1}(x)r_{t-2}(x) + r_{t-1}(x), \quad r_{t-1}(x) \neq 0, \, 0 \leqslant \deg r_{t-1}(x) < \deg r_{t-2}(x)$$

$$r_{t-2}(x) = q_t(x)r_{t-1}(x) + r_t(x), \quad r_t(x) \neq 0, \, 0 \leqslant \deg r_t(x) < \deg r_{t-1}(x)$$

$$r_{t-1}(x) = q_{t+1}(x)r_t(x) + r_{t+1}(x), \quad r_{t+1}(x) = 0$$

事实上，因为整数序列

$$\deg g(x) > \deg r_0(x) > \deg r_1(x) > \deg r_2(x) > \cdots \geqslant 0$$

严格递减，故必存在某个 t，使得 $r_{t+1}(x) = 0$。

由定理 8.6，得

$$\begin{aligned} r_t(x) &= (0, \, r_t(x)) \\ &= (r_t(x), \, r_{t-1}(x)) \\ &\quad \cdots \\ &= (r_1(x), \, r_0(x)) \\ &= (r_0(x), \, g(x)) \\ &= (g(x), \, f(x)) \end{aligned}$$

因此有以下定理。

定理 8.7（最大公因式表示定理） 任意 $f(x), g(x) \in F[x]$，循环使用多项式带余除法，$(f(x), g(x))$ 就是式 (8.5) 中最后一个不为 0 的余式，即 $(f(x), g(x)) = r_t(x)$。

扩展的多项式欧几里得算法。

由算式 (8.5)，得

$$\begin{aligned} r_t(x) &= r_{t-2}(x) - q_t(x)r_{t-1}(x) \\ &= r_{t-2}(x) - q_t(x)(r_{t-3}(x) - q_{t-1}(x)r_{t-2}(x)) \\ &= r_{t-2}(x)(1 + q_t(x)q_{t-1}(x)) - q_t(x)r_{t-3}(x) \\ &= \cdots \\ &= s(x)f(x) + t(x)g(x) \end{aligned} \tag{8.6}$$

其中，$s(x), t(x) \in F[x]$。

于是有以下定理。

定理 8.8 任意 $f(x), g(x) \in F[x]$，存在 $s(x), t(x) \in F[x]$，使得

$$(f(x), g(x)) = s(x)f(x) + t(x)g(x)$$

显然若 $d(x)$ 是 $f(x)$ 和 $g(x)$ 的公因式，则 $d(x) \mid (f(x), g(x))$。

例 8.5 在 $Q[x]$ 中用辗转相除法计算 $f(x) = 4x^8 + 4$ 与 $g(x) = x^5 + x^2 + 1$ 的最大公因式 $(f(x), g(x))$，以及 $s(x), t(x) \in Q[x]$，使得 $s(x)f(x) + t(x)g(x) = (f(x), g(x))$。

解 $f(x) = (4x^3 - 4)(x^5 + x^2 + 1) - 4x^3 + 4x^2 + 8,$ $\qquad (q_0(x) = 4x^3 - 4)$

$x^5 + x^2 + 1 = -\dfrac{1}{4}(x^2 + x + 1)(-4x^3 + 4x^2 + 8) + 4x^2 + 2x + 3, \quad (q_1(x) = -\dfrac{1}{4}(x^2 + x + 1))$

$-4x^3 + 4x^2 + 8 = \left(-x + \dfrac{3}{2}\right)(4x^2 + 2x + 3) + \dfrac{7}{2}, \qquad\qquad (q_2(x) = -x + \dfrac{3}{2})$

$4x^2 + 2x + 3 = \left(\dfrac{8}{7}x^2 + \dfrac{4}{7}x + \dfrac{6}{7}\right) \times \dfrac{7}{2} + 0$

由定理 8.7，可知最后一个不为 0 的余项 $r_2(x) = \dfrac{7}{2}$ 就是 $f(x)$ 与 $g(x)$ 的最大公因子，根据约定，$(f(x), g(x)) = 1$。

由式(8.6)，得

$$\dfrac{7}{2} = (-4x^3 + 4x^2 + 8) - \left(-x - \dfrac{3}{2}\right)(4x^2 + 2x + 3)$$

$$= (-4x^3 + 4x^2 + 8) - \left(-x - \dfrac{3}{2}\right)\left[g(x) + \dfrac{1}{4}(x^2 + x + 1)(-4x^3 + 4x^2 + 8)\right]$$

$$= \left[\dfrac{1}{4}\left(x^3 - \dfrac{1}{2}x^2 - \dfrac{1}{2}x - \dfrac{3}{2}\right) + 1\right](-4x^3 + 4x^2 + 8) + \left(x - \dfrac{3}{2}\right)g(x)$$

$$= \left(\dfrac{1}{4}x^3 - \dfrac{1}{8}x^2 - \dfrac{1}{8}x + \dfrac{5}{8}\right)[f(x) - (4x^3 - 4)g(x)] + \left(x - \dfrac{3}{2}\right)g(x)$$

$$= \left(\dfrac{1}{4}x^3 - \dfrac{1}{8}x^2 - \dfrac{1}{8}x + \dfrac{5}{8}\right)f(x) + \left[-\left(\dfrac{1}{4}x^3 - \dfrac{1}{8}x^2 - \dfrac{1}{8}x + \dfrac{5}{8}\right)(4x^3 - 4) + \left(x - \dfrac{3}{2}\right)\right]g(x)$$

$$= \left(\dfrac{1}{4}x^3 - \dfrac{1}{8}x^2 - \dfrac{1}{8}x + \dfrac{5}{8}\right)f(x) + \left(-x^6 + \dfrac{1}{2}x^5 + \dfrac{1}{2}x^4 - \dfrac{3}{2}x^3 - \dfrac{1}{2}x^2 + \dfrac{1}{2}x + 1\right)g(x)$$

令

$$s(x) = \dfrac{2}{7}\left(\dfrac{1}{4}x^3 - \dfrac{1}{8}x^2 - \dfrac{1}{8}x + \dfrac{5}{8}\right)$$

$$t(x) = \dfrac{2}{7}\left(-x^6 + \dfrac{1}{2}x^5 + \dfrac{1}{2}x^4 - \dfrac{3}{2}x^3 - \dfrac{1}{2}x^2 + \dfrac{1}{2}x + 1\right)$$

便得

$$s(x)f(x) + t(x)g(x) = 1$$

例 8.6 设 $f(x) = x^6 + x^4 + x^3 + x^2 + x + 1, g(x) = x^4 + x^2 + x + 1 \in Z_2[x]$，求多项式 $s(x), t(x)$，使得

$$s(x)f(x) + t(x)g(x) = (f(x), g(x))$$

解 运用扩展的多项式欧几里得算法，有

$x^6 + x^4 + x^3 + x^2 + x + 1 = x^2(x^4 + x^2 + x + 1) + x + 1$,　　　$q_0(x) = x^2, r_0(x) = x + 1$

$x^4 + x^2 + x + 1 = (x^3 + x^2 + 1)(x + 1) + 0$,　　　　　　$q_1(x) = x^3 + x^2 + 1, r_1(x) = 0$

因为 $r_1(x) = 0$，所以 $r_0(x) = x + 1$ 就是 $f(x)$ 与 $g(x)$ 最大公因子，且

$$x + 1 = (f(x), g(x)) = f(x) + x^2 g(x)$$

定理 8.9 若域 F 上的多项式满足 $g(x) \mid f(x)h(x), (g(x), f(x)) = 1$，则 $g(x) \mid h(x)$。

证明 若 $h(x) = 0$，结论显然成立。

若 $h(x) \neq 0$，由于 $(g(x), f(x)) = 1$，由定理 8.8，存在两个多项式 $s(x), t(x) \in F[x]$，使

$$s(x)f(x) + t(x)g(x) = 1$$

故

$$s(x)f(x)h(x) + t(x)g(x)h(x) = h(x)$$

因为 $g(x) \mid f(x)h(x)$，所以

$$g(x) \mid h(x)$$

定义 8.10 设 $p(x) \in F[x]$，若 $p(x)$ 的因式只有 1 和它自身（至多相差一个常数因子），就称它为**不可约多项式**。若 $p(x)$ 含有真因式，就称它为**可约多项式**。

定理 8.10 设 $p(x) \in F[x]$ 为不可约多项式，且 $p(x) | f(x)g(x)$，则 $p(x) | f(x)$ 或 $p(x) | g(x)$。

证明 类似于定理 1.11 的证明。

定理 8.11（多项式唯一分解定理） 任意非常数多项式 $f(x) \in F[x]$ 可以分解为不可约多项式幂形式的乘积：

$$f(x) = p_1(x)^{\alpha_1} p_2(x)^{\alpha_2} \cdots p_k(x)^{\alpha_k} \tag{8.7}$$

其中，$p_1(x), p_2(x), \cdots, p_k(x)$ 为 $F[x]$ 中不同的不可约多项式，$\alpha_1, \alpha_2, \cdots, \alpha_k$ 为正整数。

若不考虑相差一个非零常数因子及不可约多项式的次序，这种分解是唯一的。

证明 类似于定理 1.12 的证明。

例如，在 $Q[x]$ 中，$x^4 - 1 = (x^2 + 1)(x + 1)(x - 1) = \left(\dfrac{1}{2}x^2 + \dfrac{1}{2}\right)(2x + 2)(x - 1)$，两种分解式只相差非零常数因子。

定义 8.11 设 $f(x), g(x), m(x) \in F[x]$，如果 $m(x) | f(x) - g(x)$，称两个多项式 $f(x)$ 与 $g(x)$ 模 $m(x)$**同余**，记为 $f(x) \equiv g(x) \pmod{m(x)}$；否则，称模 $m(x)$**不同余**，记为 $f(x) \not\equiv g(x) \pmod{m(x)}$。

根据定理 8.5，若 $f(x)$ 除以 $m(x)$ 的余式为 $r(x)$，则 $f(x)$ 与 $r(x)$ 模 $m(x)$ 同余，记为 $f(x) \equiv r(x) \pmod{m(x)}$，$r(x)$ 称为 $f(x)$ 模 $m(x)$ 的**最小同余式**。

若不引起歧义，有时将最小同余式记为 $r(x) = f(x) \pmod{m(x)}$。

设 $m(x) \in F[x]$，集合 $F[x]/(m(x)) = \{r(x) | f(x) \in F[x], r(x) = f(x) \pmod{m(x)}\}$ 中多项式加法为域 F 上的模 $m(x)$ 加法，乘法为域 F 上模 $m(x)$ 乘法，则根据定义 7.15，$F[x]/(m(x))$ 构成一个商环。

定理 8.12 设 F 为一个域，$p(x)$ 为 F 上的不可约多项式，则商环 $F[x]/(p(x))$ 是一个域。

证明 设 $p(x)$ 为 F 上的 n 次不可约多项式，$F[x]/(p(x))$ 中的元素记为

$$a_0 + a_1 x + \cdots + a_{n-1} x^{n-1}, a_i \in F, i = 1, 2, \cdots, n - 1$$

实际上就是 $F[x]$ 中的多项式除以 $p(x)$ 所得的余式。

设 $a(x) = a_0 + a_1 x + \cdots + a_{n-1} x^{n-1}$，$b(x) = b_0 + b_1 x + \cdots + b_{n-1} x^{n-1}$，$c(x) = c_0 + c_1 x + \cdots + c_{n-1} x^{n-1}$ 是 $F[x]/(p(x))$ 中的任意三个元素。

$F[x]/(p(x))$ 中的加法运算 "+" 为 F 上的普通多项式加法，乘法运算 "·" 为 F 上的模 $p(x)$ 乘法：

$$a(x) + b(x) = (a_0 + b_0) + (a_1 + b_1)x + \cdots + (a_{n-1} + b_{n-1})x^{n-1} \tag{8.8}$$

$$a(x) \cdot b(x) = a(x)b(x) \pmod{p(x)} \tag{8.9}$$

根据域的定义 8.1 与群的定义 6.5，首先证明商环 $F[x]/(p(x))$ 是一个加法交换群。

证明

(1) 加法封闭性显然成立；

(2) 加法结合律显然成立；

(3) 0 是 $F[x]/(p(x))$ 的加法零元；

(4) 任意元素 $a(x) = a_0 + a_1 x + \cdots + a_{n-1} x^{n-1}$ 的加法逆元是 $-a(x) = -a_0 - a_1 x - \cdots - a_{n-1} x^{n-1}$；

(5) 加法交换律显然成立。

所以，商环 $F[x]/(p(x))$ 是一个加法交换群。

然后证明商环 $F[x]/(p(x))$ 的全体非零元素集合构成一个乘法交换群。

(1) 乘法封闭性显然成立；

(2) 结合律显然成立；

(3) 1 是 $F[x]/(p(x))$ 的乘法单位元；

(4) 因为 $p(x)$ 不可约，所以任意次数小于 n 的非零多项式 $a(x)$ 与 $p(x)$ 互素，根据定理 8.8，运用扩展的多项式欧几里得算法，可求得多项式 $s(x), t(x) \in F[x]$ 使得

$$s(x)a(x) + t(x)p(x) = 1$$

所以

$$s(x)a(x) \equiv 1 \pmod{p(x)}$$

其中，$s(x)$ 除以 $p(x)$ 的余式即为 $a(x)$ 的逆元。

(5) 乘法交换律显然成立。

最后，因为 $a(x)(b(x) + c(x)) \equiv a(x)b(x) + a(x)c(x) \pmod{p(x)}$，所以商环 $F[x]/(p(x))$ 中乘法运算对加法运算满足分配律。

因此商环 $F[x]/(p(x))$ 是一个域。

注：定理 8.12 的构造性证明给出了一种常用的扩域构造方法。

8.3 域的扩张

设 F 是域，S 是一个集合，**扩域** $F(S)$ 表示包含 F, S 的最小域。

关于 $F(S)$ 的结构，有

$$F(S) = \left\{ \frac{f(\alpha_1, ..., \alpha_m)}{g(\beta_1, ..., \beta_n)} \mid f, g \text{为} F \text{上任意多元多项式}, \forall \alpha_1, ..., \alpha_m, \beta_1, ..., \beta_n \in S, g(\beta_1, \cdots, \beta_n) \neq 0 \right\} \tag{8.10}$$

实际上，$F(S)$ 就是系数在域 F 上的以集合 S 中的元素为不定元的多项式全体构成的分式域。

$F(S)$ 是在域 F 上通过添加 S 中的元素构成的域，如果 $S = A \cup B$，那么能否通过逐步添加集合 A, B 得到域 $F(A \cup B)$？

定理 8.13 设 F 是一个域，A, B 是集合，则 $F(A \cup B) = F(A)(B) = F(B)(A)$。

证明 因为 $A \cup B = B \cup A$，所以只需证明 $F(A \cup B) = F(A)(B)$。

因为 $F(A \cup B) \supseteq F(A)$ 及 B，所以

$$F(A \cup B) \supseteq F(A)(B) \tag{8.11}$$

另一方面，因为 $F(A)(B) \supseteq F, A, B$，所以

$$F(A)(B) \supseteq F, A \cup B$$

因为 $F(A \cup B)$ 是包含 F 及 $A \cup B$ 的最小的域，所以

$$F(A \cup B) \subseteq F(A)(B) \tag{8.12}$$

故由式(8.11)与式(8.12)，得

$$F(A \cup B) = F(A)(B)$$

同理可证

$$F(A \cup B) = F(B)(A)$$

定理 8.13 说明，可以通过逐次添加一个元素的方法构造扩域 $F(S)$，例如

$$F(s_1, s_2, \cdots, s_n) = F(s_1)(s_2)\cdots(s_n)$$

所以首先可以考虑添加一个元素构造扩域的情况，但即使添加一个元素，域的结构可能有很大的差异。例如，$Q(x) \supseteq Q$，需要用 $1, x, x^2, \cdots$ 无穷多个元素才能表示 $Q(x)$ 中的元素。而对于 $Q(\sqrt{2}) \supseteq Q$，因为 $\sqrt{2}$ 满足关系式 $x^2 = 2$，$Q(\sqrt{2})$ 中的所有元素可表示成 $a + b\sqrt{2}$（$a, b \in Q$）的形式。

8.4　单扩域

定义 8.12　设 E 是域 F 的一个扩域，$\alpha \in E$，如果存在 F 上的非零多项式 $f(x)$，使

$$f(\alpha) = 0$$

就称 α 为 F 上的一个**代数元**（或**代数数**）；否则，就称 α 为 F 上的一个**超越元**。

例如，$\sqrt{2}$ 是有理数域 Q 上的代数元，而不定元 x、圆周率 π 则是 Q 上的超越元，但 π 是实数域上的代数元。

定义 8.13　设 F 是一个域，在 F 上添加一个元素 α 得到的扩域 $F(\alpha)$ 叫做域 F 的一个**单扩域**（或称**单扩张**），α 称为 $F(\alpha)$ 在 F 上的定义元。特别地，如果 α 是 F 上的代数元，就称 $F(\alpha)$ 为 F 的**单代数扩域**；如果 α 是 F 上的超越元，就称 $F(\alpha)$ 为 F 的**单超越扩域**。

例 8.7　$Q(\sqrt{2})$ 是有理数域 Q 的一个单代数扩域，而 $Q(x)$ 则是有理数域 Q 的一个单超越扩域。

定理 8.14　设 α 是域 F 上的一个代数元，则存在系数属于 F 的首一（首项系数为 1）不可约多项式 $f(x)$，使得 $f(\alpha) = 0$。

证明　α 是 F 上的一个代数元，由定义 8.12，存在 F 上的非零多项式 $f(x)$，使 $f(\alpha) = 0$。

如果 $f(x)$ 在 F 上不可约，则结论正确。

如果 $f(x)$ 在 F 上可约，在 $F[x]$ 中将 $f(x)$ 分解为

$$f(x) = g(x)h(x), \; 0 < \deg g(x), \deg h(x) < \deg f(x)$$

那么必有 $g(\alpha) = 0$ 或 $h(\alpha) = 0$。

设 $g(\alpha) = 0$，若 $g(x)$ 在 F 上不可约，得证。

若 $g(x)$ 可约，则在 F 上继续分解 $g(x)$，最终必得一个不可约多项式 $f'(x)$，满足 $f'(\alpha) = 0$。

若 $f(x)$ 非首一，乘以首项系数的逆即可。

定义 8.14　设 α 是 F 上的一个代数元，则满足

$$p(\alpha) = 0$$

的首一不可约多项式 $p(x)$ 称为 α 在 F 上的**极小多项式**（或称为**最小多项式**）。

若 α 的极小多项式的次数是 n，则称 α 是 F 上的一个 **n 次代数元**。$p(x)$ 的其他根称为 α 的**共轭根**。

例如，因为 $\sqrt{5}$ 在 Q 上的极小多项式是 $x^2 - 5$，所以 $\sqrt{5}$ 是 Q 上的一个 2 次代数元。

下面给出极小多项式的性质。

定理 8.15　域 F 上的代数元 α 在 F 上的极小多项式 $p(x)$ 是唯一的。若 $f(x)$ 为 F 上的一个多项式且满足 $f(\alpha) = 0$，则 $p(x) \,|\, f(x)$。

证明

(1) 设 $p_1(x), p_2(x)$ 都是 α 在 F 上的极小多项式，如果 $p_1(x) \neq p_2(x)$，则

$$g(x) = p_1(x) - p_2(x) \neq 0$$

且满足

$$g(\alpha) = 0$$

且 $\deg g(x) < \deg p_1(x)$，这与 $p_1(x)$ 是 α 在 F 上的极小多项式矛盾。

因此 $p_1(x) = p_2(x)$，即 α 在 F 上的极小多项式是唯一的。

(2) 令 $f(x) = p(x)q(x) + r(x)$，其中，$r(x) = 0$ 或 $\deg r(x) < \deg p(x)$。

假设 $r(x) \neq 0$，则 $\deg r(x) < \deg p(x)$。

由于 α 是 $f(x) = 0$ 的一个根，因此

$$f(\alpha) = p(\alpha)q(\alpha) + r(\alpha) = 0$$

因为 $f(\alpha) = 0, p(\alpha) = 0$，所以

$$r(\alpha) = 0$$

这与 $p(x)$ 是 α 的极小多项式矛盾。

因此

$$p(x) \mid f(x)$$

下面讨论单扩域的构造。

定理 8.16 设 $F[x]$ 为域 F 上未定元 x 的多项式环，$F(x)$ 为其分式域，则：

(1) 如果 α 为 F 上的超越元，则 $F(\alpha) \cong F(x)$；

(2) 如果 α 为 F 上的代数元，则 $F(\alpha) \cong F[x]/(p(x))$，其中 $p(x)$ 为 α 在 F 上的极小多项式。

证明 令 $F[\alpha] = \{f(\alpha) \mid f(x) \in F[x]\} = \{a_0 + a_1\alpha_1 + \cdots + a_n\alpha_n \mid a_i \in F, n \in Z, n \geq 0\}$，则 $F[\alpha]$ 是域 $F(\alpha)$ 的一个子环，易知映射

$$\varphi : f(x) \to f(\alpha) \tag{8.13}$$

是 $F[x]$ 到 $F[\alpha]$ 的一个同态满射。

(1) 因为 α 是 F 上的超越元，所以若 $f(\alpha) = 0$，则 $f(x) = 0$。即 $\ker\varphi = \{0\}$，所以 φ 是同构映射，于是

$$F[x] \cong F[\alpha]$$

进一步，同构环的分式域也同构。

事实上，将 $F[x]$ 到 $F[\alpha]$ 的同构映射 φ 扩展到它们的分式域，有

$$\varphi' : \frac{f(x)}{g(x)} \to \frac{f(\alpha)}{g(\alpha)}, \quad g(x) \neq 0$$

则 φ' 是分式域 $F(x)$ 到 $F(\alpha)$ 的一个同构映射，因此

$$F(x) \cong F(\alpha)$$

(2) 当多项式 $p(x)$ 不可约时，由定理 8.12，商环 $F[x]/(p(x))$ 是一个域。

如果 α 为 F 上的代数元，对于式 (8.13) 中的映射 φ，易知

$$\ker\varphi = (p(x)) = \{g(x) \in F[x] \mid g(\alpha) = 0\}$$

即

$$\ker \varphi = (p(x)) = \{g(x) \in F[x] \mid p(x) \mid g(x)\}。$$

根据定理 7.9，得

$$F[x]/(p(x)) \cong F[\alpha]$$

于是 $F[\alpha]$ 构成一个域。

另一方面，分式域 $F(\alpha)$ 是包含 F, α 的最小域，且 $F(\alpha) \supseteq F[\alpha]$。因此

$$F(\alpha) = F[\alpha]$$

故

$$F(\alpha) \cong F[x]/(p(x))$$

根据定理 8.16，当 α 为 F 上的代数元时，有 $F(\alpha) = F[\alpha]$，即 $F(\alpha)$ 中关于 α 的每一个有理分式均与 α 的一个多项式（系数属于 F）相等。

事实上，任意的 $\dfrac{f(\alpha)}{g(\alpha)} \in F(\alpha)$, $g(\alpha) \neq 0$，有

$$(g(x), p(x)) = 1$$

设 $m(x) \in F[x]$ 且满足

$$m(x)g(x) \equiv 1 \ (\mathrm{mod}\ p(x))$$

令 $r(x) \equiv m(x)f(x) \ (\mathrm{mod}\ p(x))$, $\deg r(x) < \deg p(x)$。于是

$$\frac{f(x)}{g(x)} \equiv m(x)f(x) \equiv r(x) (\mathrm{mod}\ p(x))$$

即

$$\frac{f(\alpha)}{g(\alpha)} = m(\alpha)f(\alpha) = r(\alpha) \in F[\alpha]$$

所以 $F(\alpha) \subseteq F[\alpha]$。

另一方面，显然 $F(\alpha) \supseteq F[\alpha]$。

故 $F[\alpha] = F(\alpha)$。

进一步，有以下定理。

定理 8.17 设 α 为 F 上的 n 次代数元，则 $F(\alpha)$ 中的每个元素均可以由 $1, \alpha, \cdots, \alpha^{n-1}$ 线性唯一表示，即可唯一地表示成

$$a_0 + a_1\alpha + \cdots + a_{n-1}\alpha^{n-1}, a_i \in F \tag{8.14}$$

也就是说，F 的单代数扩域 $F(\alpha)$ 是 F 上的一个 n 维向量空间，而且 $1, \alpha, \cdots, \alpha^{n-1}$ 是 $F(\alpha)$ 在 F 上的一组基。

证明 设 $p(x)$ 是 α 在 F 上的极小多项式，次数为 n。对于任意的 $\beta \in F(\alpha)$，因为 $F(\alpha) = F[\alpha]$，可令

$$\beta = f(\alpha)$$

其中，$f(x) \in F[x]$。将 $f(x)$ 写成

$$f(x) = q(x)p(x) + r(x), \quad q(x), r(x) \in F[x], r(x) = 0 \text{ 或 } \deg r(x) < \deg p(x)$$

因为 $p(\alpha) = 0$，所以

$$\beta = f(\alpha) = r(\alpha) = a_0 + a_1\alpha + \cdots + a_{n-1}\alpha^{n-1} \tag{8.15}$$

故 $F(\alpha)$ 中的每个元素都可以由

$$1, \alpha, \cdots, \alpha^{n-1}$$

线性表示。

其次，设 β 的另一个表示

$$\beta = b_0 + b_1\alpha + \cdots + b_{n-1}\alpha^{n-1}, \, b_i \in F, \, i = 1, 2, \cdots, n-1 \qquad (8.16)$$

则

$$a_0 + a_1\alpha + \cdots + a_{n-1}\alpha^{n-1} = b_0 + b_1\alpha + \cdots + b_{n-1}\alpha^{n-1}$$

有

$$(a_0 - b_0) + (a_1 - b_1)\alpha + \cdots + (a_{n-1} - b_{n-1})\alpha^{n-1} = 0$$

因为 α 在 F 上的极小多项式是 n 次的，所以只有

$$a_i = b_i, \, i = 0, 1, \cdots, n-1$$

定义 8.15 设 F 为有限域，$f(x)$ 是 F 上的 n 次不可约多项式，那么对于 $f(x) = 0$ 的任一根 α，元素 $1, \alpha, \cdots, \alpha^{n-1}$ 称为 $F(\alpha)$ 在 F 上的一组多项式基。

8.5 代数扩域

8.4 节讲到，单代数扩域与单超越扩域的结构有很大不同。一般来说，若 E 是域 F 的扩域，则 E 中有些元素可能是 F 上的代数元，而另一些元素可能是 F 上的超越元。

例如，实数域 R 是有理数域 Q 的一个扩域，$1, \sqrt{2} \in R$ 是 Q 上的代数元，而 $\pi \in R$ 是 Q 上的超越元。

定义 8.16 设 E 是域 F 的一个扩域，如果 E 中的每个元素都是 F 上的代数元，则称 E 是 F 的一个**代数扩域**，否则称 E 是 F 的一个**超越扩域**。

扩域 $F(S)$ 除了包含域 F 及集合 S 中的元素外，还包含域 F 及集合 S 中的元素之间通过加、减、乘、除得到的新元素。那么，当集合 S 中的元素都是 F 上的代数元时，$F(S)$ 中的元素是否都是 F 上的代数元？或者说，$F(S)$ 是否为 F 的代数扩域？

域 F 的扩域 E 可以看做 F 上的一个向量空间。将 F 中的元素看做数量，将 E 中的元素看做向量，向量的加法是 E 中的加法，数量乘法是用 F 中的元素乘以 E 中的元素。

定义 8.17 设 E 是域 F 的一个扩域，则 E 作为 F 上向量空间的维数，称为 E 在 F 上的**扩张次数**，记为 $[E:F]$。

当 $[E:F]$ 有限时，称 E 为 F 的有限次扩域，否则称 E 为 F 的无限次扩域。

例 8.8 $Q(\sqrt{2})$ 是有理数域 Q 的一个 2 次扩域，$Q(x), Q(\pi)$ 是 Q 的无限次扩域。

定理 8.18 若 α 为 F 上的 n 次代数元，则 $F(\alpha)$ 是 F 的 n 次扩域。

证明 根据定理 8.17 即证。

定理 8.19 设 E 是 K 的有限次扩域，K 是 F 的有限次扩域，则 E 也是 F 的有限次扩域，且

$$[E:F] = [E:K][K:F]$$

证明 设 $[K:F] = m$，$[E:K] = n$，$\alpha_1, \alpha_2, \cdots, \alpha_m$ 为 K 在 F 上的一组基，$\beta_1, \beta_2, \cdots, \beta_n$ 为 E 在 K 上的一组基。考虑下列元素

$$\alpha_i\beta_j, i = 1, 2, \cdots, m, j = 1, 2, \cdots, n \qquad (8.17)$$

下面证明它构成 E 在 F 上的一组基。

若

$$\sum_{i=1}^{m}\sum_{j=1}^{n} a_{ij}\alpha_i\beta_j = 0 , \quad a_{ij} \in F, i = 1, 2, \cdots, m, j = 1, 2, \cdots, n$$

则

$$\sum_{j=1}^{n}(\sum_{i=1}^{m} a_{ij}\alpha_i)\beta_j = 0 , \quad \sum_{j=i}^{m} a_{ij}\alpha_i \in K \qquad (8.18)$$

因为 $\beta_1, \beta_2, \cdots, \beta_n$ 为 E 在 K 上的一组基，所以 $\beta_1, \beta_2, \cdots, \beta_n$ 在 K 上是线性无关的。

因此只有

$$\sum_{i=1}^{m} a_{ij}\alpha_i = 0 , j = 1, 2, \cdots, n$$

同理因为 $\alpha_1, \alpha_2, \cdots, \alpha_m$ 为 K 在 F 上的一组基，所以只有

$$a_{ij} = 0, i = 1, 2, \cdots, m, j = 1, 2, \cdots, n$$

故

$$\alpha_i\beta_j, i = 1, 2, \cdots, m, j = 1, 2, \cdots, n$$

在 F 上是线性无关的。

对任意的 $\alpha \in E$，α 可以表示为

$$\alpha = b_1\beta_1 + b_2\beta_2 + \cdots + b_n\beta_n, b_j \in K, j = 1, 2, \cdots, n$$

进一步，每个 K 上的 b_j 可以表示为

$$b_j = a_{ij}\alpha_i, a_{ij} \in F, i = 1, 2, \cdots, m$$

于是，任意 $\alpha \in E$ 在 F 上可以由式(8.17)中 mn 个元素线性表示。

故 $\alpha_i\beta_j, (i = 1, 2, \cdots, m, j = 1, 2, \cdots, n)$ 是 E 在 F 上的一组基。从而

$$[E: F] = mn = [E: K][K: F]$$

8.6 多项式的分裂域[*]

定义 8.18 对于一般域 E 来说，如果 E 上的每个多项式都能分解成一次多项式的乘积，则称这样的 E 为**代数闭域**。

例如，由于任何复系数多项式的根都在复数域内，所以能在复数域内分解为一次因子的乘积，这样复数域是一个代数闭域。代数闭域不再有真正的代数扩域。

本节不讨论代数闭域，只讨论某一给定多项式在其中可以完全分解（即分解成一次因子的乘积）的域。

定义 8.19 设 E 是域 F 的一个扩域，$f(x) \in F[x]$，如果 $f(x)$ 在 E 中可以完全分解，而在任何小于 E 但包含 F 的子域上不能完全分解，则称 E 是 $f(x)$ 在 F 上的**分裂域**。

这就是说，分裂域 E 是包含 F 且 $f(x)$ 能在其中完全分解（包含 $f(x)$ 所有根）的最小域。

关于分裂域定义的另一形式。

定义 8.19′ 设 E 是域 F 的一个扩域，$f(x) \in F[x]$，$\deg f(x) = n$，如果满足以下条件：

(1) $E = F(\alpha_1, \alpha_2, \cdots, \alpha_n)$；

(2) $f(x) = (x - \alpha_1)(x - \alpha_2) \cdots (x - \alpha_n)$；

就称 E 是多项式 $f(x)$ 在 F 上的**分裂域**。

例 8.9 $Q(\sqrt{2})$ 是多项式 $x^2 - 2$ 在有理数域 Q 上的一个分裂域。

证明 $Q(\sqrt{2}) = Q(-\sqrt{2}, \sqrt{2})$，且 $x^2 - 2 = (x - \sqrt{2})(x + \sqrt{2})$。

例 8.10 $Q(\sqrt[3]{2})$ 不是多项式 $x^3 - 2$ 在有理数域 Q 上的一个分裂域。

证明 $Q(\sqrt[3]{2})$ 只包含多项式 $x^3 - 2$ 的一个根 $\sqrt[3]{2}$，而 $x^3 - 2$ 有三个根，分别是

$$\sqrt[3]{2}, \quad \omega\sqrt[3]{2}, \quad -\omega\sqrt[3]{2}$$

其中，$\omega \, (= e^{2\pi i/3})$，$-\omega$ 是 $x^2 + x + 1 = 0$ 的根。

因为 $\omega\sqrt[3]{2}$，$-\omega\sqrt[3]{2}$ 不属于 $Q(\sqrt[3]{2})$，所以 $Q(\sqrt[3]{2}) \neq Q(\sqrt[3]{2}, \omega\sqrt[3]{2}, -\omega\sqrt[3]{2})$。

根据定义 8.19′，有下面的定理。

定理 8.20 设 E 是域 F 上多项式 $f(x)$ 的分裂域，且

$$f(x) = a_0(x - \alpha_1)(x - \alpha_2) \cdots (x - \alpha_n)$$

其中，$a_0 \in F$，$\alpha_i \in E$，则 $E = F(\alpha_1, \alpha_2, \cdots, \alpha_n)$。

由定理 8.20，$f(x)$ 在 F 上的分裂域是将 $f(x)$ 的全部根添加至 F 所得到的扩域。因此 $f(x)$ 在 F 上的分裂域也称为 $f(x)$ 在 F 上的**根域**。

进一步，对任意的 $f(x) \in F[x]$，它的分裂域是存在的。如果多项式 $f(x)$ 可约，即 $f(x) = f_1(x)f_2(x) \cdots f_k(x)$，其中 $f_i(x) \in F[x]$ $(i = 1, 2, \cdots, k)$ 是不可约的，则可以分别构造 $f_i(x)$ 的分裂域，然后合成 $f(x)$ 的分裂域。

例如，要构造 $(x^2 - 2)(x^3 - 2) \in Q[x]$ 的分裂域，分别构造 $(x^2 - 2)$，$(x^3 - 2)$ 的分裂域 $Q(\sqrt{2})$，$Q(\sqrt[3]{2}, \omega\sqrt[3]{2})$，则 $Q(\sqrt{2}, \sqrt[3]{2}, \omega\sqrt[3]{2})$ 就是 $(x^2 - 2)(x^3 - 2) \in Q[x]$ 的分裂域。

所以讨论多项式的分裂域时，只针对不可约多项式 $f(x) \in F[x]$ 即可。

定理 8.21 设 $f(x)$ 是 F 上的任意一个 n 次不可约多项式，则 $f(x)$ 在 F 上的分裂域存在，且 $f(x)$ 的分裂域 K 满足 $[K : F] \leqslant n!$。

证明 设 α_1 是 $f(x) = 0$ 的一个根，因为 $f(x)$ 不可约，所以 α_1 是 F 上的一个 n 次代数元，由定理 8.18，得

$$[F(\alpha_1) : F] = n \tag{8.19}$$

在域 $F(\alpha_1)$ 上，$f(x)$ 可以分解为

$$f(x) = (x - \alpha_1)f_1(x)$$

其中，$f_1(x) \in F(\alpha_1)[x]$，$\deg f_1(x) = n - 1$。

若 $f_1(x)$ 在域 $F(\alpha_1)$ 上不可约，则将 $f_1(x) = 0$ 的一个根 α_2 添加至域 $F(\alpha_1)$ 得 $F(\alpha_1, \alpha_2)$，其中，α_2 是 $F(\alpha_1)$ 上的一个 $n - 1$ 次代数元，所以

$$[F(\alpha_1, \alpha_2) : F(\alpha_1)] = n - 1$$

若 $f_1(x)$ 在域 $F(\alpha_1)$ 上可约，则 $f_1(x) = 0$ 的一个根 α_2 是多项式 $f_1(x)$ 的某个因式 $g(x)$（即 $g(x) \mid f_1(x)$）的根，$\deg g(x) < \deg f_1(x) = n - 1$。所以有

$$[F(\alpha_1, \alpha_2) : F(\alpha_1)] < n - 1$$

总之我们有

$$[F(\alpha_1, \alpha_2) : F(\alpha_1)] \leqslant n - 1 \tag{8.20}$$

因此

$$[F(\alpha_1, \alpha_2) : F] = [F(\alpha_1, \alpha_2) : F(\alpha_1)]\,[F(\alpha_1) : F] \leqslant n(n-1) \tag{8.21}$$

设 $f(x)$ 在域 $F(\alpha_1, \alpha_2)$ 上分解为

$$f(x) = (x - \alpha_1)(x - \alpha_2)f_2(x),\ \deg f_2(x) = n - 2 \tag{8.22}$$

设 α_3 是多项式 $f_2(x)$ 的根，类似可证

$$[F(\alpha_1, \alpha_2, \alpha_3) : F] \leqslant n(n-1)(n-2) \tag{8.23}$$

$$\cdots$$

以此类推

$$[F(\alpha_1, \alpha_2, \alpha_3, \cdots, \alpha_n) : F] \leqslant n!$$

定义 8.20 设 E, K 是域 F 的两个扩域，如果存在域的同构

$$\sigma : E \to K$$

满足映射 σ 保持 F 中的元素不变，即 $\sigma(a) = a, a \in F$，则称 E 与 K 为 **F-同构**，或称 E 与 K 在 F 上等价，记为 $E \cong_F K$。

例 8.11 对于两个无关的独立未定元 x, y 和超越域 $F(x), F(y)$，令

$$\sigma : \frac{f(x)}{g(x)} \to \frac{f(y)}{g(y)}$$

其中，$f(x), g(x) \in F[x], f(y), g(y) \in F[y]$，且 $g(x), g(y) \neq 0$。

显然 σ 是 $F(x)$ 到 $F(y)$ 同构映射，且保持域 F 的元素不变。因此 $F(x) \cong_F F(y)$。

对于域 F 上的两个代数元 α, β，关于扩域同构情况，有以下定理。

定理 8.22 如果 α, β 是域 F 上的代数元，且它们是 F 上同一不可约多项式 $f(x) = 0$ 的根，则 $F(\alpha)$ 与 $F(\beta)$ 在 F 上等价。

证明 由定理 8.16，有 $F(\alpha) \cong F[x]/(f(x)) \cong F(\beta)$。

构造两个同构映射

$$\sigma_1 : g(\alpha) \to g(x)$$
$$\sigma_2 : g(x) \to g(\beta)$$

其中，$g(x)$ 是 $F[x]$ 中次数小于 $f(x)$ 的任意多项式，则 $F(\alpha)$ 到 $F(\beta)$ 的同构映射 $\sigma = \sigma_2\sigma_1$ 保持 F 中的元素不变。

因此 $F(\alpha)$ 与 $F(\beta)$ 在 F 上等价。

例 8.12 设 $\alpha, \alpha + 1$ 是 $x^2 + x + 1 \in Z_2[x]$ 的两个不同的根，则有

$$Z_2(\alpha) \cong Z_2[x]/(x^2 + x + 1) \cong Z_2(\alpha + 1)$$

进一步有

$$Z_2(\alpha) \cong_{Z_2} Z_2(\alpha + 1)$$

一般地我们有以下定理。

定理 8.23 域 F 上多项式 $f(x)$ 的分裂域彼此同构。

证明 由定理 8.16 与定理 8.22 不难证明。

定理 8.21 与定理 8.23 表明，给定一个多项式 $f(x)$，$f(x)$ 在 F 上的分裂域不仅存在，而且在同构意义下唯一。

定义 8.21　设 E 是 F 的有限次扩域，如果 F 上的不可约多项式的一个根属于 E 时，该多项式的其他根也都属于 E，就称 E 是 F 的**正规扩域**。

定理 8.24　设 E 是 F 的有限次扩域，则 E 是 F 的正规扩域当且仅当 E 是 F 上某个多项式的分裂域。

证明　由定义 8.21 和定义 8.19 不难证明。

定理 8.25　设 F 是域，$f(x) \in F[x]$ 是不可约多项式，则：

(1) 当 $\mathrm{Char}(F) = 0$ 时，不可约多项式 $f(x)$ 无重根；

(2) 当 $\mathrm{Char}(F) = p$ 时，不可约多项式 $f(x)$ 有重根的充要条件是 $f(x)$ 是关于 x^p 的多项式，即存在 $g(x) \in F[x]$，使得 $f(x) = g(x^p)$。

证明　设

$$f(x) = a_n x^n + a_{n-1} x^{n-1} + \cdots + a_1 x + a_0, \ a_i \in F \ (i = 1, 2, \cdots, n) \tag{8.24}$$

则 $f(x)$ 的导数为

$$f'(x) = n a_n x^{n-1} + (n-1) a_{n-1} x^{n-1} + \cdots + 2 a_2 x + a_1$$

令

$$d(x) = (f(x), f'(x))$$

则 $f(x)$ 有重根当且仅当

$$\deg d(x) > 0$$

但由于 $f(x)$ 不可约，且 $d(x) \mid f(x), d(x) \mid f'(x)$，必有

$$f'(x) = 0$$

即

$$a_1 = 2a_2 = \cdots = (n-1) a_{n-1} = n a_n = 0 \tag{8.25}$$

(1) 当 $\mathrm{Char}(F) = 0$ 时，由式(8.25)，可知 $f(x) = a_0$。这与 $f(x)$ 是不可约多项式矛盾，故此时 $f(x)$ 无重根。

(2) 当 $\mathrm{Char}(F) = p$ 时，由式(8.25)，若 $p \nmid i, (i = 1, 2, \cdots, n)$，则必有 $a_i = 0$。于是

$$
\begin{aligned}
f(x) &= a_{kp} x^{kp} + a_{(k-1)p} x^{(k-1)p} + \cdots + a_p x^p + a_0 \\
&= a_{kp} (x^p)^k + a_{(k-1)p} (x^p)^{k-1} + \cdots + a_p x^p + a_0 \\
&= g(x^p)
\end{aligned}
$$

其中，$g(x) = a_{kp}(x)^k + a_{(k-1)p}(x)^{k-1} + \cdots + a_p x + a_0 \in F[x]$。

习　题　8

1. 设 $F = \{a + bi \mid a, b \in$ 实数域 $R\}$，证明：F 关于数的加法和乘法构成一个域。

2. 证明：可交换的除环构成域。

3. 证明：一个有单位元的有限整环一定是一个域。

4. 写出下面各域的加法和乘法表：

　　(1) $GF(11)$；(2) $GF(13)$；(3) $GF(17)$。

5. 证明：剩余类环 Z_5, Z_7 构成域。

6. 证明：具有零因子的环不能构成域。

7. 证明：多个子域的交仍然是子域。

8. 证明：一个域的素子域恰好等于该域所有子域的交。

9. 证明：$(Z_m, +, \cdot)$ 是域的充要条件是 m 为素数。

10. 设 F 是一个 4 元域，证明：

    (1) $\text{Char}(F) = 2$；

    (2) F 中不等于 0，1 的两个元素都是方程 $x^2 = x + 1$ 的解。

11. 设 R 是一个有单位元的交换环，证明：$R[x]/(x^5 + x^4 + x + 1)$ 不是域。

12. 在 $Z_5[x]$ 中，$f(x) = x^{213} + 4x^{134} + 3x^{58} + x^7 + x + 1$，计算 $f(3)$ 的值。

13. 设域 F 的特征为 p，n 为正整数，证明：在 F 上有

$$(a-b)^{p^n} = a^{p^n} - b^{p^n}$$

14. 证明：域和其子域有相同的单位元。

15. 证明下列两式：

    (1) $x^n - y^n = (x-y)(x^{n-1} + x^{n-2}y + \cdots + y^{n-1})$ 成立；

    (2) n 为奇数，$x^n + y^n = (x+y)(x^{n-1} - x^{n-2}y + x^{n-3}y^2 - \cdots + y^{n-1})$ 成立。

16. 令 $f(x) = x^4 + 3x^2 + 2x + 1, g(x) = x^7 + x^5 + 5x^4 + 2x^3 + 3x^2 + x + 1$，计算 $(f(x), g(x))$ 及 $s(x), t(x) \in Q(x)$，使得

$$(f(x), g(x)) = s(x)f(x) + t(x)g(x)$$

17. 构造一个含有 9 个元素的有限域。

18. 求一个次数 ≤ 3 的多项式 $f(x)$，使得 $f(1) = 3, f(2) = 4, f(3) = 5, f(4) = 1$。

19. 设 $f(x), g(x), p(x)$ 是域 F 上的多项式，$p(x)$ 不可约，且 $p(x) \mid f(x)g(x)$，证明如果 $p(x) \nmid f(x)$，则一定有 $p(x) \mid g(x)$。

20. 设 $f(x), g(x)$ 是域 F 上的多项式，证明：

$$f(x)g(x) = [f(x), g(x)](f(x), g(x))$$

21. 证明：$\sqrt{5}$ 是有理数域 Q 上的代数元，并计算 $[Q(\sqrt{5}) : Q]$。

22. 证明：域 F 上代数元的和、差、积、商仍为 F 上的代数元。

23. 设 $E = F(\alpha_1, \alpha_2, \cdots, \alpha_n)$，其中每个 α_i 都是域 F 上的代数元，证明：E 是 F 的有限次扩域，从而是代数扩域。

24. 证明：域 F 的有限次扩域是代数扩域（但其逆不成立）。

25. 证明：域 F 的有限次代数扩域是单代数扩域。

26. 证明：$Q(\sqrt[3]{2})$ 是 Q 的有限次扩域，但不是 Q 的正规扩域。

27. 写出多项式 $x^4 - 2 \in Z_5[x]$ 的分裂域。

28. 令 Q 是有理数域，p 是素数，α 是 $x^p - 1 \in Q[x]$ 的一个根，证明：$Q(\alpha)$ 是 Q 的正规扩域。

29. 设 α 是 $x^3 + x + 1 \in Z_2[x]$ 的一个根，证明：$Z_2(\alpha)$ 是 Z_2 的正规扩域。

30. 设 E 是 F 的扩域，$[E : F] = n$，$\alpha \in E$ 是 F 的代数元，其极小多项式的次数是 m，证明：$m \mid n$。

第9章 有 限 域

只含有限个元素的域称为有限域，也称为伽罗瓦（Galois）域，有许多其他域所没有的特殊性质。例如有限域中元素的个数一定是某个素数的幂；反之，对任一素数的幂，一定存在相应的有限域。结构最简单的有限域就是阶（元素个数）为素数的有限域，这类域在密码学中应用广泛。

9.1 有限域的性质

当 p 为素数时，整数剩余类环 Z_p 构成一个含有 p 个元素的有限域 F_p（或写成 $GF(p)$）。这是一类非常重要的有限域，根据定理 8.3 与定理 8.12，任何特征为 p 的域 F，一定包含一个与 Z_p 同构的素域，因此 F 可以看成 F_p 的一个扩域。这一结果正是有限域构造的基础。

定理 9.1 设 F 是一个有限域，$|F| = q$，E 是 F 的扩域，则 $|E| = q^m$，其中 $m = [E : F]$。

证明 根据定理 8.17，E 可以看成 F 上的一个向量空间，维数是 m，则存在 E 中的 m 个元素作为一组基

$$\alpha_1, \alpha_2, \cdots, \alpha_m$$

且 E 中任意元素 α 可以唯一地表示成

$$\alpha = f_1\alpha_1 + f_2\alpha_2 + \cdots + f_m\alpha_m, \ f_i \in F, \ i = 1, 2, \cdots, m$$

其中每个 $f_i(i = 1, 2, \cdots, m)$ 有 q 个不同取值。

所以 E 有 q^m 个元素。

定理 9.2 设 F 是一个有限域，$\mathrm{Char}(F) = p$，则 $|F| = p^n$，其中 n 是 F 关于其素域的扩张次数。

证明 因为域 F 的特征为 p，由定理 8.4，F 是某个素域 F_p 的扩域，而 $|F_p| = p$，根据定理 9.1，$|F| = p^n$，其中，$n = [F : F_p]$

根据定义 8.1，q 元有限域 F_q 的全体非零元集合 $F_q^* = F_q \backslash \{0\}$ 是一个乘法群，于是有以下定理。

定理 9.3 F_q^* 中的任意元素 a 的阶整除 $q - 1$。

证明 设 $a \in F_q^*$，因为 F_q^* 是一个乘法群，根据定理 6.10，$|a| \mid |F_q^*|$。

定理 9.4 对任意的 $a \in F_q$，有

$$a^q = a \tag{9.1}$$

证明 若 $a = 0$，式(9.1)显然成立。

若 $a \neq 0$，由定理 9.3，可知 F_q^* 中的任意元 a 满足

$$a^{q-1} = 1$$

于是

$$a^q = a$$

定理 9.5　有限域 F_q 的乘法群 F_q^* 是 $q-1$ 阶循环群。

证明　已知 F_q^* 是 F_q 的乘法群，群阶为 $q-1$。

令 m 是 F_q^* 中所有元素的最大阶，由定理 6.5，F_q^* 的 $q-1$ 个元素都是多项式

$$x^m - 1 = 0$$

的根，所以

$$m \geq q-1$$

另一方面，因为 F_q^* 是 $q-1$ 阶乘法群，所以 F_q^* 中每个元素的阶都整除 $q-1$，从而也有

$$m \mid q-1, \ m \leq q-1$$

因此

$$m = q-1$$

即 $q-1$ 阶群 F_q^* 有阶为 $q-1$ 的元素 α。

故 F_q^* 为 $q-1$ 阶循环群，且

$$F_q^* = \{1, \alpha, \cdots, \alpha^{q-2}\}$$

定义 9.1　有限域 F_q 的元素 g 称为**本原元**（或**生成元**），如果它是循环群 F_q^* 的生成元，即阶为 $q-1$ 的元素。

当 g 为 F_q 的生成元时，有

$$F_q = \{0, g^0 = 1, g, g^2, \cdots, g^{q-2}\}$$

定理 9.6　每个有限域都有本原元。若 g 是 F_q 的本原元，则 g^d 是 F_q 的本原元当且仅当 $(d, q-1) = 1$。特别地，有限域 F_q 中共有 $\varphi(q-1)$ 个本原元。

证明　(1) 根据定理 9.5，可知有限域 F_q 的乘法群 F_q^* 是 $q-1$ 阶循环群，因此群 F_q^* 存在生成元，即域 F_q 存在本原元。

(2) 设 g 是 F_q^* 的生成元，根据推论 6.2 的(5)，可知 $|g^d| = \dfrac{q-1}{(q-1, d)}$。所以，$g^d$ 是 F_q^* 的生成元当且仅当 $(d, q-1) = 1$。

(3) 在 $\{1, 2, \cdots, q-1\}$ 中与 $q-1$ 互素的数有 $\varphi(q-1)$ 个，由(2)可知，有限域 F_q 共有 $\varphi(q-1)$ 个本原元。

例 9.1　给出域 $F = Z_3$，域 $F = Z_5$ 以及域 $F = Z_{11}$ 的本原元。

解　由定理 9.6，域 $F = Z_3$ 中恰有 $\varphi(2) = 1$ 个本原元；域 $F = Z_5$ 中恰有 $\varphi(4) = 2$ 个本原元；而域 $F = Z_{11}$ 中恰有 $\varphi(10) = 4$ 个本原元。

具体寻找过程如下。

域 $F = Z_3$ 的元素为 $\{0, 1, 2\}$，其中 2 的幂值分别是

$$2^1 \equiv 2 \ (\text{mod } 3), \ 2^2 \equiv 1 \ (\text{mod } 3)$$

所以 2 在 Z_3^* 中的阶为 2，即 2 是 $F = Z_3$ 的本原元。

域 $F = Z_5$ 的元素为 $\{0, 1, 2, 3, 4\}$，其中 2 的幂值分别是

$$2^1 \equiv 2 \ (\text{mod } 5), \ 2^2 \equiv 4 \ (\text{mod } 5), \ 2^3 \equiv 3 \ (\text{mod } 5), \ 2^4 \equiv 1 \ (\text{mod } 5)$$

2 在 Z_5^* 中的阶是 4，因此 2 是 $F = Z_5$ 的本原元。

因为 $(3, 4) = 1$，由定理 9.6，$2^3 \equiv 3 \ (\text{mod } 5)$ 也是 $F = Z_5$ 的本原元，所以域 $F = Z_5$ 的两个本原元是 $\{2, 3\}$。

域 $F = Z_{11}$ 的元素为 $\{0, 1, 2, 3, 4, 5, 6, 7, 8, 9, 10\}$。乘法群 Z_{11}^* 的阶是 10，10 的所有因子是 1, 2, 5, 10。所以要验证 $a \in Z_{11}^*$ 是否为本原元，即验证其阶是否等于 10，只要验证 $a^1 \neq 1$，$a^2 \not\equiv 1 \pmod{11}$，$a^5 \not\equiv 1 \pmod{11}$ 即可。

(1) $1^1 = 1$ 不是 Z_{11} 的本原元；

(2) 因为 $2^1 = 2$，$2^2 = 4$，$2^5 \equiv 10 \pmod{11}$，所以 2 是 Z_{11} 的本原元；

$\{0, 1, \cdots, 9\}$ 中与 10 互素的 4 个数是 1, 3, 7, 9，故

$$2^1 \equiv 2 \pmod{11}, \quad 2^3 \equiv 8 \pmod{11}, \quad 2^7 \equiv 7 \pmod{11}, \quad 2^9 \equiv 6 \pmod{11}$$

是域 $F = Z_{11}$ 的 4 个本原元。

定理 9.7 F_{q^m} 的任一本原元 g 都是 F_{q^m} 在 F_q 上的定义元，即 $F_{q^m} = F_q(g)$，从而有限域的有限次扩域 F_{q^m} 是 F_q 的一个单扩域。

证明   设 g 为 F_{q^m} 的本原元，则

$$F_{q^m}^* = \{1, g, \cdots, g^{q^m - 2}\}$$

又有

$$\{1, g, \cdots, g^{q^m - 2}\} \bigcup \{0\} \subseteq F_q(g) \subseteq F_{q^m}$$

因此

$$F_q(g) = F_{q^m}$$

定理 9.8   设 F 是一个 q 元有限域，K 为一子域，则 $K[x]$ 中的多项式 $x^q - x$ 在 $F[x]$ 中可分解为

$$x^q - x = \prod_{a \in F}(x - a)$$

且 F 是 K 上多项式 $x^q - x$ 的分裂域。

证明 $x^q - x = 0$ 在 F 中至多有 q 个根，根据定理 9.4，F 中的 q 个元素都是这个多项式的根。所以，$x^q - x$ 在 F 中可分裂，而且不能在更小的域中分裂。

根据定理 9.8，可知任何 q 元有限域 F_q 都是多项式 $x^q - x$ 的分裂域；进一步，根据定理 9.9，可知相同阶的有限域是彼此同构的。

定理 9.9（有限域存在与唯一性）   对于任意素数 p 和正整数 n，存在一个有限域含有 p^n 个元素；且任何含有 $q = p^n$ 个元素的有限域同构于 $x^q - x$ 在 F_p 上的分裂域。

证明   （存在性）假设 $q = p^n$，F 是多项式 F_p 上 $x^q - x$ 的分裂域。

令 $S = \{a \in F \mid x^q - x = 0\}$，显然 $S \subseteq F$ 且含有 $q = p^n$ 个元素。

不难验证 S 是一个特征为 p 的有限域。

根据分裂域的定义，F 是包含多项式 $x^q - x$ 所有根的最小域，因此 $S = F$。

即若 $q = p^n$，则 F_p 上多项式 $x^q - x$ 的分裂域含有 q 元素。

（唯一性）假设 G 是含有 $q = p^n$ 个元素的有限域，则 G 的特征为 p，且其素子域 K 等于或同构于 F_p。

G 是其素子域 K 上多项式 $x^q - x$ 的分裂域，设 F 是 F_p 上多项式 $x^q - x$ 的分裂域，则 K 与 F_p 的同构映射 φ 可以扩展到两个分裂域 G 与 F 的同构。

定理 9.10（子域准则）   设 F_q 是一个含有 $q = p^n$ 个元素的有限域，则 F_q 的每个子域含有 p^d 个元素，其中 $d \mid n$。反之，对于 n 的任一正因子 d，存在唯一的 F_q 的子域 F_{p^d}。

证明 设 K 是 F_q 的子域且特征为 p，由定理 9.2，得 $|K| = p^d$，d 为某个正整数。

因为 F_q 是 K 的扩域，是由定理 9.1，存在 $m \in Z^+$，使得

$$p^n = |F_q| = |K|^m = p^{dm}$$

所以

$$d \mid n$$

反之，设 $d \mid n$，则 $p^d - 1 \mid p^n - 1$，所以

$$x^{p^d - 1} - 1 \mid x^{p^n - 1} - 1$$

因此

$$x^{p^d} - x \mid x^{p^n} - x$$

从而 $x^{p^d} - x$ 的分裂域是 F_q 的子域且含有 p^d 个元素。

假设 F_q 有两个的含有 p^d 个元素的子域，那么这两个子域中的元素都是 $x^{p^d} - x$ 的根，因此，这两个子域一定相同。

例 9.2 有限域 $F_{2^{18}}$ 的子域完全由 18 的因子决定。18 的因子有 1, 2, 3, 6, 9, 18，所以 $F_{2^{18}}$ 的所有子域是 $F_2, F_{2^2}, F_{2^3}, F_{2^6}, F_{2^9}, F_{2^{18}}$。

9.2　有限域的构造

本节主要介绍如何由已知的有限域构造扩域。

定理 9.11 对任意的有限域 F_q 和正整数 n，一定存在 F_q 上的 n 次不可约多项式。

证明 根据定理 9.9，存在有限域 F_{q^n}，显然 F_{q^n} 是 F_q 的 n 次扩域，即 $[F_{q^n} : F_q] = n$。

根据本原元定义与定理 8.16，设 α 是 F_{q^n} 的本原元，则 $F_{q^n} = F_q(\alpha)$，从而 α 是 F_q 上的 n 次代数元，α 的极小多项式次数为 n，该多项式就是 F_q 上的 n 次不可约多项式。

有限域扩域的构造。

设 p 是素数，n 是任一正整数。令 $p(x)$ 是域 Z_p 上的一个 n 次不可约多项式，则由定理 8.12，商环 $Z_p[x]/(p(x))$ 是一个域，$Z_p[x]/(p(x))$ 中的每一个元素可以表示成

$$a(x) = a_0 + a_1 x + \cdots + a_{n-1} x^{n-1} + (p(x)), \quad a_i \in Z_p \, (i = 0, 1, \cdots, n - 1) \tag{9.2}$$

简记

$$a(x) = a_0 + a_1 x + \cdots + a_{n-1} x^{n-1}, \quad a_i \in Z_p \tag{9.3}$$

由于系数取自 Z_p，每个 a_i 有 p 个值，故 $a_0 + a_1 x + \cdots + a_{n-1} x^{n-1}$ 有 p^n 个不同的值，即扩域 $Z_p[x]/(p(x))$ 包含 p^n 个元素。

设 $a(x), b(x) \in Z_p[x]$，可以定义 $Z_p[x]/(p(x))$ 中的加法 "$\oplus$"，有

$$a(x) \oplus b(x) = a(x) + b(x)(\bmod p(x))(\bmod p) \tag{9.4}$$

与乘法 "$\otimes$"，则

$$a(x) \otimes b(x) = a(x)b(x)(\bmod p(x))(\bmod p)。 \tag{9.5}$$

注意，在 Z_p（p 为素数）或特征为 p 的有限域 F_q 上构造的扩域，其加法与乘法既要遵从模不可约多项式的加法和乘法运算，又要遵从模 p 的加法和乘法运算，称为遵从"双模运算"。

若无歧义时，通常用普通的加法"+"与乘法"·"（或省略"·"）符号分别表示域上的加法与乘法运算。

例 9.3 当 $p = 2$ 时，$p(x) = x^2 + x + 1$ 是 $Z_2[x]$ 中的不可约多项式，$p(x) = x^2+x+1$ 是 $Z_2[x]$ 中不可约多项式，则

$$Z_2[x]/(x^2 + x + 1)$$

是一个 2^2 阶有限域。

$Z_2[x]/(x^2 + x + 1)$ 中的元素记为

$$a_0 + a_1 x, \quad a_0, a_1 \in 0, 1$$

这个有限域的 4 个元素是

$$0, 1, x, x + 1$$

应注意 $Z_2[x]/(p(x))$ 中的运算应模多项式 $x^2 + x + 1$ 与整数 2，如

$$x^3 \pmod{x^2 + x + 1} \pmod 2 = 1$$
$$x(x + 1) \pmod{x^2 + x + 1} \pmod 2 = 1$$

$Z_2[x]/(p(x))$ 的运算如表 9.1。

表 9.1　$Z_2[x]/(p(x))$ 的加法与乘法运算

$\oplus$	0	1	x	$x + 1$
0	0	1	x	$x + 1$
1	1	0	$x + 1$	x
x	x	$x + 1$	0	1
$x + 1$	$x + 1$	x	1	0

$\otimes$	0	1	x	$x + 1$
0	0	0	0	0
1	0	1	x	$x + 1$
x	0	x	$x + 1$	1
$x + 1$	0	$x + 1$	1	x

例 9.4 因为 $9 = 3^2$ 是素数 3 的幂，所以 9 阶有限域是存在的。其构造方法是在 3 阶素域上构造 2 次扩域。

首先，取 3 阶有限域 $Z_3 = \{0, 1, 2\}$；

其次，取 Z_3 上的一个 2 次不可约多项式，易知 $x^2 + 1$ 在 Z_3 上不可约。按照例 9.3 的构造方法，取 $a_0 + a_1 x \ (a_i \in Z_3)$ 9 个值，便得 9 阶有限域为

$$Z_3[x]/(x^2 + 1) = \{0, 1, 2, x, x + 1, x + 2, 2x, 2x + 1, 2x + 2\}$$

例 9.5 证明 $p(x) = x^4 + x^3 + 1$ 是 $F_2[x]$ 中的不可约多项式，从而 $F_2[x]/(p(x))$ 是 F_2 的 4 次扩域。

证明 因为 $p(1) \neq 0$，$p(0) \neq 0$，所以 $p(x)$ 在 $F_2[x]$ 中不含一次因子。

$F_2[x]$ 中的所有次数等于 2 的不可约多项式只有 $x^2 + x + 1$，且 $x^2 + x + 1 \nmid p(x)$。

所以 $p(x)$ 不可约，$F_2[x]/(p(x))$ 是 F_2 的 4 次扩域。

例 9.6 求 $F_{2^4} = F_2[x]/(x^4 + x^3 + 1)$ 的生成元 $g(x)$，并计算 $g(x)^t$，$t = 0, 1, 2, \cdots, 14$ 和所有生成元。

解 (1) 因为 $|F_{2^4}^*| = 3 \times 5$，根据定理 6.10，$F_{2^4}^*$ 中非单位元的阶只可能是 3, 5 或 15。所以要验证非单位元 $g(x) \in F_2[x]/(x^4 + x^3 + 1)$ 是否为生成元，即验证其阶是否等于 15，只要验证 $g(x)^3 \not\equiv 1 \pmod{x^4 + x^3 + 1}$, $g(x)^5 \not\equiv 1 \pmod{x^4 + x^3 + 1}$ 即可。

设 $g(x) = x$，验证 $g(x)^3 \equiv x^3 \not\equiv 1 \pmod{x^4 + x^3 + 1}$, $g(x)^5 \equiv x^3 + x + 1 \not\equiv 1 \pmod{x^4 + x^3 + 1}$。所以 $g(x) = x$ 是生成元。

(2) 对于 $t = 0, 1, 2, \cdots, 14$，计算 $g(x)^t \pmod{x^4 + x^3 + 1}$：

$$g(x)^0 \equiv 1, \qquad g(x)^1 \equiv x, \qquad g(x)^2 \equiv x^2$$
$$g(x)^3 \equiv x^3, \qquad g(x)^4 \equiv x^3 + 1, \qquad g(x)^5 \equiv x^3 + x + 1$$
$$g(x)^6 \equiv x^3 + x^2 + x + 1, \qquad g(x)^7 \equiv x^2 + x + 1, \qquad g(x)^8 \equiv x^3 + x^2 + x$$
$$g(x)^9 \equiv x^2 + 1, \qquad g(x)^{10} \equiv x^3 + x, \qquad g(x)^{11} \equiv x^3 + x^2 + 1$$
$$g(x)^{12} \equiv x + 1, \qquad g(x)^{13} \equiv x^2 + x, \qquad g(x)^{14} \equiv x^3 + x^2$$

(3) 根据推论 6.2 的(5)，可知 $g(x)^d$ 是 F_q^* 的生成元当且仅当 $(d, q-1) = 1$。所以 $F_2[x]/(x^4 + x^3 + 1)$ 的全部 8 个生成元分别是

$$x, x^2, x^3 + 1, x^2 + x + 1, x^3 + x^2 + x, x^3 + x^2 + 1, x^2 + x, x^3 + x^2$$

例 9.7 (1) 证明 $m(x) = x^8 + x^4 + x^3 + x + 1$ 是 $F_2[x]$ 中的不可约多项式；(2) 求域 $F_{2^8} = F_2[x]/(m(x))$ 的生成元 $g(x)$。

证明 (1) $F_2[x]$ 中次数小于等于 4 的所有不可约多项式分别是

$$x, x + 1, x^2 + x + 1, x^3 + x^2 + 1, x^3 + x + 1, x^4 + x^3 + x^2 + x + 1, x^4 + x + 1, x^4 + x^3 + 1 \qquad (9.6)$$

经验证式(9.6)中的多项式均不整除 $m(x)$，所以 $m(x)$ 是 $F_2[x]$ 中的不可约多项式，$F_2[x]/(m(x))$ 构成 $2^8 = 256$ 元域。

解 (2) 因为 $|F_{2^8}^*| = 255 = 3 \times 5 \times 17$，$F_{2^8}^*$ 中非单位元的阶只可能是 3, 5, 15, 17, 51, 85, 255。

取 $g(x) = x$，验证

$$g(x)^3 = x^3 \not\equiv 1 \pmod{m(x)}$$
$$g(x)^5 = x^5 \not\equiv 1 \pmod{m(x)}$$
$$g(x)^{15} = x^{15} \not\equiv 1 \pmod{m(x)}$$
$$g(x)^{17} = x^{17} \not\equiv 1 \pmod{m(x)}$$
$$g(x)^{51} = x^{51} \equiv 1 \pmod{m(x)}$$

所以，$g(x) = x$ 不是 $F_2[x]/(m(x))$ 的生成元。

另取 $g(x) = x + 1$，验证

$$g(x)^3 \equiv x^3 + x^2 + x + 1 \not\equiv 1 \pmod{m(x)}$$
$$g(x)^5 \equiv x^5 + x^4 + x + 1 \not\equiv 1 \pmod{m(x)}$$
$$g(x)^{15} \equiv x^5 + x^4 + x^2 + 1 \not\equiv 1 \pmod{m(x)}$$
$$g(x)^{17} \equiv x^7 + x^6 + x^5 + 1 \not\equiv 1 \pmod{m(x)}$$
$$g(x)^{51} \equiv x^3 + x^2 \not\equiv 1 \pmod{m(x)}$$
$$g(x)^{85} \equiv x^7 + x^5 + x^4 + x^3 + x^2 + 1 \not\equiv 1 \pmod{m(x)}$$

所以 $g(x) = x + 1$ 是域 $F_{2^8} = F_2[x]/(m(x))$ 的生成元。

9.3 多项式的根、迹与范数*

定理 9.12 设 $f(x) \in F_q[x]$ 是一个不可约多项式，α 是 $f(x)$ 在 F_q 的某一个扩域中的根，$h(x) \in F_q[x]$，那么 $h(\alpha) = 0 \Leftrightarrow f(x) \mid h(x)$。

证明

" $\Leftarrow$ " 若 $f(x) \mid h(x)$，则存在 $q(x) \in F_q[x]$，有

$$h(x) = q(x)f(x)$$

显然 $h(\alpha) = 0$。

" $\Rightarrow$ " 设 $g(x) = a^{-1}f(x)$，其中 a 是 $f(x)$ 的首项系数，则根据定义 8.14，$g(x)$ 是 α 在 $F_q[x]$ 上的极小多项式。因为 $h(\alpha) = 0$，再根据定理 8.15，有 $g(x) \mid h(x)$。所以 $f(x) \mid h(x)$。

定理 9.13 设 $f(x) \in F_q[x]$ 是 m 次不可约多项式，则 $f(x) \mid x^{q^n} - x \Leftrightarrow m \mid n$。

证明

" $\Rightarrow$ " 假设 F_{q^n} 是 F_q 上多项式 $x^{q^n} - x$ 的分裂域，$f(x) \mid x^{q^n} - x$，α 是 $f(x)$ 的根，则 $\alpha^{q^n} = \alpha$，所以

$$\alpha \in F_{q^n}$$

因此

$$F_q \subseteq F_q(\alpha) \subseteq F_{q^n}$$

由定理 8.17，得

$$[F_q(\alpha) : F_q] = m, \quad [F_{q^n} : F_q] = n$$

而

$$[F_{q^n} : F_q] = [F_{q^n} : F_{q^m}][F_{q^m} : F_q]$$

所以 $m \mid n$。

" $\Leftarrow$ " 设 α 是 m 次多项式 $f(x)$ 的一个根，则由定理 8.17，可知 $[F(\alpha) : F] = m$。

所以，域 $F(\alpha)$ 中有 q^m 个元素，$F(\alpha) = F_{q^m}$。

如果 $m \mid n$，F_{q^m} 是 F_{q^n} 的子域，那么 α 满足 $x^{q^n} - x = 0$。

又因为 $f(\alpha) = 0$ 且 $f(x)$ 不可约，所以

$$f(x) \mid x^{q^n} - x$$

定理 9.14 设 $f(x) \in F_q[x]$ 是 m 次不可约多项式，则 $f(x)$ 有根 $\alpha \in F_{q^m}$。进一步，$f(x)$ 的所有 m 个根恰好为 F_{q^m} 中的如下元素：

$$\alpha, \alpha^q, \alpha^{q^2}, \cdots, \alpha^{q^{m-1}} \tag{9.7}$$

证明 假设 α 是 $f(x)$ 的一个根，由定理 8.17，得

$$[F_q(\alpha) : F_q] = m, \quad F_q(\alpha) = F_{q^m}$$

下面证明 α^q 也是 $f(x)$ 的根。

设 $f(x) = a_m x^m + \cdots + a_1 x + a_0 \in F_q[x]$，由定理 9.4，得

$$\begin{aligned} f(\alpha^q) &= a_m(\alpha^q)^m + \cdots + a_1(\alpha^q) + a_0 \\ &= (a_m \alpha^m + \cdots + a_1 \alpha + a_0)^q \\ &= 0 \end{aligned}$$

所以 $\alpha, \alpha^q, \alpha^{q^2}, \cdots, \alpha^{q^{m-1}}$ 都是 $f(x)$ 的根。

下面证明 $\alpha, \alpha^q, \alpha^{q^2}, \cdots, \alpha^{q^{m-1}}$ 两两不同。

证明 假设 $\alpha^{q^s} = \alpha^{q^t}, 0 \leq s, t \leq m-1$，则

$$(\alpha^{q^s})^{q^{m-t}} = (\alpha^{q^t})^{q^{m-t}}$$

即

$$\alpha^{q^{m-t+s}} = \alpha^{q^m} = \alpha$$

于是

$$f(x) \mid x^{q^{m-t+s}} - x$$

根据定理 9.13，有

$$m \mid m - t + s$$

而 $1 \leq m - t + s \leq 2m - 1$，所以只有

$$s = t$$

故 $\alpha, \alpha^q, \alpha^{q^2}, \cdots, \alpha^{q^{m-1}}$ 两两不同。

推论 9.1 设 $f(x) \in F_q[x]$ 是 m 次不可约多项式，则 $f(x)$ 在 F_q 上的分裂域为 $F_{q^m} = F_q(\alpha)$。

证明 根据定理 9.14，可知 $F_q(\alpha) = F_{q^m}$，且 $F_q(\alpha, \alpha^q, \alpha^{q^2}, ..., \alpha^{q^{m-1}}) = F_q(\alpha)$。

推论 9.2 F_q 上同次不可约多项式的分裂域同构。

证明 由定理 9.9 与推论 9.1 可证。

定义 9.2 设 F_{q^m} 是 F_q 的扩域，$\alpha \in F_{q^m}$，则称 $\alpha, \alpha^q, \alpha^{q^2}, \cdots, \alpha^{q^{m-1}}$ 为 α 相对于 F_q 的共轭元。

推论 9.3 F_{q^m} 中的一个元素 α 相对于 F_q 的 m 个共轭元是不同的当且仅当 α 在 F_q 上的多项式是 m 次的。

定理 9.15 $\alpha \in F_{q^m}$ 相对于任一子域的共轭元有相同的阶。

证明 因为 α 的阶整除 $q^m - 1$，而 $(q^i, q^m - 1) = 1$（$0 \leq i \leq m-1$），根据推论 6.2 的(5)，α^{q^i} 与 α 的阶相同。

例 9.8 $f(x) = x^8 + x + 1 \in F_2[x]$，设 $\alpha \in F_{2^8}$ 是 $f(x)$ 的根。则 α 对于 F_2 的共轭元分别是

$\alpha, \alpha^2, \alpha^4, \alpha^8 = \alpha + 1, \alpha^{16} = (\alpha+1)^2 = \alpha^2 + 1, \alpha^{32} = (\alpha+1)^2 = \alpha^2 + 1, \alpha^{64} = (\alpha^2+1)^2 = \alpha^4 + 1$

α 对于 F_4 的共轭元分别是

$$\alpha, \quad \alpha^4, \quad \alpha^{16} = \alpha^2 + 1, \quad \alpha^{64} = \alpha^4 + 1$$

α 对于 F_{16} 的共轭元分别是

$$\alpha, \quad \alpha^{16} = \alpha^2 + 1$$

推论 9.4 如果 α 是 F_q 的本原元，则 α 相对于任一子域的共轭元也是本原元。

扩域在基域上可以有多种基底，一种是定义 8.15 的多项式基，另外一种是正规基。

定义 9.3 设 F_{q^m} 是域 F_q 的扩域，则 F_{q^m} 在 F_q 上形如 $\{\alpha, \alpha^q, \alpha^{q^2}, ..., \alpha^{q^{m-1}}\}$（$\alpha$ 为某一适当元素）的基称为**正规基**，其中 α 称为正规基的生成元，或称 F_{q^m} 在 F_q 上的正规元。换句话说，正规基是由 F_{q^m} 中合适的元与其所有共轭元组成的基。

对于有限域的有限次扩域，是否一定存在正规基，下面定理给出肯定的答案。

定理 9.16（正规基定理） 设 E 是有限域 F 的有限次扩张，则一定存在 E 在 F 上的正规基。

证明 略 [12]。

定理 9.17 设 $(m, q) = 1$，$1 \neq a \in F_q^*$，满足 $x^m - a$ 在 F_q 上不可约，令 α 是 $x^m - a = 0$ 的根，则 $(1 - \alpha)^{-1}$ 是 F_{q^m} 在 F_q 上的正规元。

证明 略 [12]。

元素的共轭元与有限域的自同构联系密切。

定义 9.4 设 F_{q^m} 是 F_q 的一个扩张，从 F_{q^m} 到 F_{q^m} 自身的同构映射称为 F_{q^m} 的自同构，如果 F_{q^m} 的一个自同构映射 σ 保持 F_q 中的元素不变，则称 σ 为 F_{q^m} 的 F_q-自同构。即 σ 是 F_{q^m} 的自同构映射，且对任意的 $a \in F_q$，有 $\sigma(a) = a$。

定理 9.18 F_{q^m} 的所有 F_q-自同构恰好是如下定义的映射 $\sigma_0, \sigma_1, \cdots, \sigma_{m-1}$

$$\sigma_j(\alpha) = \alpha^{q^j}, \quad \alpha \in F_{q^m}, \quad 0 \leqslant j \leqslant m - 1 \tag{9.8}$$

证明 （1）容易验证 σ_j 是 F_{q^m} 的 F_q-自同构。

事实上，对任意的 j（$0 \leqslant j \leqslant m-1$），以及任意的 $\beta \in F_{q^m}$，都存在 $\alpha = \beta^{q^{m-j}} \in F_{q^m}$，满足

$$\sigma_j(\alpha) = \alpha^{q^j} = (\beta^{q^{m-j}})^{q^j} = \beta$$

所以映射 σ_j 是满射，因为 σ_j 是 F_{q^m} 的自身映射，所以 σ_j 是一一映射。

根据定义 8.5，下面证明 σ_j 满足同态性。对任意的 $\alpha, \beta \in F_{q^m}$，则有

$$\sigma_j(\alpha + \beta) = (\alpha + \beta)^{q^j} = \alpha^{q^j} + \beta^{q^j} = \sigma_j(\alpha) + \sigma_j(\beta)$$

$$\sigma_j(\alpha\beta) = (\alpha\beta)^{q^j} = \alpha^{q^j}\beta^{q^j} = \sigma_j(\alpha)\sigma_j(\beta)$$

所以 σ_j 是 F_{q^m} 上的同态映射。

故 σ_j（$0 \leqslant j \leqslant m-1$）是 F_{q^m} 的 F_q-自同构。

（2）这些映射互不相同。

设 α 是 F_q 上的一个 m 次不可约多项式的根，由定理 9.14，可知 $\alpha, \alpha^q, \alpha^{q^2}, \cdots, \alpha^{q^{m-1}}$ 两两不同。所以

$$\sigma_j(\alpha) = \alpha^{q^j} \quad (0 \leqslant j \leqslant m-1)$$

将 α 映射到 m 个不同的元素。

（3）$\sigma_0, \sigma_1, \cdots, \sigma_{m-1}$ 恰好是 F_{q^m} 的全部 F_q-自同构。

设 α 是 F_{q^m} 的本原元，则 α 是 F_q 上的某个 m 次不可约多项式的根，设该多项式为 $f(x) = x^m + a_{m-1}x^{m-1} + \cdots + a_0$。

由

$$f(\alpha) = \alpha^m + a_{m-1}\alpha^{m-1} + \cdots + a_0 = 0$$

得

$$\sigma(\alpha)^m + a_{m-1}\sigma(\alpha)^{m-1} + \cdots + a_0 = 0$$

因此 $\sigma(\alpha)$ 也是 $f(x)$ 在 F_{q^m} 中的根，由定理 9.14，可知 $f(x) = 0$ 的 m 个根是

$$\alpha, \alpha^q, \alpha^{q^2}, \cdots, \alpha^{q^{m-1}}$$

所以存在某一 j，满足 $\sigma(\alpha) = \alpha^{q^j}$。

因为 $F_{q^m} = F(\alpha)$，所以任意的 $\beta \in F_{q^m}$，都有 $\sigma(\beta) = \beta^{q^i}$，即 $\sigma_0, \sigma_1, \cdots, \sigma_{m-1}$ 是 F_{q^m} 的全部 F_q-自同构。

由定理 9.18，可知 $\alpha \in F_{q^m}$，要想得到 α 的所有共轭元，只要将 F_{q^m} 的所有 F_q-自同构作用到 α 即可。F_{q^m} 的 F_q-自同构在通常的映射复合运算下，构成一个 m 阶循环群，生成元为 σ_1: $\sigma_1(\alpha) = \alpha^q$。该循环群称为 F_{q^m} 在 F_q 上的 Galois 群，生成元 σ_1 称为 F_{q^m} 在 F_q 上的 **Frobenius 自同构**。

定义 9.5 设域 $F = F_q$，$\alpha \in E = F_{q^m}$，定义 α 从 E 到 F 的迹（Trace）$Tr_{E/F}(\alpha)$ 如下：

$$Tr_{E/F}(\alpha) = \alpha + \alpha^q + \alpha^{q^2} + \cdots + \alpha^{q^{m-1}} \tag{9.9}$$

如果 F 是素域，则 $Tr_{E/F}(\alpha)$ 称为 α 的绝对迹，记为 $Tr_E(\alpha)$。

定义 9.6 设 $F = F_q$，$\alpha \in E = F_{q^m}$，定义 α 从 E 到 F 的范数（Norm）$N_{E/F}(\alpha)$ 如下

$$N_{E/F}(\alpha) = \alpha \alpha^q \alpha^{q^2} \cdots \alpha^{q^{m-1}} = \alpha^{\frac{q^m-1}{q-1}} \tag{9.10}$$

容易验证 $Tr_{E/F}(\alpha)$，$N_{E/F}(\alpha)$ 是 F 中的元素。

事实上 $(Tr_{E/F}(\alpha))^q = Tr_{E/F}(\alpha)$，所以 $Tr_{E/F}(\alpha)$ 是 $x^q - x$ 的根，因此 $Tr_{E/F}(\alpha) \in F_q$。

9.4　本原多项式

引理 9.1 设 $f(x)$ 是 F_q 上的 m 次多项式，$f(0) \neq 0$，则存在正整数 $e \leqslant q^m - 1$ 使得 $f(x) \mid x^e - 1$。

证明 已知剩余类环 $F_q[x]/(f(x))$ 只有 $q^m - 1$ 个非零元素，而剩余类

$$x^k + (f(x)), \quad k = 0, 1, 2, \cdots, q^m - 1$$

是 $F_q[x]/(f(x))$ 中的 q^m 个非零元素，所以一定存在 $0 \leqslant s < t \leqslant q^m - 1$ 使得

$$x^s \equiv x^t \,(\mathrm{mod}\, f(x))$$

因此 $x^{t-s} \equiv 1 (\mathrm{mod}\, f(x))$，即

$$f(x) \mid x^{t-s} - 1, \quad 0 \leqslant s < t \leqslant q^m - 1$$

定义 9.7 设 $f(x) \in F_q[x]$ 是非零次多项式，$f(0) \neq 0$，满足 $f(x) \mid x^e - 1$ 的最小的正整数 e 称为 $f(x)$ 的阶（或周期、指数），记为 $\mathrm{ord}(f(x))$；如果 $f(0) = 0$，显然 $f(x)$ 可以写成 $f(x) = x^h g(x)$，其中 $g(0) \neq 0$，那么将 $f(x)$ 的阶定义为 $g(x)$ 的阶。

定理 9.19 设 $f(x)$ 是 F_q 上的 m 次不可约多项式，$f(0) \neq 0$，则 $\mathrm{ord}(f(x))$ 等于 $f(x)$ 的任一根在乘法群 $F_{q^m}^*$ 中的阶。

证明 由推论 9.1，F_{q^m} 是 $f(x)$ 的分裂域。因为 $f(x)$ 的所有根都是共轭的，由定理 9.15，这些根有相同的阶。

设 $\alpha \in F_{q^m}$ 是 $f(x)$ 的根，以及 α 在乘法群 $F_{q^m}^*$ 中的阶为 e，即 α 是 $x^e - 1 \in F_q[x]$ 的根。

因为 $f(x)$ 在 F_q 上不可约，且 $f(\alpha) = 0$，于是根据定理 9.12，有

$$f(x) \mid x^e - 1$$

因此

$$\mathrm{ord}(f(x)) \leqslant e \tag{9.11}$$

另一方面，根据多项式阶的定义，有

$$f(x) \mid x^{\mathrm{ord}(f(x))} - 1$$

于是由 $f(\alpha) = 0$ 得

$$\alpha^{\mathrm{ord}(f(x))} = 1$$

所以 α 在乘法群 $F_{q^m}^*$ 中的阶 e 满足

$$e \leqslant \mathrm{ord}(f(x)) \tag{9.12}$$

故 $\mathrm{ord}(f(x))$ 等于 $f(x)$ 的任一根在乘法群 $F_{q^m}^*$ 中的阶。

推论 9.5 设 $f(x)$ 是 F_q 上的 m 次不可约多项式，则 $\mathrm{ord}(f(x)) \mid q^m - 1$。

证明 由定理 9.19，可知 $\mathrm{ord}(f(x))$ 等于 $f(x)$ 的任一根在乘法群 $F_{q^m}^*$ 中的阶，所以

$$\mathrm{ord}(f(x)) \mid q^m - 1$$

定义 9.8 F_{q^m} 是 F_q 的扩域，设 α 是 F_{q^m} 的一个本原元，则 α 在 F_q 上的极小多项式 $f(x)$ 称为**本原多项式**。

定理 9.20 m 次首一不可约多项式 $f(x) \in F_q[x]$ 是 F_q 上的一个本原多项式，当且仅当 $\mathrm{ord}(f(x)) = q^m - 1$。

证明 由定义 9.8 与定理 9.19 可证。

9.5 Diffie-Hellman 密钥协商算法

1976 年，斯坦福大学的 W. Diffie 与 M. Hellman 提出基于有限域中离散对数的公钥密码体制，双方可以在公开网络上协商密钥 [13]。Diffie-Hellman（DH）密钥协商算法基于以下事实：设 p 为大素数，$g \in Z_p^*$，对任意正整数 x，计算 $y \equiv g^x \pmod{p}$ 是容易的；但是已知 g 和 y 求 x，使 $y \equiv g^x \pmod{p}$ 是困难的，该问题称为**有限域中的离散对数问题**（DLP）。算法 9.1 具体描述了 Diffie–Hellman 密钥协商算法。

算法 9.1　Diffie–Hellman 密钥协商

1. 系统参数建立

(1) 选择大素数 p，满足 $p-1$ 含有大素因子 q；

(2) 选取整数 g（$1 < g < p$），满足 g 模 p 的阶为 q。

2. 双方密钥协商

(1) Alice 随机秘密选取 a（$0 < a < p-1$），并计算

$$A \equiv g^a \pmod{p}$$

(2) Bob 随机秘密选取 b（$0 < b < p-1$），并计算

$$B \equiv g^b \pmod{p}$$

(3) Alice 将 A 传送给 Bob，Bob 将 B 传送给 Alice；

(4) Alice 计算 $K \equiv B^a \pmod{p}$，Bob 计算 $K \equiv A^b \pmod{p}$。

双方以 K 作为协商密钥进行保密通信。

事实上，有

$$K \equiv B^a \equiv A^b \equiv g^{ab} \pmod{p}$$

例 9.9 Diffie-Hellman 密钥协商

1. 系统参数建立

(1) 选择素数 $p = 83$，满足 $p - 1$ 含有素因子 41；

(2) 选取整数 $g = 7$，满足 g 模 p 的阶为 41。

2. 双方密钥协商

(1) Alice 随机秘密选取 $a = 13$，并计算

$$A \equiv 7^{13} \equiv 65 \pmod{83}$$

(2) Bob 随机秘密选取 $b = 29$，并计算

$$B \equiv 7^{29} \equiv 78 \pmod{83}$$

(3) Alice 将 $A = 65$ 传送给 Bob，Bob 将 $B = 78$ 传送给 Alice；

(4) Alice 计算 $K \equiv 78^{13} \equiv 36 \pmod{83}$；

Bob 计算 $K \equiv 65^{29} \equiv 36 \pmod{83}$。

双方以 $K = 36$ 作为协商密钥进行保密通信。

DH [13]、LUC [14]、XTR [15] 均是在有限域（或扩域）中构造的离散对数密码体制，它们的安全性分别基于基域（F_p）、二次扩域（F_{p^2}）及六次扩域（F_{p^6}）中的离散对数问题。

9.6 AES 中的有限域运算

AES（Advanced Encryption Standard）是美国标准技术研究所（NIST）在 2000 年 10 月公布的新的分组密码加密标准，取代 DES（Data Encryption Standard），由比利时密码专家 Joan Danmen 与 Vincent Rijmen 设计 [16]。

AES 使用 $GF(2)$ 上的不可约多项式 $m(x) = x^8 + x^4 + x^3 + x + 1$ 构造了有限域 $GF(2^8)$。

AES 轮变换使用了有限域 $GF(2^8)$ 中的元素求逆运算与模一个多项式的乘法运算；在密钥扩展中使用了 $GF(2^8)$ 中的元素求逆运算与指数运算。

1. 有限域 $GF(2^8)$ 中的运算

$GF(2^8)$ 中的元素表示：将 $a_7a_6a_5a_4a_3a_2a_1a_0 \in GF(2^8)$ 看成系数在 $\{0,1\}$ 上的多项式：

$$a_7x^7 + a_6x^6 + a_5x^5 + a_4x^4 + a_3x^3 + a_2x^2 + a_1x + a_0 \tag{9.13}$$

例如，$GF(2^8)$ 中元素 11000111 对应的多项式为 $x^7 + x^6 + x^2 + x + 1$。

(1) $GF(2^8)$ 中的加法运算

$GF(2^8)$ 中两个元素之和为相应的比特位模 2 相加；或者说在多项式表示中，对应的多项式之和，相应的系数模 2 相加。

例如：

$$11000111 \oplus 01101011 = 10101100$$

相应的多项式加法为

$$(x^7 + x^6 + x^2 + x + 1) + (x^6 + x^5 + x^3 + x + 1) = x^7 + x^5 + x^3 + x^2$$

(2) $GF(2^8)$ 中的减法运算

由于 $GF(2^8)$ 中每个元素的加法逆元等于自身，因此减法与加法相同。

(3) $GF(2^8)$ 中的乘法运算

$GF(2^8)$中两个元素 $a = a_7a_6\cdots a_0$ 与 $b = b_7b_6\cdots b_0$ 相乘，它们对应的多项式模 $m(x)$ 相乘。即 $c = a \times b = c_7c_6\cdots c_0$，其中

$$c(x) = c_7x^7 + c_6x^6 + \cdots + c_1x + c_0 = a(x)b(x) \ (\text{mod } m(x)) \tag{9.14}$$

例 9.10 设 $GF(2^8)$ 中两个元素 $a = 11000111, b = 01101011$，求 $a \times b$。

解 a 与 b 相应的多项式乘法为

$$(x^7 + x^6 + x^2 + x + 1) \times (x^6 + x^5 + x^3 + x + 1) \ (\text{mod } x^8 + x^4 + x^3 + x + 1)$$
$$= x^7 + x^4 + x^3 + x^2 + x$$

所以

$$a \times b = 11000111 \times 01101011 = 10011110$$

AES 密钥扩展中使用了轮常数 Rcon[j]，定义为

$$\text{Rcon}[j] = (\text{RC}[j], \text{'}00\text{'}, \text{'}00\text{'}, \text{'}00\text{'})$$

Rcon[j] 含 4 字节，每个字节看作 $GF(2^8)$ 中的元素，用十六进制数表示。其中

$$\text{RC}[j] = \text{'}02\text{'}^{j-1}, j = 1, 2, 3, \cdots \tag{9.15}$$

在 $GF(2^8)$ 中依次执行指数运算，有

$$\text{RC}[1] = \text{'}01\text{'}, \text{RC}[2] = \text{'}02\text{'}, \text{RC}[3] = \text{'}04\text{'}, \text{RC}[4] = \text{'}08\text{'}$$
$$\text{RC}[5] = \text{'}10\text{'}, \text{RC}[6] = \text{'}20\text{'}, \text{RC}[7] = \text{'}40\text{'}, \text{RC}[8] = \text{'}80\text{'}$$
$$\text{RC}[9] = \text{'}1B\text{'}, \cdots$$

(4) $GF(2^8)$ 中的求逆运算

$GF(2^8)$ 中的求逆运算采用多项式的扩展欧几里得算法。

设 $a = a_7a_6\cdots a_0 \in GF(2^8)$，求 a^{-1}。

a 对相应的多项式 $a(x) = a_7x^7 + a_6x^6 + \cdots + a_0$，运用扩展的欧几里得算法（定理 8.8 和算式(8.6)）计算得到 $s(x)$ 与 $t(x)$ 满足

$$s(x)a(x) + t(x)m(x) = 1 \tag{9.16}$$

这里的 $s(x) \ (\text{mod } m(x))$ 即为 $a(x)$ 模 $m(x)$ 的逆元。

例 9.11 AES 的字节代换（S 盒）中的取逆运算

AES 的 S 盒运算由两个变换合成，如表 9.2 所示。

(1) 将字节看成 $GF(2^8)$ 中的元素，映射到自身的乘法逆元，0 元素映射到自身。

表 9.2　AES 状态阵列 S 盒中的取逆运算

a	*	*	*		b	*	*	*
*	*	*	*		*	*	*	*
*	*	*	*		*	*	*	*
*	*	*	*		*	*	*	*

AES 将状态阵列中的每个（8 比特）元素视为 $GF(2^8)$ 中的元素，设表 9.2 中元素 $a = 01101011 \in GF(2^8)$，b 为 a 的逆元。

$GF(2^8)$ 中元素 a 对应的多项式 $a(x) = x^6 + x^5 + x^3 + x + 1$，运用扩展的欧几里得算法计算得到 $s(x) = x^7 + x^6 + x^4 + x^3 + x^2 + x + 1$，$t(x) = x^5 + x^3$，满足

$$s(x)a(x) + t(x)m(x) = 1$$

所以 $GF(2^8)$ 中元素 $a = 01101011$ 的逆元是 $b = 11011111$。

(2) 对字节做 $GF(2)$ 上的可逆仿射变换，得

$$
\begin{bmatrix} y_0 \\ y_1 \\ y_2 \\ y_3 \\ y_4 \\ y_5 \\ y_6 \\ y_7 \end{bmatrix} =
\begin{bmatrix}
1 & 0 & 0 & 0 & 1 & 1 & 1 & 1 \\
1 & 1 & 0 & 0 & 0 & 1 & 1 & 1 \\
1 & 1 & 1 & 0 & 0 & 0 & 1 & 1 \\
1 & 1 & 1 & 1 & 0 & 0 & 0 & 1 \\
1 & 1 & 1 & 1 & 1 & 0 & 0 & 0 \\
0 & 1 & 1 & 1 & 1 & 1 & 0 & 0 \\
0 & 0 & 1 & 1 & 1 & 1 & 1 & 0 \\
0 & 0 & 0 & 1 & 1 & 1 & 1 & 1
\end{bmatrix}
\begin{bmatrix} x_0 \\ x_1 \\ x_2 \\ x_3 \\ x_4 \\ x_5 \\ x_6 \\ x_7 \end{bmatrix}
\tag{9.17}
$$

2. $GF(2^8)$ 上模 $M(x) = x^4 + 1$ 乘法运算

在关于 AES 状态阵列的列混合操作中（表 9.3），每一列的 4 个元素视为系数在 $GF(2^8)$ 上次数小于 4 的多项式。这个多项式将与一个固定的多项式 $c(x)$ 执行模 $M(x) = x^4 + 1$ 乘法，这里要求 $c(x)$ 模 $M(x)$ 可逆。

表 9.3　AES 状态阵列的列混合

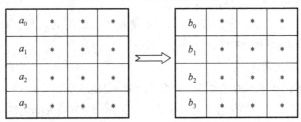

事实上，模 $M(x)$ 的加减乘除（若除数存在逆元）运算可以看成在商环 $GF(2^8)[x]/(M(x))$ 中运算。

(1) 多项式的加法（减法）就是对应的系数相加（相减），即 4 个 $GF(2^8)$ 上的元素分别相加（相减），4 字节向量（系数）分别逐比特异或。

次数小于 4 的多项式相加、减得到的多项式次数仍然小于 4。

(2) 多项式的模 $M(x)$ 乘法运算仍然得到一个次数小于 4 的多项式。

AES 列混合模 $M(x)$ 乘法运算中使用的固定可逆多项式 $c(x) =$ "03"$x^3 +$"01"$x^2 +$ "01"$x +$ "02"（系数用十六进制数表示），状态阵列中每一列分别与 $c(x)$ 相乘。

例如，设状态阵列中某一列对应 $a(x) = a_3x^3 + a_2x^2 + a_1x + a_0 \in GF(2^8)[x]/(M(x))$，则列混合变换执行如下模乘法运算

$$b(x) = b_3x^3 + b_2x^2 + b_1x + b_0 = a(x)c(x) \ (\bmod \ x^4 + 1) \tag{9.18}$$

实际上，式(9.18)可表示为 $GF(2^8)$ 上的矩阵乘法：

$$
\begin{bmatrix} b_0 \\ b_1 \\ b_2 \\ b_3 \end{bmatrix} =
\begin{bmatrix}
02 & 03 & 01 & 01 \\
01 & 02 & 03 & 01 \\
01 & 01 & 02 & 03 \\
03 & 01 & 01 & 02
\end{bmatrix} \times
\begin{bmatrix} a_0 \\ a_1 \\ a_2 \\ a_3 \end{bmatrix}
\tag{9.19}
$$

在列混合逆变换中，状态阵列中每一列对应的多项式 $b(x)$ 分别与一个固定多项式 $d(x)$ 进行模乘法运算，定义如下

$$(\text{"03"}x^3 + \text{"01"}x^2 + \text{"01"}x + \text{"02"})d(x) \equiv 01 \pmod{x^4 + 1} \tag{9.20}$$

其中，$d(x) = \text{"0B"}x^3 + \text{"0D"}x^2 + \text{"09"}x + \text{"0E"}$。

因此式(9.18)的逆变换为

$$a(x) = a_3 x^3 + a_2 x^2 + a_1 x + a_0 = b(x)d(x) \pmod{x^4 + 1} \tag{9.21}$$

实际上，式(9.21)也可表示为 $GF(2^8)$ 上的矩阵乘法

$$\begin{bmatrix} a_0 \\ a_1 \\ a_2 \\ a_3 \end{bmatrix} = \begin{bmatrix} 0E & 0B & 0D & 09 \\ 09 & 0E & 0B & 0D \\ 0D & 09 & 0E & 0B \\ 0B & 0D & 09 & 0E \end{bmatrix} \times \begin{bmatrix} b_0 \\ b_1 \\ b_2 \\ b_3 \end{bmatrix} \tag{9.22}$$

习 题 9

1. 写出各域的特征：$GF(4)$，$GF(5)$，$GF(32)$，$GF(49)$，$GF(81)$。

2. 若 $f(x)$ 为 Z_2 上的多项式，证明：$(f(x))^2 = f(x^2)$。

3. 若 α 是 Z_2 上的多项式 $f(x)$ 的根，证明：α^{2^k} 也是多项式 $f(x)$ 的根，其中 k 是正整数。

4. 给出以 2 和 3 为本原根的域 F_p 的最小素数。

5. 求出 F_{23} 的所有本原元。

6. 设 F 是域，证明：如果 F^* 是循环群，那么 F 一定是有限域。

7. 在域 F_{47} 中 2 与 3 的阶分别记为 $\text{ord}_2 47$, $\text{ord}_3 47$，给出一个其阶为 $[\text{ord}_2 47, \text{ord}_3 47]$ 的元素。

8. 找出 Z_3 上的所有 2 次不可约多项式。

9. 找出 $Z_2[x]$ 中所有 4 次不可约多项式。

10. 在 $F_2[x]$ 中利用不可约多项式 $x^4 + x + 1$ 构造一个具有 16 个元素的有限域，并给出乘法表。

11. 试将 $f(x) = x^{16} - 1 \in Q[x]$ 分解成不可约多项式的乘积。

12. $F_{2^{26}}$ 有多少个子域？F_{2^8} 是其中之一吗？为什么。

13. 证明：$x^4 + x + 1$ 是 $F_2[x]$ 中的不可约多项式，从而 $F_2[x]/(x^4 + x + 1)$ 是一个域，求其生成元 $g(x)$，并计算 $g(x)^t$，$t = 0, 1, 2, \cdots, 14$ 和所有生成元。

14. 已知 $m(x) = x^8 + x^4 + x^3 + x + 1$ 是 $F_2[x]$ 中的不可约多项式，$g(x) = x + 1$ 是域 $F_{2^8} = F_2[x]/(m(x))$ 的本原元，求 $g(x)^t$ ($t = 1, 2, \cdots, 32$)。

15. 构造一个 27 元域，给出其本原元 g，并求 g^t，其中 $t = 1, 2, \cdots, 26$。

16. 构造 5 元域、25 元域和 125 元域，并给出该域的本原元。

17. 给出 $F_2[x]$ 中全部 3 次、4 次和 5 次不可约多项式。

18. (1) 证明：多项式 $x^2 + 1 \in F_{11}[x]$ 是不可约的，并说明 $F_{11}[x]/(x^2 + 1)$ 含有 121 个元素；
    (2) 证明：多项式 $x^2 + x + 4 \in F_{11}[x]$ 也是不可约的，并说明 $F_{11}[x]/(x^2 + 1)$ 与 $F_{11}[x]/(x^2 + x + 1)$ 是同构的。

19. 将 F_{27} 的元素表示成 F_3 上的一组基的线性组合，找出 F_{27} 的一个本原元 g，并对任一 $\alpha \in F_{27}$，求出最小正整数 n，使得 $g^n = \alpha$。

20. 方程 $x^2 - 1 = 0$ 在环 Z_{16} 中有多少个根？

21. 设有限域 F_q 的特征为 p，证明：F_q 中的任一元素恰好存在一个 p 次方根。

22. 设 p 为素数，n 为正整数，证明：$n \mid \varphi(p^n - 1)$。

23. 设域 $F = F_q$，$\alpha, \beta \in E = F_{q^m}$，$a \in F$，证明迹函数 $Tr_{E/F}$ 满足：

   (1) $Tr_{E/F}(\alpha + \beta) = Tr_{E/F}(\alpha) + Tr_{E/F}(\beta)$；

   (2) $Tr_{E/F}(a\alpha) = aTr_{E/F}(\alpha)$；

   (3) $Tr_{E/F}(a) = ma$；

   (4) $Tr_{E/F}(\alpha^q) = Tr_{E/F}(\alpha)$。

24. 设域 $F = F_q$，$\alpha, \beta \in E = F_{q^m}$，$a \in F$，证明范数函数 $N_{E/F}$ 满足：

   (1) $N_{E/F}(\alpha\beta) = N_{E/F}(\alpha)N_{E/F}(\beta)$；

   (2) $N_{E/F}(a\alpha) = a^m N_{E/F}(\alpha)$；

   (3) $N_{E/F}(a) = a^m$；

   (4) $N_{E/F}(\alpha^q) = N_{E/F}(\alpha)$。

25. 设 $\alpha \in F_{q^m}$，$f(x) \in F_q[x]$ 是 α 在 F_q 上的极小多项式，次数为 d。证明：

   (1) $f(x)$ 不可约，且次数 $d \mid m$；

   (2) 如果 $g(x) \in F_q[x]$ 首一不可约，且 $g(\alpha) = 0$，则 $g(x) = f(x)$；

   (3) $f(x) \mid x^{q^d} - x$ 且 $f(x) \mid x^{q^m} - x$；

   (4) $f(x)$ 的根为 $\alpha, \alpha^q, \alpha^{q^2}, \cdots, \alpha^{q^{d-1}}$，且 $f(x)$ 是所有这些元素的最小多项式；

   (5) 当且仅当 α 在 F_{q^m} 中的阶为 $g^d - 1$ 时，$f(x)$ 是 F_q 上的本原多项式。

26. 计算 $f(x) = x^4 + x^3 + x^2 + 2x + 2 \in F_3[x]$ 的周期。

27. 计算 $f(x) = x^9 + x^8 + x^7 + x^3 + x + 1 \in F_2[x]$ 的周期。

28. 试计算 F_{32} 中所有元素在 F_8 上的极小多项式。

29. 设 r 为素数，$a \in F_q$。证明：$x^r - a \in F_q[x]$ 或者是 F_q 上的不可约多项式，或者在 F_q 中有一个根。

30. 证明：两个多项式的最小公倍式的阶恰好等于这两个多项式阶的最小公倍数。

31. 选取适当的参数，设计 Diffie–Hellman 密钥协商算法，并写出密钥协商过程。

第 10 章　有限域上的椭圆曲线

椭圆曲线是性质丰富的一类几何内容，它深刻联系了数学的多个分支。20 世纪 80 年代，V. Miller 和 N. Koblitz 独立地将椭圆曲线引入到密码学［17］［18］，在许多应用中，椭圆曲线密码取代了传统的 RSA 公钥系统，其中一个重要原因是，在相同的安全性下，椭圆曲线密码的系统参数更短。本章主要介绍椭圆曲线的定义与其群结构，以及相关的算术运算。

10.1　椭圆曲线的定义

椭圆曲线并非椭圆，之所以称为椭圆曲线是因为它的曲线方程与计算椭圆周长的方程类似。

定义 10.1　椭圆曲线是指韦尔斯特拉斯（Weierstrass）方程

$$E: y^2 + a_1xy + a_3y = x^3 + a_2x^2 + a_4x + a_6 \tag{10.1}$$

的所有点(x, y)的集合，且曲线上的每个点都是非奇异（或光滑）的。

这里的系数 a_i（ $i = 1, 2, \cdots, 6$ ）定义在某个域上，可以是有理数域、实数域、复数域，也可以是有限域 $GF(p^m)$，椭圆曲线密码体制所使用的椭圆曲线均定义在有限域上。

"非奇异"（non-singular）或"光滑"是指曲线（ $F(x, y) = y^2 + a_1xy + a_3y - (x^3 + a_2x^2 + a_4x + a_6 = 0)$ ）上任意一点的偏导数

$$F_y(x, y) = 2y + a_1x + a_3$$

$$F_x(x, y) = a_1y - (3x^2 + 2a_2x + a_4)$$

不同时为 0。否则，若在某点处两个偏导数均为 0，就称该点是**奇异**（singular）的。

上述关于偏导数不同时为 0 的条件保证了椭圆曲线在任意一点都存在切线，椭圆曲线都是指非奇异曲线。

对于式(10.1)所示的韦尔斯特拉斯方程，定义几个等式关系：

$$d_2 = a_1^2 + 4a_2$$

$$d_4 = 2a_4 + a_1a_3$$

$$d_6 = a_3^2 + 4a_6$$

$$d_8 = a_1^2a_6 + 4a_2a_6 - a_1a_3a_4 + a_2a_3^2 + a_4^2 \tag{10.2}$$

$$c_4 = d_2^2 - 24d_4$$

$$\Delta = -d_2^2d_8 - 8d_4^3 - 27d_6^2 + 9d_2d_4d_6 \tag{10.3}$$

$$j(E) = c_4^3/\Delta \tag{10.4}$$

其中，Δ 称为曲线 E 的判别式。当 $\Delta \neq 0$ 时，$j(E)$称为 E 的 **j-不变量**。

定理 10.1　由 Weierstrass 方程(10.1)给出的曲线 E 是椭圆曲线，即 Weierstrass 方程是非奇异的，当且仅当 $\Delta \neq 0$。

定理 10.2[*]　定义在域 F 上的椭圆曲线 E_1/F 与 E_2/F 是同构的，当且仅当存在 $u, r, s, t \in F$，$u \neq 0$，变量的变换

$$(x, y) \rightarrow (u^2 x + r, u^3 y + u^2 s x + t) \tag{10.5}$$

将椭圆曲线方程 E_1/F 转化为 E_2/F。

定理 10.3[*]　定义在域 F 上的椭圆曲线 E_1/F 与 E_2/F 是同构的，则 $j(E_1) = j(E_2)$。

如果 F 是代数闭域，反之也成立。

10.2　不同域上的椭圆曲线

对于不同特征的有限域 F，可以对由 Weierstrass 方程(10.1)给出的椭圆曲线 E/F 进行简化。

1. Char(F) $\neq$ 2, 3

如果 Char(F) $\neq 2$，则允许以下变量变换

$$(x, y) \rightarrow \left(x, y - \frac{a_1}{2} x - \frac{a_3}{2}\right)$$

将式(10.1)的 E/F 转化为

$$E': y^2 = x^3 + b_2 x^2 + b_4 x + b_6 \tag{10.6}$$

这里的 E/F 与 E'/F 同构。

进一步，如果 Char(F) $\neq 2, 3$，则允许以下变量变换

$$(x, y) \rightarrow \left(\frac{x - 3b_2}{9}, \frac{y}{27}\right)$$

将式(10.6)的 E'/F 转化为

$$E'': y^2 = x^3 + ax + b \tag{10.7}$$

这里的 E'/F 与 E''/F 同构，所以 E/F 与 E''/F 同构。

因此如果 Char(F) $\neq 2, 3$ 时，可以假设椭圆曲线 E/F 有如下形式：

$$E: y^2 = x^3 + ax + b \tag{10.8}$$

此时 E 的判别式是

$$\Delta = -16(4a^3 + 27b^2) \tag{10.9}$$

E 的 j-不变量是

$$j(E) = 1728 \frac{4a^3}{4a^3 + 27b^2} \tag{10.10}$$

2. Char(F) = 3[*]

如果 Char(F) = 3，式(10.1)中椭圆曲线 E/F 的 j-不变量是 $j(E) = \dfrac{(a_1^2 + a_2)^6}{\Delta}$。

(1) 如果 $j(E) \neq 0$（即 $a_1^2 + a_2 \neq 0$），则允许以下变量变换

$$(x, y) \rightarrow \left(x + \frac{d_4}{d_2}, y + a_1 x + a_1 \frac{d_4}{d_2} + a_3\right)$$

其中，$d_2 = a_1^2 + a_2, d_4 = a_4 - a_1 a_3$。

原椭圆曲线 E 转化为

$$E_1: y^2 = x^3 + ax^2 + b \tag{10.11}$$

对于 E_1，则有 $\Delta = -a^3 b$，$j(E_1) = -a^3/b$。

(2) 如果 $j(E) = 0$（即 $a_1^2 + a_2 = 0$），则变量变换

$$(x, y) \rightarrow (x, y + a_1 x + a_3)$$

将原椭圆曲线 E 转化为

$$E_2: y^2 = x^3 + ax + b \tag{10.12}$$

对于 E_2，则有 $\Delta = -a^3$，$j(E_2) = 0$。

3. Char(F) = 2*

如果 Char(F) = 2，式(10.1)中椭圆曲线 E/F 的 j-不变量是 $j(E) = (a_1)^{12}/\Delta$。

(3) 如果 $j(E) \neq 0$（即 $a_1 \neq 0$），则允许以下变量变换

$$(x, y) \rightarrow \left(a_1^2 x + \frac{a_3}{a_1}, a_1^3 y + \frac{a_1^2 a_4 + a_3^2}{a_1^3} \right)$$

原椭圆曲线 E 转化为

$$E_3: y^2 + xy = x^3 + a_2 x^2 + a_6 \tag{10.13}$$

对于 E_3，则有 $\Delta = a_6$，$j(E_3) = 1/a_6$。

(4) 如果 $j(E) = 0$（即 $a_1 = 0$），则变量变换

$$(x, y) \rightarrow (x + a_2, y)$$

将原椭圆曲线 E 转化为

$$E_4: y^2 + a_3 y = x^3 + a_4 x + a_6 \tag{10.14}$$

对于 E_4，则有 $\Delta = a_3^4$，$j(E_4) = 0$。

综上分析，表 10.1 给出不同特征有限域上 Weierstrass 方程的简化形式。

表 10.1 简化的 Weierstrass 方程

Char(F)	Weierstrass 方程	Δ	$j(E)$
$\neq 2, 3$	$y^2 = x^3 + a_4 x + a_6$	$-16(4a_4^3 + 27a_6^2)$	$1728 \dfrac{4a^3}{4a^3 + 27b^2}$
3	$y^2 = x^3 + a_2 x^2 + a_6$	$-a_2^3 a_6$	$-a_2^3 / a_6$
3	$y^2 = x^3 + a_4 x + a_6$	$-a_4^3$	0
2	$y^2 + xy = x^3 + a_2 x^2 + a_6$	a_6	$1/a_6$
2	$y^2 + a_3 y = x^3 + a_4 x + a_6$	a_3^4	0

例 10.1 图 10.1 给出定义在实数域上的两条椭圆曲线

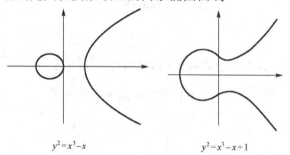

$$y^2 = x^3 - x \qquad\qquad y^2 = x^3 - x + 1$$

图 10.1 椭圆曲线图形

例 10.2 取 $p = 19$，$a = b = 1$，此时 $\Delta = -16(4a^3 + 27b^2) = 17 \neq 0$，$E_{19}(1, 1): y^2 = x^3 + x + 1$ 是椭圆曲线。表 10.2 给出点集 $E_{19}(1, 1)$。

表 10.2 点集 $E_{19}(1, 1)$

(0, 1)	(0, 18)	(2, 7)	(2, 12)	(5, 6)	(5, 13)
(7, 3)	(7, 16)	(10, 2)	(10, 17)	(13, 8)	(13, 11)
(14, 2)	(14, 17)	(15, 3)	(15, 16)	(16, 3)	(16, 16)

椭圆曲线的点与点之间除了满足曲线方程是否还存在其他关系？能否建立一个类似实数域上普通加法的运算规则？天才的数学家找到了这一运算规则。

10.3   椭圆曲线的群加法运算

为将 E 上的点集合转化为一个群，需要在这些点之间引入一种运算，称之为加法运算"$\oplus$"。这里的"$\oplus$"具备普通加法的一些性质，但具体运算与普通加法不同（在不引起歧义情况下，可用"$+$"代替"$\oplus$"）。

10.3.1   椭圆曲线加法运算规则

运算规则 设 P, Q 是椭圆曲线 E 上的两个点，过 P, Q 作直线（若 $P = Q$，过 P 点作切线），交椭圆曲线 E 于另一点 R'，然后过 R' 作 y 轴的平行线交 E 于一点 R，规定椭圆曲线上的加法 $P + Q = R$，如图 10.2 所示。

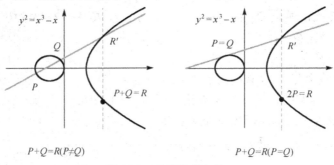

图 10.2   椭圆曲线加法

根据上述加法运算规则，可以求 $mP = P + \cdots + P (m \in N)$，如求 $3P = P + P + P = 2P + P$，如图 10.3 所示。

在讨论椭圆曲线群时，需要引入额外的一个点 O，称之为**无穷远点**。这个点可看成 y 轴上处于无穷远处的一个点，且平行于 y 轴的任意直线 $x = c$ 都通过这个点。

根据上述定义的椭圆曲线加法规则，椭圆曲线无穷远点 O 与椭圆曲线上一点 P 的连线交于 P'（图 10.4），过 P' 作 y 轴的平行线交于 P，所以有 $O + P = P$，如图 10.4 所示。

于是无穷远点 O 的作用相当于普通加法中的零元，我们将无穷远点 O 称为**零元**。同时我们将 P 称为 P 的**负元**（简称负 P，记作 $-P$），显然有 $-P + P = O$。

定理 10.4 椭圆曲线 E 上的加法运算"$+$"有如下性质：

(1) 对任意的 $P, Q \in E$，有 $P + Q = Q + P \in E$；

(2) 对任意的 $P \in E$，有 $P + O = P$；

(3) 对任意的 $P \in E$，存在一个点，记为 $-P$，有 $P + (-P) = O$；

(4) 如果直线 L 交 E 于 P、Q、R 三点（三点未必不同），则 $(P + Q) + R = O$；

(5) 对任意的 $P, Q, R \in E$，有 $(P + Q) + R = P + (Q + R)$。

在上述定义的加法运算规则的基础上，椭圆曲线 E 上的全体点外加一个称为无穷远点的特殊点 O 构成一个加法交换群（Abel 群），记为 $(E, +)$，O 是加法单位元（零元）。

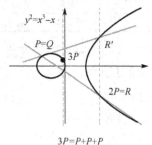

图 10.3　椭圆曲线倍点运算

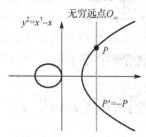

图 10.4　无穷远点 $O + P = P$

10.3.2　椭圆曲线加法公式

以一般意义上（如定义在实数域或有理数域上）的椭圆曲线方程为例，已知 P, Q 两点的坐标，用弦切法给出 $R = P + Q$ 坐标的一般计算公式：

设由 Weierstrass 方程

$$y^2 + a_1xy + a_3y = x^3 + a_2x^2 + a_4x + a_6 \tag{10.15}$$

定义的椭圆曲线 E 上的两点 $P = (x_1, y_1)$，$Q = (x_2, y_2)$，欲求 $P + Q = R$ 的坐标 (x_4, y_4)。

当 $Q = O$ 时，$P + Q = P$。

当 $Q \neq O$ 时：

(1) 求椭圆曲线上与 P, Q 共线的点 $S = (x_3, y_3)(= -R)$。

因为 P, Q, S 三点共线，所以设该直线方程为 $y = kx + b$。

实际上，P, Q, S 三点的坐标值就是方程组

$$y^2 + a_1xy + a_3y = x^3 + a_2x^2 + a_4x + a_6 \tag{10.16}$$

$$y = kx + b \tag{10.17}$$

的解。

① 若 $P \neq Q$（P, Q 两点不重合）：

a. 当 $x_1 \neq x_2$ 时，直线斜率 $k = (y_1 - y_2)/(x_1 - x_2)$；

b. 当 $x_1 = x_2$ 时，$P + Q = O$。

② 若 $P = Q$（P, Q 两点重合）：

a. 当 $2y + a_1x + a_3 \neq 0$ 时，直线为椭圆曲线的切线，其斜率为 $k = -F_x(x, y)/F_y(x, y) = (3x^2 + 2a_2x + a_4 - a_1y)/(2y + a_1x + a_3)$；

b. 当 $2y + a_1x + a_3 = 0$ 时，$P + Q = O$。

确定斜率 k 值之后，将式(10.17)代入式(10.16)，有

$$(kx + b)^2 + a_1x(kx + b) + a_3(kx + b) = x^3 + a_2x^2 + a_4x + a_6 \tag{10.18}$$

由于 x_1, x_2, x_3 是方程(10.18)的三个根，于是有

$$x^3 + (a_2 - k^2 - ka_1)x^2 + (a_4 - 2kb - a_1b - a_3k)x + (a_6 - a_3b - b^2) = (x - x_1)(x - x_2)(x - x_3) \quad (10.19)$$

根据方程根与系数的关系，等式右端$-x_1x_2x_3$等于常数项系数，$x_1x_2 + x_2x_3 + x_3x_1$等于一次项系数，$-(x_1 + x_2 + x_3)$等于二次项系数。

所以

$$-(x_1 + x_2 + x_3) = a_2 - ka_1 - k^2$$

因此

$$x_3 = k^2 + ka_1 - a_2 - x_1 - x_2 \quad (10.20)$$

求得点S的横坐标。

因为$k = (y_1 - y_3)/(x_1 - x_3)$，点$P(x_1, y_1)$与$S(x_3, y_3)$在直线$y = kx + b$上，所以可得

$$y_3 = y_1 - k(x_1 - x_3) \quad (10.21)$$

求得点S的纵坐标。

上述过程计算得到的S实际上是我们希望求得的$R = P + Q$的负值。

(2) 由$S(= -R)$求R。

因为S与R的连线平行于y轴，于是有

$$x_4 = x_3 = k^2 + ka_1 - a_2 - x_1 - x_2 \quad (10.22)$$

求得点R的横坐标。

因为y_3, y_4为$x = x_4$时方程

$$y^2 + a_1xy + a_3y = x^3 + a_2x^2 + a_4x + a_6$$

的两个解，将该方程化为

$$y^2 + (a_1x + a_3)y - (x^3 + a_2x^2 + a_4x + a_6) = 0$$

根据二次方程根与系数关系得

$$y_3 + y_4 = -(a_1x_4 + a_3)$$

故

$$y_4 = -y_3 - (a_1x_4 + a_3) = k(x_1 - x_4) - y_1 - (a_1x_4 + a_3) \quad (10.23)$$

求得点R的纵坐标。

设式(10.15)中椭圆曲线E的一点$P = (x, y)$，则 $-P = (x, -y - a_1x - a_3)$。

综上分析，一般域上椭圆曲线的加法公式如下。

算法 10.1　一般域上椭圆曲线点加法运算

$P(x_1, y_1) + Q(x_2, y_2) = R(x_4, y_4)$的横坐标与纵坐标分别为

$$x_4 = k^2 + ka_1 - a_2 - x_1 - x_2$$
$$y_4 = k(x_1 - x_4) - y_1 - a_1x_4 - a_3$$

对于斜率k，则有

当$P \neq Q$（P, Q不重合）时：

若$x_1 = x_2$，则$P + Q = O$；

若$x_1 \neq x_2$，直线斜率$k = (y_1 - y_2)/(x_1 - x_2)$。

当$P = Q$（P, Q重合）时：

若$2y + a_1x + a_3 = 0$，则$P + Q = O$；

若 $2y + a_1x + a_3 \neq 0$，切线斜率 $k = -F_x(x, y)/F_y(x, y) = (3x^2 + 2a_2x + a_4 - a_1y)/(2y + a_1x + a_3)$。

注：因为实数域、有理数域的特征不为 2、3，所以式(10.15)的椭圆曲线方程可以简化为

$$y^2 = x^3 + ax + b$$

其判别式 $\Delta = -16(4a_4^3 + 27a_6^2) \neq 0$。

前面提到的椭圆曲线是连续的，不适于安全加密。需要将椭圆曲线转换成离散的点，其方法就是将椭圆曲线定义在有限域上。

10.4　不同特征有限域上的椭圆曲线群加法

设 F 为一个有限域，E 是域 F 上的椭圆曲线，则 E 是一个由下列点组成的集合

$$E/F = \{(x, y) \in F \mid y^2 + a_1xy + a_3y = x^3 + a_2x^2 + a_4x + a_6, a_1, a_3, a_2, a_4, a_6 \in F\} \cup \{O\}$$

其中，O 表示无穷远点。

这个点集在椭圆曲线加法运算下构成群。

密码学中采用的椭圆曲线定义在有限域 $GF(p^m)$ 上，其中，$m \geqslant 1$，p 为素数。

定义 10.2　如果椭圆曲线上一点 P，存在最小的正整数 n，使得 $nP = O$，则称 n 为点 P 的阶，若 n 不存在，就说 P 是无限阶的。

事实上，在有限域上定义的椭圆曲线中任意点的阶都是存在的。

用 $E_{p^m}(a, b)$ 表示有限域 $GF(p^m)$ 上的椭圆曲线 E 的点集 $\{(x, y) \in E \mid x, y \in GF(p^m)\} \cup \{O\}$。

定义 10.3　设 P 为椭圆曲线中的点，在等式 $mP = P + P + \cdots + P = Q$ 中，已知点 Q 和点 P 求 m，称为椭圆曲线上的**离散对数问题**（ECDLP）。

定义在有限域上的椭圆曲线，已知 m 和点 P，求点 $Q = mP$ 在计算上容易。反之，已知点 Q 和点 P，求 m 却是困难的。

椭圆曲线密码体制正是基于这个困难问题而设计的。目前，求椭圆曲线上的离散对数问题的最好算法是 Pollard rho 方法，具有指数复杂度。

不同有限域上的椭圆曲线加法运算如下。

1. $GF(p^m)$（$p > 3$，$m \geqslant 1$）上的椭圆曲线

因为 $\mathrm{Char}(GF(p^m)) \neq 2, 3$，且由表 10.1，所以域 $GF(p^m)$ 上椭圆曲线 E 的 Weierstrass 方程可设为

$$E: y^2 = x^3 + ax + b \tag{10.24}$$

其中，$a, b \in GF(p^m)$，$\Delta = -16(4a^3 + 27b^2) \neq 0$。

设 $P = (x_1, y_1)$，$Q = (x_2, y_2)$ 是 E 的两个点，O 为无穷远点，E 在 $GF(p^m)$ 上的运算规则为：

(1) $P + O = O + P = P$；

(2) $-P = (x_1, -y_1)$，有 $P + (-P) = O$；

(3) 如果 $R = (x_4, y_4) = P + Q \neq O$，有

$$x_4 = k^2 - x_1 - x_2$$
$$y_4 = k(x_1 - x_4) - y_1$$

其中

$$k = \frac{y_2 - y_1}{x_2 - x_1}, \quad x_2 \neq x_1$$

$$k = \frac{3x_1^2 + a}{2y_1}, \quad x_2 = x_1$$

2. $GF(3^m)$（$m \geqslant 1$）上的椭圆曲线，$j(E) \neq 0^*$

因为 $\text{Char}(GF(3^m)) = 3$，且由表 10.1，所以域 $GF(3^m)$ 上椭圆曲线 E 的 Weierstrass 方程可设为

$$E: y^2 = x^3 + a_2 x^2 + a_6 \tag{10.25}$$

其中，$a_2, a_6 \in GF(3^m)$，$\Delta = -a_2^3 a_6 \neq 0$。

设 $P = (x_1, y_1)$，$Q = (x_2, y_2)$ 是 E 的两个点，O 为无穷远点，E 在 $GF(3^m)$ 上的运算规则为：

(1) $P + O = O + P = P$；

(2) $-P = (x_1, -y_1)$；

(3) 如果 $R = (x_4, y_4) = P_1 + P_2 \neq O$，有

$$x_4 = k^2 - x_1 - x_2 - a_2$$
$$y_4 = k(x_1 - x_4) - y_1$$

其中

$$k = \frac{y_2 - y_1}{x_2 - x_1}, \quad x_2 \neq x_1$$

$$k = \frac{2a_2 x_1}{2y_1}, \quad x_2 = x_1$$

3. $GF(3^m)$（$m \geqslant 1$）上的椭圆曲线，$j(E) = 0^*$

因为 $\text{Char}(GF(3^m)) = 3$，且由表 10.1，所以域 $GF(3^m)$ 上椭圆曲线 E 的 Weierstrass 方程可设为

$$E: y^2 = x^3 + a_4 x + a_6 \tag{10.26}$$

其中，$a_4, a_6 \in GF(3^m)$，$\Delta = -a_4^3 \neq 0$。

设 $P = (x_1, y_1)$，$Q = (x_2, y_2)$ 是 E 的两个点，O 为无穷远点，E 在 $GF(3^m)$ 上的运算规则为：

(1) $P + O = O + P = P$；

(2) $-P = (x_1, -y_1)$；

(3) 如果 $R = (x_4, y_4) = P_1 + P_2 \neq O$，有

$$x_4 = k^2 - x_1 - x_2$$
$$y_4 = k(x_1 - x_4) - y_1$$

其中

$$k = \frac{y_2 - y_1}{x_2 - x_1}, \quad x_2 \neq x_1$$

$$k = \frac{a_4}{2y_1}, \quad x_2 = x_1$$

4. $GF(2^m)$（$m \geqslant 1$）上的椭圆曲线，$j(E) \neq 0^*$

因为 $\text{Char}(GF(2^m)) = 2$，且由表 10.1，所以域 $GF(2^m)$ 上椭圆曲线 E 的 Weierstrass 方程可设为

$$E: y^2 + xy = x^3 + a_2 x^2 + a_6 \tag{10.27}$$

其中，$a_2, a_6 \in GF(2^m)$，$\Delta = a_6 \neq 0$。

设 $P = (x_1, y_1)$，$Q = (x_2, y_2)$ 是 E 的两个点，O 为无穷远点，E 在 $GF(2^m)$ 上的运算规则为：

(1) $P + O = O + P = P$；

(2) $-P = (x_1, x_1 + y_1)$；

(3) 如果 $R = (x_4, y_4) = P_1 + P_2 \neq O$，有

$$x_4 = k^2 + k + x_1 + x_2 + a_2$$
$$y_4 = k(x_1 - x_4) + x_4 + y_1$$

其中

$$k = \frac{y_2 + y_1}{x_2 + x_1}, \quad x_2 \neq x_1$$

$$k = \frac{x_1^2 + y_1}{x_1}, \quad x_2 = x_1$$

5. $GF(2^m)$（$m \geqslant 1$）上的椭圆曲线，$j(E) = 0^*$

因为 $\text{Char}(GF(2^m)) = 2$，且由表 10.1，所以域 $GF(2^m)$ 上椭圆曲线 E 的 Weierstrass 方程可设为

$$E: y^2 + a_3 y = x^3 + a_4 x + a_6 \tag{10.28}$$

其中，$a_4, a_6 \in GF(2^m)$，$\Delta = a_3^4 \neq 0$。

设 $P = (x_1, y_1)$，$Q = (x_2, y_2)$ 是 E 的两个点，O 为无穷远点，E 在 $GF(2^m)$ 上的运算规则为：

(1) $P + O = O + P = P$；

(2) $-P = (x_1, y_1 + a_3)$；

(3) 如果 $R = (x_4, y_4) = P_1 + P_2 \neq O$，有

$$x_4 = k^2 + x_1 + x_2$$
$$y_4 = k(x_1 + x_4) + y_1 + a_3$$

其中

$$k = \frac{y_2 + y_1}{x_2 + x_1}, \quad x_2 \neq x_1$$

$$k = \frac{x_1^2 + a_4}{a_3}, \quad x_2 = x_1$$

对于 $GF(p)$（$p > 3$）上的椭圆曲线方程 $y^2 = x^3 + ax + b$，算法 10.2 给出 $E_p(a, b)$ 上的加法公式。

算法 10.2 有限域上椭圆曲线点加法运算

设 $P, Q \in E_p(a, b)$（$p > 3$），则

(1) $P + O = P$；

(2) 如果 $P = (x, y)$，那么 $(x, y) + (x, -y) = O$，即 $(x, -y)$ 是 P 的加法逆元 $-P$；

(3) 设 $P = (x_1, y_1)$，$Q = (x_2, y_2)$，$P \neq -Q$，则 $P + Q = (x_4, y_4)$可由以下公式确定

$$x_4 = k^2 - x_1 - x_2 \, (\mathrm{mod} \ p)$$
$$y_4 = k(x_1 - x_4) - y_1 \, (\mathrm{mod} \ p)$$

其中，$k = \begin{cases} \dfrac{y_2 - y_1}{x_2 - x_1}, & P \neq Q \\[2mm] \dfrac{3x_1^2 + a}{2y_1}, & P = Q \end{cases}$。

例 10.3 对于 $E_{19}(1, 1)$，设 $P = (13, 8)$，$Q = (2, 7)$，求 $P + Q$ 和 $2P$。

解 $P + Q$：

$$k = (7 - 8)/(2 - 13) = 1 \times 11^{-1} \equiv 7 \, (\mathrm{mod} \ 19)$$
$$x_4 = 49 - 13 - 2 \equiv 15 \, (\mathrm{mod} \ 19)$$
$$y_4 = 7 \times (13 - 15) - 8 \equiv 16 \, (\mathrm{mod} \ 19)$$

所以 $P + Q = (15, 16)$。

$2P$：

$$k = (3 \times 169 + 1)/16 = 14/16 = 7 \times 8^{-1} \equiv 8 \, (\mathrm{mod} \ 19)$$
$$x_4 = 64 - 13 - 13 \equiv 0 \, (\mathrm{mod} \ 19)$$
$$y_4 = 8 \times (13 - 0) - 8 \equiv 1 \, (\mathrm{mod} \ 19)$$

所以 $2P = (0, 1)$。

倍点运算可由重复的加法完成，如 $5P = (P + P) + (P + P) + P$。

例 10.4 取 $p = 29$，$a = 4$，$b = 20$，此时 $\Delta = -16(4a^3 + 27b^2) = 4 \neq 0$，$E_{29}(4, 20)$: $y^2 = x^3 + 4x + 20$ 是椭圆曲线。表 10.3 给出点集 $E_{29}(4, 20)$。

表 10.3　点集 $E_{29}(4, 20)$

(0, 7)	(3, 1)	(6, 12)	(13, 6)	(16, 2)	(20, 3)	∞
(0, 22)	(3, 28)	(6, 17)	(13, 23)	(16, 27)	(20, 26)	
(1, 5)	(4, 10)	(8, 10)	(14, 6)	(17, 10)	(24, 7)	
(1, 24)	(4, 19)	(8, 19)	(14, 23)	(17, 19)	(24, 22)	
(2, 6)	(5, 7)	(10, 4)	(15, 2)	(19, 13)	(27, 2)	
(2, 23)	(5, 22)	(10, 25)	(15, 27)	(19, 16)	(27, 27)	

例如，$(5, 22) + (16, 27) = (13, 6)$，$2(5, 22) = (14, 6)$。

例 10.5 考虑在 F_2 上由不可约多项式 $f(x) = z^4 + z + 1$ 构造的有限域 F_{2^4}。F_{2^4} 中元素的形式为 $a_3 z^3 + a_2 z^2 + a_1 z + a_0 \in F_{2^4}$，可以直接用长度为 4 的比特串 $(a_3 a_2 a_1 a_0)$ 表示。例如，比特串 (1101) 表示元素 $z^3 + z^2 + 1$，(0110) 表示元素 $z^2 + z$。令 $a = z^3$，$b = z^3 + 1$，考虑定义在域 F_{2^4} 上的椭圆曲线

$$E: y^2 + xy = x^3 + z^3 x^2 + (z^3 + 1)$$

$E(F_{2^4})$ 中的全体点如表 10.4 所列。

例如，$(0010, 1111) + (1100, 1100) = (0001, 0001)$，$2(0010, 1111) = (1011, 0010)$。

表 10.4　点集 $E(F_{2^4})$

∞	(0010, 1101)	(0101, 0000)	(1000, 0001)	(1011, 0010)	(1111, 0100)
(0000, 1011)	(0010, 1111)	(0101, 0101)	(1000, 1001)	(1011, 1001)	(1111, 1011)
(0001, 0000)	(0011, 1100)	(0111, 1011)	(1001, 0110)	(1100, 0000)	
(0001, 0001)	(0011, 1111)	(0111, 1100)	(1001, 1111)	(1100, 1100)	

10.5　椭圆曲线群阶

椭圆曲线群阶是判断一条椭圆曲线是否安全的重要依据。

有限域 F_q（$\mathrm{Char}(F_q) > 3$）上椭圆曲线点的集合，是由满足以下方程的点 $(x, y) \in F_q \times F_q$ 构成

$$y^2 = x^3 + ax + b$$

其中，$a, b \in F_q, 4a^3 + 27b^2 \neq 0$。

对于任意 $x_0 \in F_q$，该方程在 F_q 中要么有两个解（$x_0^3 + ax_0 + b$ 为 F_q 中的二次剩余），要么无解（$x_0^3 + ax_0 + b$ 为 F_q 中的二次非剩余）。

因此

$$|E(F_q)| = 1 + 2 \times |\{x \in F_q \mid x^3 + ax + b \text{ 为 } F_q \text{ 的二次剩余}\}|$$

$$= 1 + \sum_{x \bmod p} \left(\left(\frac{x^3 + Ax + B}{p} \right) + 1 \right) \tag{10.29}$$

于是

$$1 \leqslant |E(F_q)| \leqslant 2q + 1$$

Hasse 给出了更紧致的界，有如下定理。

定理 10.5（Hasse） 有限域 F_q 上的椭圆曲线 $y^2 = x^3 + ax + b$ $(4a^3 + 27b^2 \neq 0)$，构成的椭圆曲线群（含单位元 O）阶为

$$|E(F_q)| = 1 + q - t, \quad -2\sqrt{q} \leqslant t \leqslant 2\sqrt{q} \tag{10.30}$$

由 Hasse 定理可知，$|E(F_q)|$ 与 q 同数量级 $|E(F_q)| \approx q$。区间 $[1 + q - 2\sqrt{q}, 1 + q + 2\sqrt{q}]$ 称为 Hasse 区间。

式 (10.30) 中的 t 称为椭圆曲线 E 在 F_q 上（Frobenius 自同态）的**迹**（Trace）。

当椭圆曲线 E 的参数在 F_q 上变化时，$|E(F_q)|$ 存在哪些规律？

定理 10.6（椭圆曲线群的可能阶） 设域 F_q 的特征为 p，$q = p^m$，存在定义在域 F_q 上的阶 $|E(F_q)| = 1 + q - t$ 的椭圆曲线 E 当且仅当以下条件成立：

(1) $t \not\equiv 0 \pmod{p}$ 且 $t^2 \leqslant 4q$；

(2) m 为奇数，且：

① $t = 0$；或者 (b) $t^2 = 2q, p = 2$；或者 (c) $t^2 = 3q, p = 3$；

(3) m 为偶数，且：

② $t^2 = 4q$；或者 (b) $t^2 = q, p \not\equiv 1 \pmod{3}$；或者 (c) $t = 0, p \not\equiv 1 \pmod{4}$。

推论 10.1 对任意的素数 p 和整数 $t(|t| \leqslant \sqrt{4p})$，一定存在定义在域 F_p 上的阶 $|E(F_p)| = 1 + p - t$ 的椭圆曲线 E。

证明 由定理 10.6 可证。

例 10.6（F_{29} 上椭圆曲线群阶） 域 F_{29} 上的椭圆曲线 $E_{29}(4, 20)$：$y^2 = x^3 + 4x + 20$ 构成的群的阶是 $|E(F_{29})| = 37$（见例 10.4）。由于 37 是素数，所以 $E_{29}(4, 20)$ 中的任何非单位元都是生成元。

取 $P = (0, 7)$，则 P 能生成 $E_{29}(4, 20)$ 中的所有点，分别为：

$1P = (0, 7)$,	$2P = (6, 12)$,	$3P = (10, 4)$,	$4P = (13, 23)$,	$5P = (17, 10)$
$6P = (3, 1)$,	$7P = (1, 24)$,	$8P = (27, 27)$,	$9P = (15, 27)$,	$10P = (19, 16)$
$11P = (14, 23)$,	$12P = (24, 7)$,	$13P = (5, 22)$,	$14P = (4, 10)$,	$15P = (2, 6)$
$16P = (20, 3)$,	$17P = (16, 2)$,	$18P = (8, 19)$,	$19P = (8, 10)$,	$20P = (16, 27)$
$21P = (20, 26)$,	$22P = (2, 23)$,	$23P = (4, 19)$,	$24P = (5, 7)$,	$25P = (24, 22)$
$26P = (14, 6)$,	$27P = (19, 13)$,	$28P = (15, 2)$,	$29P = (27, 2)$,	$30P = (1, 5)$
$31P = (3, 28)$,	$32P = (17, 19)$,	$33P = (13, 6)$,	$34P = (10, 25)$,	$35P = (6, 17)$
$36P = (0, 22)$,	$37P = 0P = \infty$			

定义 10.4 椭圆曲线 E 定义在特征为 p 的有限域 F_q 上，且 $|E(F_q)| = q + 1 - t$，如果 $p \mid t$，就称椭圆曲线 E 是**超奇异**（supersingular）的；否则，$p \nmid t$，就称椭圆曲线 E 是**非超奇异**（non-supersingular）的。

推论 10.2 设椭圆曲线 E 定义在有限域 F_q 上，令 $|E(F_q)| = q + 1 - t$，则 E 是**超奇异**的当且仅当 $t^2 = 0$, q, $2q$, $3q$ 或 $4q$。

定理 10.7 设椭圆曲线 E 定义在有限域 F_q 上，则 $E(F_q)$ 是秩（rank）为 1 或 2 的交换群，且

$$E(F_q) \cong Z_{n_1} \oplus Z_{n_2} \tag{10.31}$$

其中，$n_2 \mid n_1$，$n_2 \mid q - 1$。

注：Z_n 是加法循环群。

定理 10.8 设椭圆曲线 E 定义在有限域 F_q 上，$|E(F_q)| = q + 1 - t$。

(1) 如果 $t^2 = q$, $2q$, 或 $3q$，则 $E(F_q)$ 是循环群；

(2) 如果 $t^2 = 4q$，则：

① $t = 2\sqrt{q}$ 时，$E(F_q) \cong Z_{\sqrt{q}-1} \oplus Z_{\sqrt{q}-1}$；

② $t = -2\sqrt{q}$ 时，$E(F_q) \cong Z_{\sqrt{q}+1} \oplus Z_{\sqrt{q}+1}$。

(3) 如果 $t = 0$ 且 $q \not\equiv 3 \pmod{4}$，则 $E(F_q)$ 是循环群。

(4) 如果 $t = 0$ 且 $q \equiv 3 \pmod{4}$，则 $E(F_q)$ 是循环群或 $E(F_q) \cong Z_{\frac{(q+1)}{2}} \oplus Z_2$。

定理 10.9 设 $|E(F_q)| = q + 1 - t$，则

$$\#E(F_{q^k}) = q^k + 1 - (\alpha^k + \beta^k) \tag{10.32}$$

其中，α, β 是整系数方程 $x^2 - tx + q = 0$ 的两个根。

关于定理 10.9 中 $\alpha^k + \beta^k$ 的计算，有下面的定义与定理。

定义 10.5 设 P, Q 为整数，α, β 是方程

$$x^2 - Px + Q = 0 \tag{10.33}$$

的两个根，则称

$$V_k = \alpha^k + \beta^k, \quad U_k = \frac{\alpha^k - \beta^k}{\alpha - \beta} (k = 1, 2, \cdots) \tag{10.34}$$

为卢卡斯（Lucas）序列。

性质 10.1 对任意的整数 k，Lucas 序列有以下性质：

(1) $V_{k+1} = PV_k - QV_{k-1}$；

(2) $U_{k+1} = PU_k - QU_{k-1}$。

显然 $V_0 = 2$，$V_1 = P$；$U_0 = 0$，$U_1 = 1$。

性质 10.1 中的两个序列是递归序列。

当 q 不大时，首先在应用式(10.29)求得 $|E(F_q)| = q + 1 - t$ 后，再根据性质 10.1，可求得 $\#E(F_{q^k})$。

当特征 p 比较大时，1985 年 R. Schoof 给出求随机选取的大素域上椭圆曲线群阶的有效算法，算法时间复杂度为 $O(\log^8 p)$。

Schoof 算法基于以下数学内容。

设 φ 是椭圆曲线 $E(\overline{F_q})$（$\overline{F_q}$ 是包含 F_q 的最小代数闭域）在有限域 F_q 上的 Frobenius 自同态，记为

$$\varphi(x, y) = (x^q, y^q) \tag{10.35}$$

用 $End_{F_q} E$ 表示 F_q 上椭圆曲线 E 的自同态环，$End_{F_q} E$ 中的 Frobenius 自同态 φ 满足以下唯一关系式

$$\varphi^2 - t\varphi + q = 0, \quad t \in Z \tag{10.36}$$

其中，t 为 E 在 F_q 上 Frobenius 自同态的迹（Trace）。

根据定理 10.5，如果确定了 t，即可确定 $|E(F_q)|$，Schoof 算法的基本思想如下。

算法 10.3* Schoof 椭圆曲线群求阶算法。

(1) 检测是否有一个非零点 P 在 $E[l]$（$E[l] = \{ P(x, y) \mid lP = O, P \in E(\overline{F_q}) \}$）中满足

$$\varphi_l^2(P) = \pm kP, \quad k \equiv q \pmod{l} \tag{10.37}$$

的关系。

① 如果有一点 $P \in E[l]$，且有 $\varphi_l^2(P) = -kP$，则有 $-t\varphi_l(P) = O$。因为 $\varphi_l(P) \neq O$（由式(10.35)），所以

$$t \equiv 0 \pmod{l} \tag{10.38}$$

② 如果有 $\varphi_l^2(P) = kP$，则有 $(2q - t\varphi_l)(P) = O$，进一步有

$$\varphi_l = \frac{2q}{t} \pmod{l} \Rightarrow \varphi_l^2 = \frac{4q^2}{t^2} \pmod{l} \Rightarrow q \equiv \frac{4q^2}{t^2} \pmod{l}$$

于是

$$t^2 \equiv 4q \pmod{l} \tag{10.39}$$

用 $w \in Z$（$0 < w < l$）表示 $q \pmod{l}$ 的平方根，w 的值可通过 $w = 1, 2, \cdots, l - 1$ 逐一验证求得。

根据式(10.36)与式(10.39)，则有 $(\varphi_l - \frac{1}{2}t)^2 = 0$，所以 φ_l 作用于 $E[l]$ 上的特征值为 w 或 $-w$，可以通过以下步骤来判别。

计算雅可比符号 $\left(\dfrac{q}{l}\right)$，若有 $\left(\dfrac{q}{l}\right) = -1$，则 $t \equiv 0 \pmod{l}$。

否则，用穷举法求出 w，并测试 w 或 $-w$ 哪一个为 φ_l 的特征值，如果都不是 φ_l 的特征值，则 $t \equiv 0 \pmod{l}$；若有一个非零点 P 存在且有 $\varphi_l(P) = \pm \omega P$，接着测试 $\varphi_l(P) = \omega P$，或 $\varphi_l(P) = -\omega P$ 哪一个成立。对于第一种情况，$t \equiv 2w \pmod{l}$；对于第二种情况，$t \equiv -2w \pmod{l}$。

(2) 对于点 $P \in E[l]$，式(10.37)中的 $\varphi_l^2(P) = \pm kp$ 不成立时，直接测试 $(\varphi_l^2 + k)(P) = \tau \varphi_l$（$\tau \in Z$，$0 < \tau < l$）成立的 τ，则

$$t \equiv \tau \pmod{l}$$

(3) 选取不同的小素数 l_i（$l_i \neq 2$）重复步骤(1)(2)，在子群 $E[l]$ 上构造 t 的同余方程组 $t \equiv t_i \pmod{l_i}$。

当 $\prod_i^{l_{max}} l_i > 4\sqrt{q}$ 时，即可用中国剩余定理确定 t，进而可确定 $|E(F_q)|$。

文献［19］与［20］详细介绍了求 $t \pmod{l}$ 算法。

A. O. L Atkin 和 N. Elkies 分别对 Schoof 算法进行了改进，称为 SEA 算法，时间复杂度降为 $O(\log^6 p)$，可用于椭圆曲线群阶的实际计算［21］［22］。

10.6 椭圆曲线密码体制

椭圆曲线密码体制（ECC）利用有限域上椭圆曲线群代替原有离散对数密码体制中的循环群而构造的一类密码体制。

算法 10.4 椭圆曲线密码体制

1. 密钥生成

(1) 在有限域 F_q（F_{2m} 或 F_p）上构造椭圆曲线 E，满足 $\Delta \neq 0$，且存在大的素阶点 P（设其阶为 n）；

(2) 随机秘密选取用户私钥 $d \in [1, n]$，计算公钥 $Q = dP$；

(3) 公开解密者的参数（F_q, E, P, n, Q）。

2. 加密

(1) 将待加密明文 m 映射为椭圆曲线上的点 M；

(2) 随机秘密选择 $k \in [1, n]$，计算

$$c_1 = kP$$
$$c_2 = M + kQ \tag{10.40}$$

其中，(c_1, c_2) 为密文。

3. 解密

接收方利用私钥 d 进行解密，计算

$$M = c_2 - dc \tag{10.41}$$

并从 M 点取出明文 m。

事实上，式(10.41)即为

$$c_2 - dc_1 = (M + kQ) - d(kP) = (M + kQ) - kQ = M$$

例 10.7 ECC 加密和解密

1. 密钥生成

(1) 在有限域 F_{29} 上构造椭圆曲线 $E_{29}(4, 20)$：$y^2 = x^3 + 4x + 20$，满足 $\Delta = 4 \neq 0$，取基点 $P = (14, 23)$，其阶为素数 37；

(2) 随机秘密选取用户私钥 $d = 5 \in [1, 37]$，计算公钥 $Q = 5P = (8, 19)$；

(3) 公开解密者的参数 $(F_{29}, E_{29}(4, 20), P = (14, 23), n = 37, Q = (8, 19))$。

2. 加密

(1) 设待加密明文 $M = (16, 27)$ 为椭圆曲线上的点（若 M 不是椭圆曲线上的点，需先将 M 映射为椭圆曲线上点）；

(2) 随机秘密选择 $k = 13 \in [1, 37]$，计算

$$c_1 = 13P = (17, 19)$$
$$c_2 = (16, 27) + 13Q$$
$$= (16, 27) + (24, 7)$$
$$= (17, 19)$$

其中，(c_1, c_2) 为密文。

3. 解密

接收方用私钥 d 对密文进行解密，有

$$M = c_2 - dc_1 = (17, 19) - (24, 7) = (17, 19) + (24, 22) = (16, 27)$$

习 题 10

1. 验证例 10.4 中的结果 $(5, 22) + (16, 27) = (13, 6)$，$2(5, 22) = (14, 6)$；并计算 $(8, 19) + (17, 19)$ 以及 $2(8, 19)$。

2. 验证例 10.5 中的结果 $(0010, 1111) + (1100, 1100) = (0001, 0001)$，$2(0010, 1111) = (1011, 0010)$；并计算 $(0111, 1100) + (1111, 1011)$ 以及 $2(0111, 1100)$。

3. 为什么有限域上的椭圆曲线点集（包括单位元 O）在本章定义的加法运算规则下构成群？

4. 已知 $E/GF(K)$，$|E/GF(K)| = n = ap$，其中 a 是小的整数，p 为大素数，给出一种方法选择 $E/GF(K)$ 中的 p 阶元。

5. 列出 $E_{23}(1, 1)$ 的所有点。

6. 证明：点 $(1, 2)$ 是 $E_7(6, 4)$ 的生成元。

7. 求 $E_7(6, 4)$ 的群阶 $|E_7(6, 4)|$，并进一步求该椭圆曲线在域 F_{7^4} 上的群阶 $|E(F_{7^4})|$。

8. 已知 $E_{29}(4, 20)$，$\Delta = 4 \neq 0$，其群阶为 37，取基点为 $P = (4, 19)$，设待加密明文为 $M = (15, 27)$，私钥为 $d = 11$，计算用户的公钥，并写出加解密过程。

第11章 线性反馈移位寄存器

线性反馈移位寄存器（LFSR）电路结构简单，理论比较完善，广泛应用于通信、信息安全等领域，在对称密码，尤其是流密码的设计中，通常以 LFSR 序列为驱动，经过非线性函数处理后，生成随机性良好的密钥序列。

11.1 移位寄存器概念

一个 n 级移位寄存器由 n 个存储器、一个反馈函数 $f(a_{n-1}, \cdots, a_1, a_0)$ 组成，其结构简图如图 11.1 所示。

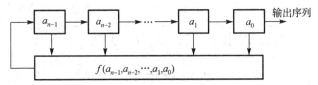

图 11.1 n 级移位寄存器

初始，在 n 个移位寄存器中分别写入 n 个数据 $a_{n-1}, \cdots, a_1, a_0$，$(a_{n-1}, \cdots, a_1, a_0)$ 称为该移位寄存器的**初始状态**。在每次移位脉冲的作用下，使用反馈函数 f 计算反馈值，然后从右端输出数据，从左端输入反馈值。循环上述过程，在初始输入 $(a_{n-1}, \cdots, a_1, a_0)$ 的条件下，移位寄存器不断地输出序列

$$a_0, a_1, a_2, \cdots, a_{k-1}, a_k, a_{k+1}, \cdots$$

其中，$a_k = f(a_{k-1}, a_{k-2}, \cdots, a_{k-n+1}, a_{k-n})$，$k \geq n$。

如果不使用反馈函数 f，仅由外界向寄存器的左端输入数据，右端输出数据，这是一般意义上的移位寄存器，提供时延功能。若反馈函数 f 是线性函数，就称该移位寄存器为**线性反馈移位寄存器（LFSR）**；若 f 为非线性函数，就称该移位寄存器为**非线性反馈移位寄存器（NFSR）**。

例 11.1 图 11.2 是一个 4 级反馈移位寄存器，其反馈函数为 $f(a_3, a_2, a_1, a_0) = a_3 \oplus a_2 a_1 \oplus a_0$，若其初始状态为 $(a_3, a_2, a_1, a_0) = (1, 0, 1, 0)$，表 11.1 给出其状态变化情况及输出序列。

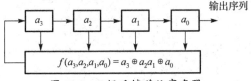

图 11.2 4 级反馈移位寄存器

该 4 级反馈移位寄存器的输出序列为 01011 01···，周期为 5。

表 11.1 图 11.2 中的 4 级反馈移位寄存器的状态和输出

状态 (a_3, a_2, a_1, a_0)	输出
1 0 1 0	0
1 1 0 1	1
0 1 1 0	0
1 0 1 1	1
0 1 0 1	1
1 0 1 0	0
1 1 0 1	1
⋮	⋮

本章主要介绍 $GF(2)$ 上的线性反馈移位寄存器，其反馈函数可写成

$$f(a_{n-1}, \cdots, a_1, a_0) = c_1 a_{n-1} \oplus c_2 a_{n-2} \oplus \cdots \oplus c_{n-1} a_1 \oplus c_n a_0 \tag{11.1}$$

其中，常数 $c_i = 0$ 或 1（$i = 1, 2, \cdots, n$），$\oplus$ 为模 2 加法，在 LFSR 的电路图中，可用开关的闭合实现 $c_i = 0$ 或 1，如图 11.3 所示。

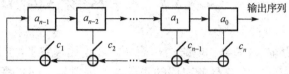

图 11.3　n 级线性反馈移位寄存器

输出序列 $\{a_t\}$ 满足递归关系式为：

$$a_{n+t} = c_1 a_{n+t-1} \oplus c_2 a_{n+t-2} \oplus \cdots \oplus c_{n-1} a_{t+1} \oplus c_n a_t, \quad t = 0, 1, 2, \cdots \tag{11.2}$$

例 11.2　图 11.4 是一个 5 级线性反馈移位寄存器，其递归关系式为：

$$a_{5+t} = a_{t+4} \oplus a_{t+2} \oplus a_{t+1} \oplus a_t, \quad t = 0, 1, 2, \cdots$$

若初始状态为 $(a_4, a_3, a_2, a_1, a_0) = (1, 1, 0, 1, 0)$，表 11.2 给出其状态变化情况及输出序列。

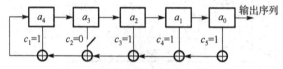

图 11.4　5 级线性反馈移位寄存器

表 11.2　图 11.4 中的 5 级移位寄存器的状态和输出

状态$(a_4, a_3, a_2, a_1, a_0)$	输出
1 1 0 1 0	0
0 1 1 0 1	1
0 0 1 1 0	0
0 0 0 1 1	1
0 0 0 0 1	1
1 0 0 0 0	0
1 1 0 0 0	0
⋮	⋮

该 5 级 LFSR 的输出序列为 0101100001110011011111010001001, 010110…，是周期为 31 的循环序列。图 11.5 给出初始值分别为 11010 与 00000 时寄存器的状态变化情况。

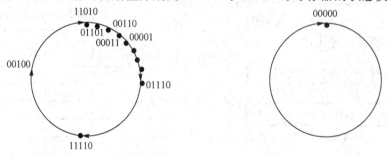

(a) 初始状态非0时的状态变迁　　　　　(b) 初始状态为0时的状态变迁

图 11.5　反馈式为 $a_{5+t} = a_{t+4} \oplus a_{t+2} \oplus a_{t+1} \oplus a_t$ 的 5 级 LFSR 的状态图

由于 $GF(2)$ 上的每个寄存器只能存储 0 或 1 两个可能值，因此 n 级 LFSR 最多有 2^n 个不同的状态。若其初始状态为 0，则其输出也为 0，此时其状态恒为 0，得到的是全 0 序列；若其初始状态不为 0，将不会出现 0 状态，因此 n 级 LFSR 的状态周期小于等于 2^n-1。由于 LFSR 输出序列的周期等于其状态的周期，因此 n 级 LFSR 输出序列的周期也小于等于 2^n-1。

事实上，n 级 LFSR 输出序列的任意连续 n 位，就是寄存器的一个状态，如图 11.6 所示。

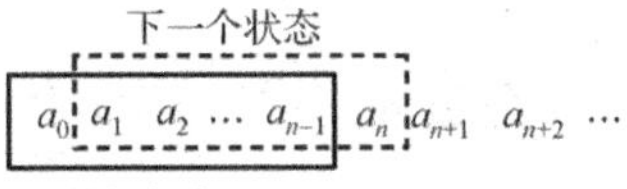

图 11.6　n 级 LFSR 输出序列与寄存器状态

线性反馈函数完全决定了 LFSR 输出序列的特性，为使输出序列周期达到最大，需要选择合适的反馈函数。

11.2　LFSR 的特征多项式与周期

定义 11.1　设 $GF(2)$ 上 n 级 LFSR 的输出序列 $\{a_t\}$ 满足递归关系式

$$a_{n+t} = c_1 a_{n+t-1} \oplus c_2 a_{n+t-2} \oplus \cdots \oplus c_{n-1} a_{t+1} \oplus c_n a_t, \quad t = 0, 1, 2, \cdots \tag{11.3}$$

其中，$(a_{n-1}, \cdots, a_1, a_0)$ 为寄存器的初始状态，该递归多项式的系数对应的 n 次多项式

$$f(x) = c_0 + c_1 x + c_2 x^2 + \cdots + c_{n-1} x^{n-1} + c_n x^n \ (c_0 = c_n = 1) \tag{11.4}$$

称为 LFSR 的**特征多项式**。

注：$GF(2)$ 上一般意义上的 n 级 LFSR 的输出序列 $\{a_t\}$ 满足的递归关系式为

$$c_0 a_{n+t} \oplus c_1 a_{n+t-1} \oplus c_2 a_{n+t-2} \oplus \cdots \oplus c_{n-1} a_{t+1} \oplus c_n a_t = 0, \quad t = 0, 1, 2, \cdots \tag{11.5}$$

用于流密码设计的递归关系主要为 $c_0 = c_n = 1$ 时的非退化情况。

显然，例 11.2 的 5 级 LFSR 递归关系式 $a_{5+t} = a_{t+4} \oplus a_{t+2} \oplus a_{t+1} \oplus a_t$，其特征多项式为

$$f(x) = 1 + x + x^3 + x^4 + x^5$$

LFSR 序列的周期同特征多项式的周期密切相关。

定义 11.2　设 $f(x)$ 是 $GF(2)$ 上的多项式，$f(x)$ 的周期（或阶）是使 $f(x) \mid x^e - 1$ 的最小的正整数 e。

将满足式(11.3)的序列称为 $f(x)$ 的**输出序列**，记为

$$\Omega(f) = \{a_i\}_{i \geq 0} \tag{11.6}$$

定义 11.3　序列 $\{a_i\}_{i \geq 0}$ 对应的幂级数

$$A(x) = \sum_{i=0}^{\infty} a_i x^i \tag{11.7}$$

称为该序列的**生成函数**。

引理 11.1　设多项式 $f(x) = 1 + c_1 x + c_2 x^2 + \cdots + c_{n-1} x^{n-1} + c_n x^n \in GF(2)[x]$，$\{a_i\}$ 是 $f(x)$ 的输出序列，$A(x)$ 是 $\{a_i\}$ 的生成函数，则

$$A(x) = \frac{a(x)}{f(x)}$$

其中，$a(x) = \sum_{i=0}^{n-1} \left(c_i x^i \sum_{j=0}^{n-1-i} a_j x^j \right)$。

证明 由式(11.3)，可得到以下等式

$$a_n = c_1 a_{n-1} \oplus c_2 a_{n-2} \oplus \cdots \oplus c_{n-1} a_1 \oplus c_n a_0$$

$$a_{n+1} = c_1 a_n \oplus c_2 a_{n-1} \oplus \cdots \oplus c_{n-1} a_2 \oplus c_n a_1$$

$$\vdots$$

等式两边分别乘以 $x^n, x^{n+1}, \cdots$，在 $GF(2)$ 上再求和，可得

$$
\begin{aligned}
a_n x^n + a_{n+1} x^{n+1} + \cdots &= c_1(a_{n-1} x^n + a_n x^{n+1} + \cdots) \\
&\quad + c_2(a_{n-2} x^n + a_{n-1} x^{n+1} + \cdots) \\
&\quad \cdots \\
&\quad + c_n(a_0 x^n + a_1 x^{n+1} + \cdots) \\
&= c_1 x(a_{n-1} x^{n-1} + a_n x^n + \cdots) \\
&\quad + c_2 x^2(a_{n-2} x^{n-2} + a_{n-1} x^{n-1} + \cdots) \\
&\quad \cdots \\
&\quad + c_n x^n(a_0 + a_1 x^1 + \cdots)
\end{aligned}
$$

于是

$$
\begin{aligned}
A(x) - (a_0 + a_1 x + \cdots + a_{n-1} x^{n-1}) &= c_1 x[A(x) - (a_0 + a_1 x + \cdots + a_{n-2} x^{n-2})] \\
&\quad + c_2 x^2[A(x) - (a_0 + a_1 x + \cdots + a_{n-3} x^{n-3})] \\
&\quad + \cdots + c_{n-1} x^{n-1}[A(x) - a_0] + c_n x^n A(x)
\end{aligned}
$$

移项整理得

$$
\begin{aligned}
A(x)(1 + c_1 x + c_2 x^2 + \cdots + c_n x^n) &= (a_0 + a_1 x + \cdots + a_{n-1} x^{n-1}) + c_1 x(a_0 + a_1 x + \cdots + a_{n-2} x^{n-2}) \\
&\quad + c_2 x^2(a_0 + a_1 x + \cdots + a_{n-3} x^{n-3}) + \cdots + c_{n-1} x^{n-1} a_0
\end{aligned}
$$

即

$$A(x)f(x) = \sum_{i=0}^{n-1}\left(c_i x^i \sum_{j=0}^{n-1-i} a_j x^j\right)$$

引理 11.2 设 $\{a_i\}_{i \geqslant 0}$ 是 n 次多项式 $f(x) \in GF(2)[x]$ 的输出序列，若 $f(x)$ 的周期为 p，则 $\{a_i\}$ 的周期 $T \mid p$。

证明 由定义 11.2，可得 $f(x) \mid x^p - 1$，因此存在 $g(x) \in GF(2)[x]$，有

$$x^p - 1 = f(x)g(x), \quad \deg(g(x)) = p - n$$

由引理 11.1，可得 $f(x)A(x) = a(x)$，有 $f(x)g(x)A(x) = a(x)g(x)$，则

$$A(x) = a(x)g(x)/(x^p - 1) = a(x)g(x)(1 + x^p + x^{2p} + \cdots)$$

由于 $\deg(a(x)) \leqslant n - 1$，$\deg(g(x)) = p - n$，有 $\deg(a(x)g(x)) < p$，所以 $a(x)g(x)$ 的图样（即 $A(x)$ 的系数）每隔 p 项至少重复一次。

因此 $A(x)$ 系数对应序列 $\{a_i\}_{i \geqslant 0}$ 满足

$$a_i = a_{i+p}, \ i = 0, 1, 2, \cdots$$

即 $\{a_i\}_{i \geqslant 0}$ 的周期 $T \mid p$。

定理 11.1 设 $f(x) \in GF(2)[x]$ 是 n 次不可约多项式，周期为 p，$\{a_i\}_{i \geqslant 0}$ 是 $f(x)$ 的输出序列，则 $\{a_i\}_{i \geqslant 0}$ 的周期也是 p。

证明 设 $\{a_i\}$ 的周期为 T，由引理 11.2，可得 $T \mid p$，故

$$T \leqslant p \tag{11.8}$$

设 $A(x)$ 是式(11.7)定义的序列 $\{a_i\}_{i \geqslant 0}$ 的生成函数，$\{a_i\}_{i \geqslant 0}$ 的周期为 T，则在 $GF(2)$ 上有

$$
\begin{aligned}
A(x) &= a_0 + a_1 x + \cdots + a_{T-1} x^{T-1} + x^T(a_0 + a_1 x + \cdots + a_{T-1} x^{T-1}) + \cdots \\
&= (a_0 + a_1 x + \cdots + a_{T-1} x^{T-1})(1 + x^T + x^{2T} + \cdots) \\
&= (a_0 + a_1 x + \cdots + a_{T-1} x^{T-1})/(1 + x^T)。
\end{aligned}
$$

由引理 11.1，可得 $A(x) = \dfrac{a(x)}{f(x)}$，因此

$$f(x)(a_0 + a_1 x + \cdots + a_{T-1} x^{T-1}) = a(x)(1 + x^T)$$

因为 $f(x)$ 不可约且 $\deg(f(x)) = n$，而 $\deg(a(x)) \leqslant n-1$，于是 $(f(x), a(x)) = 1$，以及

$$f(x) \mid 1 + x^T$$

所以

$$p \leqslant T \tag{11.9}$$

由式(11.8)和式(11.9)，可得 $T = p$。

注：若 $f(x)$ 可约时，$f(x)$ 输出序列 $\{a_i\}_{i \geqslant 0}$ 的周期未必与 $f(x)$ 的周期相等。

定义 11.4 当 n 级 LFSR 的输出序列达到最大周期 $2^n - 1$ 时，该序列称为 **m 序列**。

定义 11.5 若 n 次不可约多项式 $f(x) \in GF(2)[x]$ 的阶（或周期）为 $2^n - 1$，则 $f(x)$ 称为 $GF(2)$ 上的 n 次本原多项式。

引理 11.3 设 $f(x), g(x) \in GF(2)[x]$，则多项式 $g(x) \mid f(x)$ 当且仅当 $\Omega(f) \subseteq \Omega(g)$。

证明

"$\Rightarrow$" 若 $g(x) \mid f(x)$，设 $f(x) = g(x)h(x)$，其中

$$g(x) = 1 + c_1 x + c_2 x^2 + \cdots + c_{n-1} x^{n-1} + c_n x^n \in GF(2)[x]$$
$$h(x) = h_0 + h_1 x + h_2 x^2 + \cdots + h_{k-1} x^{k-1} + h_k x^k \in GF(2)[x]$$

有

$$
\begin{aligned}
f(x) = g(x)h(x) &= h_0 + (h_0 c_1 + h_1)x + (h_0 c_2 + h_2 + c_1 h_1)x^2 + \cdots + (c_{n-1} h_k + c_n h_{k-1})x^{k+n-1} + c_n h_k x^{k+n} \\
&= \sum_{s=0}^{k+n} \left(\sum_{\substack{i+j=s \\ i,j \geqslant 0}} c_i h_j \right) x^s
\end{aligned}
$$

设 $\{a_i\} \in \Omega(f)$，则

$$a_{n+t} = c_1 a_{n+t-1} \oplus c_2 a_{n+t-2} \oplus \cdots \oplus c_{n-1} a_{t+1} \oplus c_n a_t, \ t = 0, 1, 2, \cdots$$

要证 $\{a_i\} \in \Omega(g)$，只要证明 $f(x)$ 也是 $\{a_i\}$ 的特征多项式即可，根据 LFRS 的一般递归式(11.5)，即证明对任意的 $s > n + k$，下列递归关系式成立：

$$
\begin{aligned}
h_0 a_s &= (h_0 c_1 + h_1)a_{s-1} + (h_0 c_2 + h_2 + c_1 h_1)a_{s-2} + \cdots + (h_1 c_n + h_2 c_{n-1} + \cdots + h_k c_{n-k+1})a_{s-(n+1)} \\
&\quad + (h_2 c_n + h_3 c_{n-1} + \cdots + h_k c_{n-k+2})a_{s-(n+2)} + \cdots + (h_k c_{n-1} + h_{k-1} c_n)a_{s-(n+k-1)} + h_k c_n a_{s-(k+n)}
\end{aligned}
\tag{11.10}
$$

事实上，有

$$h_0 a_s = h_0(c_1 a_{s-1} + c_2 a_{s-2} + c_3 a_{s-3} + \cdots + c_n a_{s-n})$$

$$h_1 a_{s-1} = h_1(c_1 a_{s-2} + c_2 a_{s-3} + \cdots + c_{n-1} a_{s-(n+1)} + c_n a_{s-n})$$

$$\cdots$$

$$h_k a_{s-k} = h_k(c_1 a_{s-(k+1)} a_{s-2} + c_2 a_{s-(k+2)} + \cdots + c_{n-1} a_{s-(k+n)+1} + c_n a_{s-(k+n)})$$

整理上述等式，可知等式(11.10)成立。

因此 $f(x)$ 是 $\{a_i\}$ 的特征多项式，即 $\{a_i\} \in \Omega(g)$。

" $\Leftarrow$ " 若 $\Omega(g) \subseteq \Omega(f)$，假设 $f(x) = f_0 = f_1 x + \cdots + f_s x^s$，$g(x) = 1 + c_1 x + c_2 x^2 + \cdots + c_{n-1} x^{n-1} + c_n x^n$，$s \geq n$，且

$$f(x) = g(x)h(x) + r(x) \tag{11.11}$$

其中，$h(x) = h_0 + h_1 x + \cdots + h_{s-n} x^{s-n}$，$r(x) = r_0 + r_1 x + \cdots + r_l x^l \in GF(2)[x]$，$l < n$。

对于任意 $\{a_i\} \in \Omega(g)$，有 $\{a_i\} \in \Omega(f)$，根据特征多项式的定义与式(11.10)，在 $GF(2)$ 上运算得

$$0 = f_0 a_s + f_1 a_{s-1} + \cdots + f_s a_0$$

$$= h_0 a_s + (h_0 c_1 + h_1) a_{s-1} + (h_0 c_2 + h_2 + c_1 h_1) a_{s-2} + \cdots + (h_{s-n} c_{n-1} + h_{s-n-1} c_n) a_1 + h_{s-n} c_n a_0$$

$$+ (r_0 a_s + r_1 a_{s-1} + \cdots + r_l a_{s-l})$$

于是

$$r_0 a_s + r_1 a_{s-1} + \cdots + r_l a_{s-l} = 0 \tag{11.12}$$

设 $\{a_i\}$ 的周期为 T，并取其整数倍 $vT > s$，则有

$$a_{vT} = a_0, a_{vT+1} = a_1, \cdots, a_{vT+l} = a_l, \cdots, a_{vT+n-1} = a_{n-1}$$

根据式(11.12)，取 $a_s = a_{vT+l}$，得

$$r_0 a_{vT+l} + r_1 a_{vT+l-1} + \cdots + r_l a_{vT} = 0$$

即

$$r_0 a_l + r_1 a_{l-1} + \cdots + r_l a_0 = 0 \tag{11.13}$$

因为 $l < u$，且 $(a_0, a_1, \cdots, a_l, \cdots, a_{n-1})$ 是 LFSR 的初始状态，a_i 可以任意取 0 或 1 ($i = 0, 1, \cdots, n-1$)，所以要使等式(11.13)成立只有 $r_0 = r_1 = \cdots = r_l = 0$。

因此 $f(x) \mid g(x)$。

定理 11.2 设多项式 $f(x) \in GF(2)[x]$，如果 $f(x)$ 的输出序列 $\{a_i\}$ 是 m 序列，则 $f(x)$ 是不可约多项式。

证明 反证法。假设 n 次多项式 $f(x) \in GF(2)[x]$ 是可约的，$f(x) = g(x)h(x)$，其中 $0 < \deg(g(x))$，$\deg(h(x)) < n$。

由引理 11.3，可知 $g(x) \mid f(x)$ 当且仅当 $\Omega(g) \subseteq \Omega(f)$。

因此 $\Omega(g)$ 中序列的周期也是 $2^n - 1$。

而由假设 $0 < \deg(g(x)) < n$，则 $g(x)$ 输出序列的周期小于 $2^n - 1$。

两者产生矛盾，所以 $f(x)$ 不可约。

定理 11.3 设 $\{a_i\}$ 是 n 次多项式 $f(x) \in GF(2)[x]$ 的输出序列，则 $\{a_i\}$ 是 m 序列的充要条件是 $f(x)$ 为本原多项式。

证明

" $\Leftarrow$ " 若 $GF(2)$ 是本原多项式，由定义 9.8，可知 $f(x)$ 在 $GF(2)$ 上不可约；根据定义 11.5 和定理 11.1，可知其输出序列的周期等于 $f(x)$ 的周期 $2^n - 1$，因此 $\{a_i\}$ 是 m 序列。

" $\Rightarrow$ " 若 $\{a_i\}$ 为 m 序列，由定理 11.2，可知 $f(x)$ 为不可约多项式，再由定理 11.1，$f(x)$ 的周期为 $2^n - 1$。

由定义 11.5，可知 $f(x)$ 是本原多项式。

注：构造 m 序列的关键是在有限域上选择合适的本原多项式，在 $GF(2)$ 上，任意 n（n 为正整数）次本原多项式是存在的（即可以构造任意级的 m 序列），且其个数为

$$\frac{\varphi(2^n - 1)}{n}$$

其中 φ 是欧拉函数。特别地，当 $2^n - 1$ 为素数时，$GF(2)$ 上任意 n 次不可约多项式均为本原多项式。表 11.3 列举了 $GF(2)$ 上部分次数不超过 64 的本原多项式。

表 11.3 $GF(2)$ 上次数不超过 64 的部分本原多项式

级数	本原多项式个数	部分本原多项式
2	1	$x^2 + x + 1$
3	2	$x^3 + x + 1, x^3 + x^2 + 1$
4	2	$x^4 + x + 1, x^4 + x^3 + 1$
5	6	$x^5 + x^2 + 1, x^5 + x^3 + 1, x^5 + x^3 + x^2 + x + 1, x^5 + x^4 + x^2 + x + 1, x^5 + x^4 + x^3 + x + 1, x^5 + x^4 + x^3 + x^2 + 1$
6	6	$x^6 + x + 1, x^6 + x^4 + x^3 + x + 1, x^6 + x^5 + 1, x^6 + x^5 + x^2 + x + 1, x^6 + x^5 + x^3 + x^2 + 1, x^6 + x^5 + x^4 + x + 1$
7	18	$x^7 + x + 1, x^7 + x^3 + 1, x^7 + x^3 + x^2 + x + 1, x^7 + x^4 + 1, x^7 + x^4 + x^3 + x^2 + 1, x^7 + x^5 + x^2 + x + 1, x^7 + x^5 + x^3 + x + 1, x^7 + x^5 + x^4 + x^3 + 1, x^7 + x^5 + x^4 + x^3 + x^2 + x + 1, x^7 + x^6 + 1$
10	60	$x^{10} + x^3 + 1, x^{10} + x^4 + x^3 + x + 1, x^{10} + x^5 + x^2 + x + 1, x^{10} + x^5 + x^3 + x^2 + 1, x^{10} + x^6 + x^5 + x^2 + 1, x^{10} + x^6 + x^5 + x^4 + x^2 + x + 1, x^{10} + x^7 + 1, x^{10} + x^7 + x^3 + x + 1, x^{10} + x^7 + x^6 + x^2 + 1, x^{10} + x^7 + x^6 + x^4 + x^2 + x + 1$
16	2048	$x^{16} + x^5 + x^3 + x^2 + 1, x^{16} + x^5 + x^4 + x^3 + 1, x^{16} + x^5 + x^4 + x^3 + x^2 + x + 1, x^{16} + x^6 + x^4 + x + 1, x^{16} + x^7 + x^5 + x^4 + x^3 + x^2 + 1, x^{16} + x^7 + x^6 + x^4 + x^2 + x + 1, x^{16} + x^8 + x^5 + x^3 + x^2 + x + 1, x^{16} + x^8 + x^5 + x^4 + x^3 + x^2 + 1, x^{16} + x^8 + x^6 + x^3 + x^2 + x + 1, x^{16} + x^8 + x^6 + x^4 + x^3 + x^2 + 1$
20	24000	$x^{20} + x^3 + 1, x^{20} + x^6 + x^4 + x + 1, x^{20} + x^6 + x^5 + x^2 + 1, x^{20} + x^6 + x^5 + x^3 + 1, x^{20} + x^6 + x^5 + x^4 + x^3 + x + 1, x^{20} + x^7 + x^6 + x^5 + x^4 + x + 1, x^{20} + x^8 + x^6 + x^5 + x^2 + x + 1, x^{20} + x^8 + x^6 + x^5 + x^3 + x^2 + 1, x^{20} + x^8 + x^6 + x^5 + x^4 + x^3 + x^2 + x + 1, x^{20} + x^8 + x^7 + x^3 + x^2 + x + 1$
24	276480	$x^{24} + x^4 + x^3 + x + 1, x^{24} + x^7 + x^2 + x + 1, x^{24} + x^7 + x^5 + x^4 + 1, x^{24} + x^7 + x^6 + x^4 + x^3 + x + 1, x^{24} + x^7 + x^6 + x^5 + x^4 + x^2 + 1, x^{24} + x^8 + x^5 + x^2 + 1, x^{24} + x^8 + x^6 + x^5 + x^4 + x^3 + x^2 + x + 1, x^{24} + x^8 + x^7 + x^5 + x^4 + x^2 + 1, x^{24} + x^9 + x^5 + x^4 + 1, x^{24} + x^9 + x^7 + x^6 + x^2 + x + 1$
30	17820000	$x^{30} + x^6 + x^4 + x + 1, x^{30} + x^7 + x^5 + x^4 + x^2 + x + 1, x^{30} + x^7 + x^5 + x^4 + x^3 + x^2 + 1, x^{30} + x^8 + x^4 + x + 1, x^{30} + x^8 + x^6 + x^3 + 1, x^{30} + x^8 + x^7 + x^6 + x^4 + x^3 + 1, x^{30} + x^9 + x^5 + x^4 + x^3 + 1, x^{30} + x^9 + x^7 + x^4 + 1, x^{30} + x^9 + x^7 + x^4 + x^3 + x^2 + 1, x^{30} + x^9 + x^7 + x^6 + 1$
32	67108864	$x^{32} + x^7 + x^5 + x^3 + x^2 + x + 1, x^{32} + x^7 + x^6 + x^2 + 1, x^{32} + x^7 + x^6 + x^4 + x^2 + 1, x^{32} + x^8 + x^5 + x^2 + 1, x^{32} + x^8 + x^6 + x^5 + x^4 + x + 1, x^{32} + x^8 + x^6 + x^5 + x^2 + 1, x^{32} + x^9 + x^3 + x^2 + 1, x^{32} + x^9 + x^5 + x^3 + 1, x^{32} + x^9 + x^6 + x^4 + x^3 + x + 1, x^{32} + x^9 + x^7 + x^4 + x^3 + x^2 + 1$
40	11842560000	$x^{40} + x^5 + x^4 + x^3 + 1, x^{40} + x^7 + x^6 + x^4 + x^2 + x + 1, x^{40} + x^8 + x^5 + x^4 + x^3 + x + 1, x^{40} + x^8 + x^5 + x^4 + x^3 + x^2 + 1, x^{40} + x^8 + x^7 + x^5 + 1, x^{40} + x^9 + x^3 + x + 1, x^{40} + x^9 + x^6 + x^4 + x + 1, x^{40} + x^9 + x^8 + x^6 + x^3 + x + 1, x^{40} + x^9 + x^8 + x^6 + x^5 + x^3 + 1, x^{40} + x^{10} + x^3 + x^2 + 1, x^{40} + x^{10} + x^8 + x^7 + x^5 + x^4 + x^3 + x + 1$
48	2283043553280	$x^{48} + x^7 + x^5 + x^4 + x^2 + x + 1, x^{48} + x^8 + x^6 + x^5 + x^4 + x + 1, x^{48} + x^8 + x^7 + x^5 + x^2 + x + 1, x^{48} + x^8 + x^7 + x^6 + x^5 + x^2 + x + 1, x^{48} + x^9 + x^7 + x^4 + 1, x^{48} + x^9 + x^8 + x^7 + x^6 + x^2 + x + 1, x^{48} + x^9 + x^7 + x^6 + x^3 + x + 1, x^{48} + x^9 + x^8 + x^6 + x^4 + x^3 + x^2 + 1, x^{48} + x^9 + x^8 + x^6 + 1$
64	1438903379479756806	$x^{64} + x^4 + x^3 + x + 1, x^{64} + x^4 + x^3 + x^2 + 1, x^{64} + x^7 + x^6 + x^5 + x^4 + x^2 + 1, x^{64} + x^8 + x^6 + x^5 + x^4 + x^2 + 1, x^{64} + x^8 + x^7 + x^5 + 1, x^{64} + x^8 + x^7 + x^6 + x^4 + x^3 + x^2 + x + 1, x^{64} + x^9 + x^6 + x^4 + 1, x^{64} + x^9 + x^7 + x^6 + x^3 + x + 1, x^{64} + x^9 + x^8 + x^6 + x^2 + x + 1, x^{64} + x^9 + x^8 + x^7 + x^6 + x^3 + 1$

11.3 LFSR 序列的随机性

流密码的安全性即为密钥流序列的安全性，要求输出序列有大的周期、0,1 分布均匀以及不可预测性等良好的随机性，这些要求使得即使已知部分密钥流也无法预测其他部分密钥流。真正的随机序列无法获得，现实中只能生成大周期，良好随机特性的伪随机序列。n

级 LFSR 产生的序列一定是周期序列，m 序列达到最大周期 $2^n - 1$，且具有良好的 0,1 分布特性和伪随机性，通常是密钥流生成器的关键驱动模块。

定义 11.6（游程） 设 $GF(2)$ 上的序列 $\{a_i\} = a_0a_1a_2\cdots$，形如

$$\underbrace{011\cdots110}_{k \text{ 个 } 1}（\text{或} \underbrace{100\cdots001}_{k \text{ 个 } 0}）$$

的连续 k 个 1（或 k 个 0）的子序列段称为一个 1 的 k 游程（或 0 的 k 游程）。

定义 11.7 $GF(2)$ 上的周期为 T 的序列 $\{a_i\}$ 的自相关函数定义为

$$R(\tau) = \frac{1}{T} \sum_{i=1}^{T} (-1)^{a_i} (-1)^{a_{i+\tau}}, \ 0 \leq \tau \leq T-1 \tag{11.14}$$

自相关函数表示序列 $\{a_i\}$ 同序列 $\{a_{i+\tau}\}$（序列 $\{a_i\}$ 左移 τ 位得到的序列）对应位置的相同位数与不同位数之差在一个周期内所占的比例。当相同位数大于不同位数时，$R(\tau)$ 为正值；否则，$R(\tau)$ 为负值或 0。显然 $-1 \leq R(\tau) \leq 1$。当 $\tau = 0$ 时，$R(\tau) = 1$；当 $\tau \neq 0$ 时，$R(\tau)$ 称为**异自相关函数**。

例 11.3 设序列 $\{a_i\} = 01101\cdots$ 是周期为 5 的序列，则 $\{a_i\}$ 的自相关函数为 $R(0) = 1$，$R(1) = -0.6$，$R(2) = 0.2$，$R(3) = 0.2$，$R(4) = -0.6$。

S. W. Golomb 对序列的伪随机性提出三条假设，即 **Golomb 随机性假设**。

G_1：在序列的一个周期内，0 与 1 的个数相等或至多相差 1 个；

G_2：在序列的一个周期内，长为 l 的游程占游程总数的 $1/2^l$，且 0 的游程与 1 的游程个数相等或至多相差 1 个；

G_3：异自相关函数是一个常数。

Golomb 随机性假设中的 G_1 意味着在一个周期内序列的 0,1 出现的概率基本相等；G_2 意味着 0,1 的分布比较均匀；G_3 意味着对序列做平移比较分析，不能得到有用的信息。

定理 11.4 m 序列满足 Golomb 随机性假设。

证明 G_1：n 级 m 序列共有 $2^n - 1$ 个 n 级非 0 状态（如图 11.3 所示），每个 n 级非 0 状态出现且仅出现 1 次，因此在寄存器 a_1 位置出现 2^{n-1} 个 1 和 $2^{n-1} - 1$ 个 0。

G_2：在所有的 n 级非 0 状态中，形如

$$x\cdots x\,0\underbrace{11\cdots11}_{k \text{ 个 } 1}0\,x\cdots x$$

包含 1 的 k 游程（$1 \leq k \leq n-2$）的状态有 $2^{n-(k+2)}$ 个，同理 0 的 k 游程数目也是 $2^{n-(k+2)}$ 个，因此长为 k 的游程数目为 $2^{n-(k+1)}$ 个。

对于 1 的 n 游程，其序列状态只能是

$$x\cdots x\,0\underbrace{11\cdots11}_{n \text{ 个 } 1}0\,x\cdots x$$

否则，若存在 $n+1$ 个连续的 1，则该序列为全 1 序列，与 n 级 m 序列的周期为 $2^n - 1$ 相矛盾，所以只存在一个 1 的 n 游程，且不存在 1 的大于 n 的游程。

对于 1 的 $n-1$ 游程，则其序列形式应为

$$x\cdots x\,0\underbrace{11\cdots11}_{n-1 \text{ 个 } 1}0\,x\cdots x \tag{11.15}$$

由于 n 级 m 序列在周期 2^n-1 内遍历 n 位寄存器的所有非零状态，且每个非 0 状态只能出现一次，而在生成 1 的 n 游程中将出现状态

$$x\underbrace{11\cdots.110}_{n-1\ \text{个}\ 1} \quad \text{和} \quad \underbrace{011\cdots11}_{n-1\ \text{个}\ 1}x \quad (x=1) \tag{11.16}$$

由一个周期内非 0 状态的唯一性，当出现 1 的 n 游程时，将会出现式(11.16)的形式，而不会出现式(11.15)的形式，因此不存在 1 的 $n-1$ 游程。

0 的 n 游程是不存在的，否则产生全 0 序列。

0 的 $n-1$ 游程只有一个，形如

$$x\cdots x\,1\underbrace{00\cdots001}_{n-1\ \text{个}\ 0}\,x\cdots x$$

综上，游程总数为

$$1+1+\sum_{k=1}^{n-2}2^{n-(k+1)}=2^{n-1}$$

因此长为 k 的游程占游程总数为

$$\frac{2^{n-(k+1)}}{2^{n-1}}=\frac{1}{2^k}$$

1 的游程的个数是

$$\sum_{k=1}^{n-2}2^{n-(k+2)}+1$$

0 的游程个数是

$$\sum_{k=1}^{n-2}2^{n-(k+2)}+1$$

故 m 序列满足 G_2。

G_3：设序列 $\{a_i\}$ 是 n 级 m 序列，并设 a_i 的递归关系式为

$$a_{n+i}=c_1a_{n+i-1}\oplus c_2a_{n+i-2}\oplus\cdots\oplus c_{n-1}a_{i+1}\oplus c_na_i,\ i=0,1,2,\cdots$$

对于任意 $1\leqslant\tau\leqslant T-1$，同样有

$$a_{n+i+\tau}=c_1a_{n+i-1+\tau}\oplus c_2a_{n+i-2+\tau}\oplus\cdots\oplus c_{n-1}a_{i+1+\tau}\oplus c_na_{i+\tau},\ i=0,1,2,\cdots$$

因此有

$$(a_{n+i}\oplus a_{n+i+\tau})=c_1(a_{n+i-1}\oplus a_{n+i-1+\tau})\oplus c_2(a_{n+i-2}\oplus a_{n+i-2+\tau})\oplus\cdots\oplus c_{n-1}(a_{i+1}\oplus a_{i+1+\tau})\oplus c_n(a_i\oplus a_{i+\tau})$$

其中，$i=0,1,2,\cdots$。

故序列

$$b_i=a_i\oplus a_{i+\tau},\quad 1\leqslant\tau\leqslant T-1,\quad i=0,1,2,\cdots \tag{11.17}$$

也是 n 级 m 序列。

根据式(11.14)，为了计算序列 $\{a_i\}$ 的 $R(\tau)$，只要用 $\{b_i\}$ 序列中一个周期内 0 的个数减去 1 的个数，再除以 2^n-1 即可，即

$$R(\tau)=\begin{cases}1, & \tau=0\\[2mm]\dfrac{(2^{n-1}-1)-2^{n-1}}{2^n-1}=-\dfrac{1}{2^n-1}, & 1\leqslant\tau\leqslant T-1\end{cases}$$

11.4 LFSR 序列的安全性

m 序列具有良好的随机性，但由于 m 序列蕴含线性关系，不能直接用于生成密钥流。

m 序列的密码学性质如下：

$m\text{-}c_1$：m 序列周期可以足够大，n 级 m 序列的周期为 $2^n - 1$，只要 n 足够大即可；

$m\text{-}c_2$：m 序列满足 Golomb 随机性假设；

$m\text{-}c_3$：m 序列易于生成，只要选择一个 n 次本原多项式，即可生成 n 级 m 序列；

$m\text{-}c_4$：直接使用 m 序列生成密钥流是不安全的。因为只要获得 n 级 m 序列的 $2n$ 位连续比特，就可完全确定 LFSR 序列递归关系式的全部系数。

事实上，$GF(2)$ 上的 n 级 m 序列 $\{a_i\}$ 的 $2n$ 位连续比特 $(a_t, a_{t+1}, \cdots, a_{t+2n-1})$ 可以写成 n 个 n 维向量的形式

$$A_t = (a_t \ a_{t+1} \ .. \ a_{t+n-2} \ a_{t+n-1})$$
$$A_{t+1} = (a_{t+1} \ a_{t+2} \ .. \ a_{t+n-1} \ a_{t+n})$$
$$\cdots$$
$$A_{t+n-1} = (a_{t+n-1} \ a_{t+n} \ .. \ a_{t+2n-2})$$

令

$$A = \begin{pmatrix} a_t & a_{t+1} & \cdots & a_{t+n-1} \\ a_{t+1} & a_{t+2} & \cdots & a_{t+n} \\ \vdots & \vdots & \ddots & \vdots \\ a_{t+n-1} & a_{t+n} & \cdots & a_{t+2n-2} \end{pmatrix}$$

根据式(11.3)，显然有

$$A \begin{pmatrix} c_n \\ c_{n-1} \\ \vdots \\ c_1 \end{pmatrix} = \begin{pmatrix} a_{t+n} \\ a_{t+n+1} \\ \vdots \\ a_{t+2n-1} \end{pmatrix} \tag{11.18}$$

其中，$c_1, c_2, \cdots, c_n$ 为式(11.3)中的系数。

只要证明矩阵 A 可逆，就可由式(11.18)恢复系数 $(c_1, c_2, \cdots, c_n)$。

假设 A 是不可逆的，即 $A_t, A_{t+1}, \cdots, A_{t+n-1}$ 线性相关，则存在不全为 0 的 $l_1, l_2, \cdots, l_n$（不妨设 $l_n \neq 0$），满足

$$l_1 A_1 + l_2 A_2 + \cdots + l_{n-1} A_{n-1} + A_n = 0$$

即

$$A_n = l_1 A_1 + l_2 A_2 + \cdots + l_{n-1} A_{n-1} \tag{11.19}$$

令

$$C = \begin{vmatrix} 0 & 0 & \cdots & & c_n \\ 1 & 0 & \cdots & & c_{n-1} \\ 0 & 1 & \cdots & & c_{n-2} \\ \vdots & \vdots & \ddots & & \vdots \\ 0 & 0 & \cdots & 1 & c_1 \end{vmatrix}$$

则对 $\{a_i\}$ 中任意两个连续 n 位比特向量 A_{t+1}，$A_t (t = 0, 1, 2, \cdots)$，满足

$$A_{t+1} = A_t C$$

一般地，有

$$A_{t+i} = A_t C^i, \quad i = 0, 1, 2, \cdots \tag{11.20}$$

由式(11.19)和式(11.20)，得

$$A_{n+i} = l_1 A_{i+1} + l_2 A_{i+2} + \cdots + l_{n-1} A_{i+n-1}, \quad i = 0, 1, 2, \cdots$$

因此有序列 $\{a_i\}$ 的递推关系

$$a_{n+i} = l_1 a_{i+1} + l_2 a_{i+2} + \cdots + l_{n-1} a_{i+n-1}, \quad i = 0, 1, 2, \cdots$$

这说明序列 $\{a_i\}$ 的级数小于 n，这与 $\{a_i\}$ 是 n 级 m 序列相矛盾。

所以矩阵 A 是可逆的。可以通过式(11.18)计算得到 n 级 m 序列 $\{a_i\}$ 反馈关系式的全部系数 $(c_1, c_2, \cdots, c_n)$。

例 11.4 已知 10 位连续比特流 0001110011，是某个 5 级 LFRS 生成的比特流，敌手获得这部分比特流后，执行以下计算

$$\begin{pmatrix} c_5 \\ c_4 \\ c_3 \\ c_2 \\ c_1 \end{pmatrix} = \begin{pmatrix} 0 & 0 & 0 & 1 & 1 \\ 0 & 0 & 1 & 1 & 1 \\ 0 & 1 & 1 & 1 & 0 \\ 1 & 1 & 1 & 0 & 0 \\ 1 & 1 & 0 & 0 & 1 \end{pmatrix}^{-1} \begin{pmatrix} 1 \\ 0 \\ 0 \\ 1 \\ 1 \end{pmatrix} = \begin{pmatrix} 1 \\ 1 \\ 1 \\ 0 \\ 1 \end{pmatrix}$$

即可求得该递归序列的反馈系数为 $(c_1, c_2, \cdots, c_5) = (1, 0, 1, 1, 1)$，获得 LFSR 序列的递归关系式为

$$a_{5+t} = a_{t+4} \oplus a_{t+2} \oplus a_{t+1} \oplus a_t, \quad t = 0, 1, 2, \cdots$$

可求得全部密钥流。

19 世纪 50 年代，对 LFSR 的研究已相当深入，在 60 年代发现 m-c_4 缺陷之后，转而研究包含非线性输出模块的密钥流生成器和非线性反馈移位寄存器。

11.5　非线性序列生成器*

通常用 LFSR 序列来保证密钥流的周期长度、平衡性等，然后使用非线性组合函数最终生成满足安全要求的密钥流，保证密钥流的各种密码学性质，以抗击各种可能的攻击。

相对于 LFSR 序列，非线性序列及非线性组合函数的研究要复杂得多，由于缺少有效的数学工具，对非线性序列的分析和研究比较困难。下面简要介绍几种周期可度量的非线性序列生成方法。

11.5.1　Geffe 序列生成器

Geffe 序列生成器使用 3 个 LFSR（LFSR_1, LFSR_2, LFSR_3），其中，LFSR_2 作为控制器使用，每个时刻选择 LFSR_1 的输出或 LFSR_3 的输出。设三个 LFSR 的输出分别为 a_i，b_i，c_i，输出函数为

$$k_i = a_i b_i \oplus c_i \overline{b_i}$$

Geffe 序列生成器的电路，如图 11.7 所示。

设 LFSR$_j$（$j = 1, 2, 3$）的特征多项式分别为 n_j 次本原多项式，且 n_j 两两互素，则 Geffe 序列达到极大周期

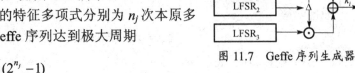

图 11.7　Geffe 序列生成器

$$\prod_{j=1}^{3}(2^{n_j} - 1)$$

Geffe 序列的线性复杂度为$(n_1 + n_2)n_2 + n_3$。

由于 Geffe 序列较多地反映了关于 LFSR$_1$, LFSR$_3$ 的状态信息，因此其安全性较弱。事实上，有

$$p(a_i) = p(b_i = 1) + p(b_i = 0)p(c_i = a_i) = 1/2 + 1/2 \times 1/2 = 3/4$$

每个时刻输出序列$\{k_i\}$输出 a_i 的概率为 3/4。

11.5.2　JK 触发器

JK 触发器使用 2 个 LFSR（LFSR$_1$, LFSR$_2$），触发器的两个输入 a_i, b_i 分别用 J 和 K 表示，其输出 c_i 不仅依赖输入，还依赖于前一个输出 c_{k-1}，其输出函数为

$$c_i = \overline{(a_i \oplus b_i)}c_{i-1} \oplus a_i$$

JK 触发器的电路，如图 11.8 所示。

JK 触发器的真值表，如表 11.4 所示。

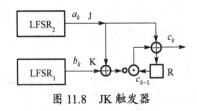

图 11.8　JK 触发器

表 11.4　JK 触发器的真值表

J	K	c_k
0	0	c_{k-1}
0	1	0
1	0	1
1	1	$\overline{c_{k-1}}$

令驱动序列$\{a_i\}$与$\{b_i\}$分别为 l, n 级 m 序列的 JK 触发器序列，当 l 与 n 互素时，输出序列达到极大周期$(2^l - 1)(2^n - 1)$。

例 11.5　设 LFSR$_1$ 与 LFSR$_2$ 分别为 2 级和 3 级线性反馈移位寄存器，生成两个 m 序列分别为

$$\{a_i\} = 1, 1, 0, 1, 1, 0, 1, \cdots$$

$$\{b_i\} = 0, 1, 1, 0, 1, 0, 1, 0, 1, 1, 0, 1, 0, 1, \cdots$$

令 $c_{-1} = 0$，则输出序列为

$$\{c_i\} = 1, 0, 0, 1, 0, 0, 1, 1, 0, 1, 1, 1, 1, 0, 0, 1, 0, 0, 1, 1, 0, 1, 0, 0, 1, 0, 0, 1, \cdots$$

其周期为

$$(2^2 - 1)(2^3 - 1) = 21$$

由输出函数 $c_i = \overline{(a_i \oplus b_i)}c_{i-1} \oplus a_i$，可得

$$c_i = (a_i \oplus b_i \oplus 1)c_{i-1} \oplus a_i$$

于是

$$c_i = \overline{c_{i-1}}\,a_i \oplus c_{i-1}\overline{b_i}$$

当 $c_{i-1} = 0$ 时，$a_i = c_i$；当 $c_{i-1} = 1$ 时，$b_i = c_i \oplus 1$。

因此知道 JK 触发器序列两个相邻的比特 c_{i-1}，c_i，就可获得 a_i, b_i 其中之一。若获得足够多的信息，就可以恢复两个 LFSR 序列，因此没有很好地隐藏 LFSR 序列的线性关系。

11.5.3　Pless 生成器

Pless 生成器由多个 JK 触发器构成，在一定程度上克服了单一 JK 触发器的不足。

Pless 生成器由 4 个 JK 触发器（8 个 LFSR）和 1 个循环计数器组成，循环计数器通过计算 $t \bmod 4$，确定在 t 时刻选择第 $t \bmod 4$ 个 JK 触发器的输出值，如图 11.9 所示。

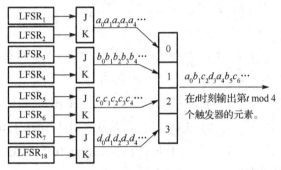

图 11.9　Pless 生成器

钟控序列生成器最基本的模型是用一个 LFSR 控制另外一个 LFSR 的移位时钟脉冲，称为停–走生成器，如图 11.10 所示。

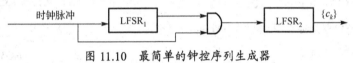

图 11.10　最简单的钟控序列生成器

假设 LFSR$_1$ 和 LFSR$_2$ 分别输出序列 $\{a_k\}$ 和 $\{b_k\}$ 为两个 m 序列。当 LFSR$_1$ 输出 1 时，移位时钟脉冲通过与门使 LFSR$_2$ 进行一次移位，从而生成下一位；当 LFSR$_1$ 输出 0 时，移位时钟脉冲无法通过与门影响 LFSR$_2$，因此 LFSR$_2$ 重复输出前一位。

11.6　SNOW 流密码算法

NESSIE（New European Schemes for Signatures, Integrity and Encryption）工程（2000–2002）是由欧洲委员会信息社会技术规划所支持的一项工程，其主要目的是通过公开征集和进行公开、透明的测试评估，提出一套高效的密码标准，以保持欧洲工业界在密码学研究领域的领先地位。

所提交的流密码算法没有一个满足 NESSIE 的安全要求而最终全部落选，SNOW 没有入选的原因是在攻击时，对它的猜测和计算比穷搜索快。

SNOW 是一个面向字（字长为 32bit）的流密码，包括一个 LFSR 和一个有限状态机

（FSM），子密钥长度 128 或 256 比特，设计目标是比 AES (Advanced Encryption Standard) 明显快，硬件运行代价明显小，安全性与 AES 相当。

SNOW 以 32 比特的字为单位进行运算，LFSR 存储 16 个 32 比特的字，如图 11.11 所示。

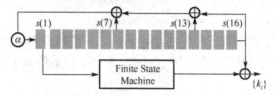

图 11.11　SNOW 流密码生成器

LFSR 的特征多项式为

$$p(x) = x^{16} + x^{13} + x^7 + \alpha^{-1} \tag{11.21}$$

是定义在 $F_{2^{32}}$ 上的本原多项式，这里的 $F_{2^{32}}$ 由 F_2 上不可约多项式

$$\pi(x) = x^{32} + x^{29} + x^{20} + x^{15} + x^{10} + x + 1 \tag{11.22}$$

生成，其中，α 是 $\pi(x) = 0$ 的根。

$s(1), s(2), \cdots, s(16) \in F_{2^{32}}$ 是 LFSR 的状态。考虑 $F_{2^{32}}$ 中的元素用基 $\{\alpha^{31}, \cdots, \alpha^2, \alpha, 1\}$ 表示，如果 $y \in F_{2^{32}}$，则 y 表示为向量 $(y_{31}, y_{30}, \cdots, y_1, y_0) \in \{0, 1\}^{32}$，其中

$$y = y_{31}\alpha^{31} + y_{30}\alpha^{30} + \cdots + y_1\alpha + y_0$$

$$y \cdot \alpha = (y_{30}, \cdots, y_1, y_0, 0) \quad \oplus (0, 0, 1, 0, 0, 0, 0, 0, 0, 0, 0, 1, 0, 0, 0, 0,$$
$$1, 0, 0, 0, 0, 1, 0, 0, 0, 0, 0, 0, 0, 0, 1, 1)$$

SNOW 算法的有限状态机，如图 11.12 所示。

图 11.12 中，⊞ 表示模 2^{32} 整数相加，⊕ 表示比特异或，<<< 表示循环左移 7 位，Ⓢ 为 S 盒。

SNOW 输出函数与 FSM 输出函数分别为：

$$\text{SNOW}_{\text{output}} = s(16) \oplus \text{FSM}_{\text{output}}$$

$$\text{FSM}_{\text{output}} = (s(1) \boxplus R_1) \oplus R_2$$

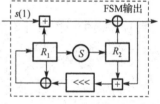

图 11.12　SNOW 的有限状态机

运算模块 R_1 为

$$\text{newR}_1 = ((\text{FSM}_{\text{output}} \boxplus R_2) <<<) \oplus R_1$$

$$R_2 = S(R_1)$$

$$R_1 = \text{newR}_1$$

S 盒是非线性变换，由 4 个相同的 S-box 与 1 个置换组成，S-box 为 8 比特输入、8 比特输出。其运行过程如下。

输入 R_1 被分成 4 个字节，每个字节分别经过相同的 8 比特的非线性映射（即 S-box）。

设非线性映射的输入为 $r = (r_7, r_6, \cdots, r_1, r_0)$，输出为 $w = (w_7, w_6, \cdots, w_1, w_0)$。

这两个向量分别表示 F_{2^8} 中的元素，基为 $\{\beta^7, \cdots, \beta^2, \beta, 1\}$，其中，$F_{2^8}$ 由 F_2 上的不可约多项式

$$\pi(x) = x^8 + x^5 + x^3 + x + 1 \tag{11.23}$$

生成，β 是 $\pi(x) = 0$ 的根。

非线性映射定义为

$$w = r^7 + \beta^2 + \beta + 1 \tag{11.24}$$

在 F_{2^8} 中运算。

4 个字节分别经过相同的非线性映射后，对输出的 32 比特进行置换，如表 11.5 所示。

表 11.5 SNOW 的置换

31	30	29	28	27	26	25	24	23	22	21	20	19	18	17	16
3	10	20	24	0	14	17	29	7	13	18	25	5	12	23	27
15	14	13	12	11	10	9	8	7	6	5	4	3	2	1	0
1	8	21	26	4	9	19	31	2	11	16	28	6	15	22	30

第 31 比特置换到第 3 个比特，第 30 比特置换到第 10 比特，…，第 1 比特置换到第 22 比特，第 0 比特置换到第 30 比特。

例如

$$y = (y_{31}, y_{30}, \cdots, y_1, y_0) \rightarrow (y_8, y_0, \cdots, y_{15}, y_{27})$$

习 题 11

1. 画出反馈关系式为 $a_k = a_{k-1} \oplus a_{k-3} \ (k \geq 3)$ 的三级移位寄存器的逻辑框图，求出其输出序列与周期。

2. 设四级线性移位寄存器对应的特征多项式是 $f(x) = x^4 + x^3 + 1$，其初始状态为 $(a_3, a_2, a_1, a_0) = (1, 0, 1, 0)$，画出该 LFSR 的逻辑框图，并求其输出序列与周期。

3. 举例说明或证明，当定理 11.1 中的 $f(x)$ 可约时，$f(x)$ 输出序列 $\{a_i\}_{i \geqslant 0}$ 的周期可能与 $f(x)$ 的周期不相等。

4. 设 $GF(2)$ 上的 LFSR 序列 $\{a_i\} = a_0 a_1 a_2 \cdots$ 的周期为 n，t 为正整数，若 $(n, t) = 1$，证明子序列 $\{b_i\} = a_0 a_t a_{2t} \cdots$ 的周期也是 n。

5. 已知某 5 级 LFSR 的输出序列为 1001101001000，求其反馈关系式的系数。

6. 设 $\{a_i\}$ 是由 n 级 LFSR 生成的 m 序列，$2^n - 1$ 个比特对 (a_0, a_1)，(a_1, a_2)，…，(a_{2^n-3}, a_{2^n-2})，(a_{2^n-2}, a_{2^n-1}) 中，有多少个形如 $(1, 1)$ 的比特对。

第 12 章　计算复杂度

计算复杂性理论是计算机理论中非常重要的一个领域，它对计算机科学和应用数学等领域有着重要影响。计算复杂性理论发源于 20 世纪 60 年代，以多项式时间的图灵机为基本计算模型，奠定了计算复杂性理论基础。

12.1　算法和计算模型

算法是计算机科学的核心内容之一，算法的实现要借助某种计算模型。

定义 12.1　**算法**是一个有限规则的有序集合。这些规则确定了解决某一（类）问题的一个运算过程。对于某一问题的任何初始输入，它能机械地一步一步地计算，经过有限步骤之后计算终止，并产生一个输出。

算法有以下五个特征：

(1) 有限性：一个算法在执行有限个计算步骤后能够终止；

(2) 确定性：每个计算步骤，必须明确定义且无二义性；

(3) 可行性：执行的每个步骤都在有限时间内完成；

(4) 输入：1 个或多个输入；

(5) 输出：1 个或多个输出。

例如，给定两个正整数 $n > m$，求其最大公因子的欧几里得算法如下。

算法 E（欧几里得算法），输入两个正整数 m, n $(n > m)$，求其最大公因子。

E_1[求余数]: 用 n 除以 m，得余数 r $(0 \leqslant r < m)$。

E_2:　若 $r = 0$，输出 m 的当前值，算法结束。

E_3:　若 $r \neq 0$，置 $n \leftarrow m, m \leftarrow r$，并返回步骤 E_1。

一个算法的实现要借助实际的计算模型，公认的计算模型是图灵机："可计算就是图灵机可计算"。

1936 年，阿兰·图灵（Alan Mathison Turing）发表了一篇著名论文《论可计算数及其在判定问题中的应用》，提出了一种抽象计算模型——图灵机（Turing Machine，TM），促成了近代通用计算机的诞生。

衡量算法复杂程度的标准通常是指算法所耗费的时间和空间。

定义 12.2　如果一个问题的规模是 n，解该问题的某一算法的时间为 $T(n)$，它是 n 的某一函数。$T(n)$ 称为该算法的**时间复杂度**。类似地，可定义空间复杂度。

分析算法的复杂度时，通常只给出关于问题规模的数量级。例如，对于某个常数 $c > 0$，若一个算法能在 cn^2 的时间内完成，就说该算法的时间复杂度是 $O(n^2)$，表示该算法的复杂度是 n^2 级。

定义 12.3 如果存在一个常数 $c > 0$ 以及 $n_0 \geqslant 0$，当 $n > n_0$ 时，都有 $g(n) \leqslant cf(n)$ 成立，称一个函数 $g(n)$ 是 $O(f(n))$。也称函数 $g(n)$ 以 $f(n)$ 为界，记为 $g(n) = O(f(n))$。

由定义 12.3，可知若 $g(n) = O(n^2)$，则也可以写成 $g(n) = O(n^3)$，$g(n) = O(n^4)$，…。为了更精确地描述算法复杂度，引入记号 $\Theta(f(n))$，表示复杂度 $g(n)$ 恰好与 $f(n)$ 相当。

定义 12.4 如果存在常数 $c_1 > 0, c_2 > 0$ 以及 $n_0 \geqslant 0$，当 $n > n_0$ 时，都有 $c_1 f(n) \leqslant g(n) \leqslant c_2 f(n)$ 成立，称函数 $g(n)$ 是 $\Theta(f(n))$。

通常用 $O(f(n))$ 代替 $\Theta(f(n))$ 的含义。例如，当 $f(n) = 3n + 5$ 时，一般记为 $f(n) = O(n)$，而不写成 $f(n) = O(n^2)$。

定义 12.5 如果一个算法的时间复杂度为 $O(n^t)$，其中，t 为常数，n 是输入的长度或问题的规模，即问题的计算时间不大于问题规模的多项式倍数，则称该算法是**多项式时间算法**。

当 $t = 0$ 时，称它为常量的；当 $t = 1$ 时，称它为线性的；当 $t = 2$ 时，称它为二次的；以此类推。

定义 12.6 如果一个算法的时间复杂度为 $O(2^{h(n)})$，其中，$h(n)$ 为 n 的多项式，n 是输入的长度或问题的规模，则称该算法是**指数时间算法**。

定理 12.1 设
$$f(n) = a_k n^k + a_{k-1} n^{k-1} + \cdots + a_1 n + a_0$$
其中，$f(n)$ 是 k 次多项式，且 $a_k > 0$，则
$$f(n) = O(n^k)$$

当 n 很大时，不同复杂度的算法运行时间相差很大。例如，若计算机 1 微秒能执行一条指令，即每秒执行 10^6 条指令，表 12.1 给出了不同类型的算法在 $n = 10^6$ 时的运行时间。

表 12.1　不同类型复杂度的运行时间比较

类别	复杂度	$n = 10^6$ 运算次数	实际时间
常数	$O(1)$	1	1 微秒
线性	$O(n)$	10^6	1 秒
二次	$O(n^2)$	10^{12}	11.6 天
三次	$O(n^3)$	10^{18}	32 000 年
指数	$O(2^n)$	10^{301030}	3×20^{301016} 年

按问题是否可计算以及计算的复杂度，将问题大致分为 3 类：

(1) 不可计算问题：目前不存在任何算法能实现的问题，如费马数猜想、哥德巴赫猜想、停机问题等；

(2) 多项式时间复杂度问题（P 类问题）：该类问题能在多项式时间内解决，例如，计算某个整数的幂、对 n 个整数进行排序等；

(3) 指数复杂度问题：问题的计算复杂度为 $O(a^n)$，$a > 1$，例如梵塔问题、汉密尔顿回路问题等。

有时将某一问题准确地归为上述哪一类问题并不容易。

例 12.1 多项式乘法算法复杂度。

多项式乘法的算法如下：

(1) 输入：$f(x) = a_n x^n + a_{k-1} x^n + \cdots + a_1 x + a_0$，$g(x) = b_m x^m + b_{m-1} x^m + \cdots + b_1 x + b_0$；

(2) 输出：$h(x) = f(x) \cdot g(x)$；

(3) For $i = 0, 1, \cdots, n$，计算

$$h_i(x) = a_i x^i \cdot g(x)$$

(4) 计算 $h(x) = \sum_{i=0}^{n} h_i(x)$。

在上述算法中，第(3)步需要$(m+1)(n+1)$次乘法运算，第(4)步需要$n(m+1) - n = mn$次加法运算。因此，共需要$(m+1)(n+1) = mn + m + n + 1$次乘法与$mn$次加法。设$m \leqslant n$，则总运算量不超过$2n^2 + 2n + 1$次乘法，即$O(n^2)$。

例 12.2 矩阵乘法算法复杂度。

两个矩阵$A_{mn} = (a_{ij})_{mn}$与$B_{nk} = (b_{st})_{nk}$的乘法算法如下：

(1) 输入：两个矩阵A_{mn}与B_{nk}；

(2) 输出：$C_{mk} = A_{mn} \times B_{nk}$；

(3) For $i = 1, 2, \cdots, m$，

　　For $t = 1, 2, \cdots, k$，

　　　　计算$c_{it} = a_{i1}b_{1t} + a_{i2}b_{2t} + \cdots + a_{in}b_{nt}$

(4) $C_{mk} = (c_{it})_{mk}$。

在上述算法中，第(3)步所需的乘法运算量为mkn次，加法运算量为$mk(n-1)$次。设$m, k \leqslant n$，则总运算量不超过$2n^3$次乘法，即$O(n^3)$。

12.2 图灵机

图灵机是阿兰·图灵于1936年提出的一种计算模型，某个问题能否用图灵机计算是该问题是否可计算的标准。

任何图灵机都有两种基本单元：控制单元和记忆单元。控制单元通常称为有限状态控制器，它存在有限个状态。记忆单元通常由一条或数条读写带组成，每条读写带被划分成无限个小方格，每个方格可以记忆一个符号。有限状态控制器和读写带之间通过探头联络，探头可以进行读写操作，所以又称读写头或带头。在每个时刻，一个探头只扫描一个方格。

为方便起见，先讨论单带图灵机，如图12.1所示。

图 12.1　单带图灵机

单带图灵机的运行由一系列移动来完成，每个移动有四个动作：

(1) 阅读探头扫描方格中的符号；

(2) 擦掉读过的符号，写上新符号；

(3) 探头向左或向右走一格；

(4) 改变控制器的状态。

如何执行后三个动作依赖于当前控制器的状态、在(1)中所读的符号以及预先安置在图灵机中的一个程序。它可以用一个函数来表达，该函数称为**转移函数**。根据转移函数是单值或多值的特点，分别称图灵机为**确定型**或**非确定型**。确定型图灵机简记为 DTM，非确定型图灵机简记为 NTM。

定义 12.7 一台确定型图灵机是一个七元组

$$DTM = \{Q, T, I, b, \delta, q_0, q_r\}$$

其中，(1) Q：状态集；

(2) T：有限符号集；

(3) I：输入符号集 $I \subseteq T$；

(4) b：$b \in T - I$ 表示空格符号；

(5) δ：状态转移函数，将 $Q \times T$ 的子集映射到 $Q \times T \times \{L, R\}$；

(6) q_0：初始状态 $q_0 \in Q$；

(7) q_r：接受（终止）状态 $q_r \in Q$。

图灵机的运转方式如下。

最初控制器处于初始状态 q_0，读写头扫描输入符号行最左端的符号。每当控制器处于状态 q，读写头读到符号 a 并且状态转移函数满足 $\delta(q, a) = (p, b, R)$（或 $\delta(q, a) = (p, b, L)$）时，图灵机就要移动一次，并将扫描过的符号 a 擦除，写上符号 b，读写头向右（或向左）移动一格，然后控制器进入下一状态 p。

图灵机的计算工作主要分为两种。

(1) 识别某种语言：图灵机能识别某种语言，是指图灵机能判定某个字符串是否属于这种语言。

(2) 计算某个函数：输入 x，图灵机经过有限步计算后，输出 y 并停机，则说明图灵机计算出了函数 $y = f(x)$。

非确定型图灵机（NTM）的定义与确定型图灵机相同，唯一的区别是：非确定型图灵机的转移函数 δ 是不确定的，即 δ 是多值函数。除此之外，NTM 与 DTM 没有区别。NTM 也可用七要素来描述：

$$NTM = \{Q, T, I, b, \delta, q_0, q_r\}$$

在处理问题时，对于 $\delta(q_0, a_1, a_2, \cdots, a_k)$ 的多个值，非确定型图灵机对于其中任意一个值都存在一条计算路径，只要其中一个值能到达终止状态，就说该问题是可以处理的。

非确定型图灵机的计算结构可视为一棵多路搜索树，只要其中有一条路径可达到问题的解，就等于该问题可解。由此可见，非确定型图灵机的计算能力比确定型图灵机要强得多。

Church-Turing 命题阐述为：DTM 与任何合理的计算模型有一样的可计算性，但是非确定型图灵机不能认为是合理的计算模型，事实上，它的非确定型计算步骤无法在现实的计算机上实现。

12.3 P 类问题

定义 12.8 如果一个问题能在多项式时间内解决，就称为 **P 类问题**，这意味着计算机可以在有限时间内完成计算。这里的 P 指多项式（Polynomial）时间。

P 类问题就是所有计算复杂度为多项式时间的问题的集合。

例 12.3 模指数运算 $a^b \bmod m$ 可在多项式时间内计算。

为了快速计算模指数，使用"平方—乘"方法，有如下算法。

输入：整数 $a, b, m, a > 0, b \geq 0, m > 1$；

输出：$a^b (\bmod m)$；

mod_exp(a, b, m)

(1) If $b = 0$ return 1；

(2) If $b \equiv 0 (\bmod 2)$ return $[\text{mod\_exp}(a^2 (\bmod m), \dfrac{b}{2}, m)]$；

(3) else, return $[a \cdot \text{mod\_exp}(a^2 (\bmod m), \dfrac{b-1}{2}, m)(\bmod m)]$.

上述算法 mod_exp(a, b, m) 可求出 $a^b (\bmod m)$。例如

$$\begin{aligned}
\text{mod\_exp}(2, 19, 31) &= 2 \cdot \text{mod\_exp}(4, 9, 31) \, (\bmod 31) \\
&= 2 \cdot 4 \cdot \text{mod\_exp}(16, 4, 31) \, (\bmod 31) \\
&= 2 \cdot 4 \cdot \text{mod\_exp}(16^2 (\bmod 31), 2, 31) \, (\bmod 31) \\
&= 2 \cdot 4 \cdot \text{mod\_exp}(8, 2, 31) \, (\bmod 31) \\
&= 2 \cdot 4 \cdot \text{mod\_exp}(8^2 (\bmod 31), 1, 31) \, (\bmod 31) \\
&= 2 \cdot 4 \cdot \text{mod\_exp}(2, 1, 31) \, (\bmod 31) \\
&= 2 \cdot 4 \cdot 2 \cdot \text{mod\_exp}(4, 0, 31) \, (\bmod 31) \\
&= 2 \cdot 4 \cdot 2 \cdot 1 \\
&= 16
\end{aligned}$$

下面分析 mod_exp(a, b, m) 的时间复杂度。

若 $b > 0$，则"除以 2，再取整"运算执行 $[\log_2 b] + 1$ 次变成 0，因此 mod_exp 算法要调用自身 $[\log_2 b] + 1$ 次。由(2)和(3)，每次调用 mod_exp 包括一次平方或一次平方外加一次乘法，即不超过两次乘法运算，故计算量为 $O(n)$（$n = \lceil \log_2 b \rceil$）次模乘法运算。

例 12.4 求最大公因子可在多项式时间内计算。

辗转相除法（欧几里得算法） 可用于计算两个整数的最大公因子。

输入：两个正整数 a, b $(b < a)$；

输出：最大公因子 $d = (a, b)$；

(1) $r_0 \leftarrow a, r_1 \leftarrow b$；

(2) $i \leftarrow 1$

    While $r_i \neq 0$

    do $r_{i+1} \leftarrow r_{i-1} (\bmod r_i), i \leftarrow i + 1$；

(3) return r_{i-1}.

下面分析该算法的时间复杂度。

该算法的复杂度由(2)中的模运算次数决定，其过程为

$$\begin{aligned}
a &= bq_1 + r_2, \quad 0 < r_2 < b \\
b &= r_2 q_2 + r_3, \quad 0 < r_3 < r_2 \\
r_2 &= r_3 q_3 + r_4, \quad 0 < r_4 < r_3 \\
&\qquad \cdots
\end{aligned}$$

$$r_{k-3} = r_{k-2}q_{k-2} + r_{k-1}, \quad 0 < r_{k-1} < r_{k-2} \tag{12.1}$$
$$r_{k-2} = r_{k-1}q_{k-1} + r_k, \quad r_k = 0$$

在式(12.1)中,有 $r_j < \frac{1}{2}r_{j-2}$,$j \leqslant k-1$。事实上,因为 $0 < r_j < r_{j-1}$,且 $r_{j-2} = r_{j-1}q_{j-1} + r_j$,

$(q_{j-1} \geqslant 1)$,所以 $r_j < \frac{1}{2}r_{j-2}$。

上述分析表明,每做两次带余除法可将余数缩小一半。因此要得到 d,所做的带余除法的次数不超过 $2\log a = O(n)$,其中,$n = |a|$ 表示 a 的长度,故计算量为 $O(n)$ 次带余除法运算。

12.4 NP 问题

定义 12.9 NP 问题是指在多项式时间内可被非确定型图灵机解决的问题,或等效地说,可在多项式时间内验证一个解是否正确的问题。这里的 NP 指非确定性多项式(Non-deterministic Polynomial)时间。

有些问题很难找到多项式时间的算法(或许根本不存在),比如无向图中的汉密尔顿回路问题(设图 $G = (V, E)$,是否存一条回路,通过图 G 的每个结点一次且仅一次)。但是我们发现,如果给出该问题的一个答案,便可在多项式时间内判断这个答案是否正确。例如,给出一条任意的回路,很容易判断它是否为汉密尔顿回路(只要看是不是所有的顶点都在回路中即可)。

显然,所有的 P 类问题都属于 NP 问题。但 P 是否等于 NP,这个问题至今尚未解决,这就是 P 对 NP 问题。

例 12.5 下面的问题属于 NP 类问题。

(1) 整数分解问题:给定整数 n,找出 n 的素因子。

(2) 二次剩余问题(QR):给定一个合数 m 和 $x \in Z_m^*$,判断是否存在 $x \in QR_m$。

(3) 模平方根问题:给定一个合数 m 和 $x \in QR_m$,求 $y \in Z_m^*$,使得 $y^2 \equiv x \pmod{m}$。

单向函数是指给定一个输入,求输出容易;反之,给定一个函数值,求输入难的一类函数。单向函数是现代密码学的基础,它在公钥体系、伪随机数生成器及数字签名等领域都有着重要的应用。单向函数在密码学中的直接应用是使加密容易,解密难。如果将"多项式时间可计算"、"多项式时间内可验证"、"易解"等概念联系起来,则单向函数便成为 NP 的子问题。容易看出,若 P = NP,则单向函数是不存在的,现有的大量密文都是容易解密的。

NP 问题中更难的一类问题是 NP 完全(NPC, NP Complete)问题。

12.5 NPC 问题

定义 12.10 同时满足下面两个条件的问题就是 **NPC** 问题。

首先,它是一个 NP 问题;

其次,所有的 NP 问题都可以(在多项式时间内)归约到它。即如果一个 NPC 问题存在多项式时间算法,则所有的 NP 问题都可以在多项式时间内求解(即由此可以得到 P = NP 成立)。

定义 12.10 可以理解为，NPC 问题是 NP 问题中最难的一类问题。

旅行商问题：有 n 个城市，一个售货员要从其中某个城市出发，不重复地走遍所有城市，再回到他出发的城市，并且总路程（或总旅费）最小。可以抽象为如下模型。

给定一个图 $G = (V, E)$，一个费用函数 $c: E \rightarrow N$，以及一个整数 K，确定 G 是否有一个环游（即汉密尔顿回路），且其总费用 $\leq K$。

定理 12.2 旅行商问题是 NPC 问题。

背包问题与 0–1 背包问题（子集和）是一种组合优化的 NPC 问题，背包公钥密码算法基于该类问题。

背包问题：设有 n 个物品和一个背包，物品的重量为 w_i（$1 \leq i \leq n$），相应的价格分别为 $p_1, p_2, \cdots, p_n$，背包所能承受的重量为 W，往背包里装物品，如何选择才能使物品的总价格最高。即

目标函数：$\max \sum_{i=1}^{n} p_i x_i$；

约束条件：$\sum_{i=1}^{n} w_i x_i \leq W$。

其中，$x_i = 0$ 或 1，$i = 1, 2, \cdots, n$。

0–1 背包问题：设有 n 个物品和一个背包，物品的重量为 w_i（$1 \leq i \leq n$），背包所能承受的重量为 W，如何选择才能使得物品的总重量恰好等于 W。即

$$\sum_{i=1}^{n} w_i x_i = W \tag{12.2}$$

其中，$x_i = 0$ 或 1，$i = 1, 2, \cdots, n$。

图同构问题：给定两个无向图 $G_1 = (V_1, E_1)$（V_1 是顶点集合，E_1 是边集合）和 $G_2 = (V_2, E_2)$。判断它们是否同构，即是否存在一一映射 $f: V_1 \rightarrow V_2$ 使 $(u, v) \in E_1$ 当且仅当 $(f(u), f(v)) \in E_2$。

这个问题和子图同构问题（给定两个图 G 和 H，问 G 中是否存在一个子图与 H 同构）表面上看起来类似。然而，可以证明子图同构问题是 NPC 问题，但目前还不知道图同构是否为 NPC 问题。

12.6　NP 困难问题

还有一类问题，未必属于 NP，但至少与 NPC 问题一样难解，如围棋的必胜下法便是一个 NP 困难（Non-deterministic Polynomial–time hard）问题。

定义 12.11 如果存在一个 NP 完全问题可以在多项式时间归约到这个问题，则这个问题称为 **NP 困难**。

因为 NP 困难问题未必可以在多项式时间内验证一个解的正确性（即不一定是 NP 问题），所以即使 NPC 问题在多项式时间内可解，但 NP 困难问题仍然可能在多项式时间内不可解。因此 NP 困难问题"至少与 NPC 问题一样难"。

一个典型的 NP 困难问题是**第 K 个最重子集问题**：已知整数 $c_1, c_2, \cdots, c_n, K, L$，问是否存在 K 个不同子集 $S_1, S_2, \cdots, S_K \subseteq \{c_1, c_2, \cdots, c_n\}$，使得对 $i = 1, 2, \cdots, K$，有 $\sum_{c_j \in S_i} c_j \geq L$ 成立？

无法证明该问题是否属于 NP。因为某个回答为"是"的实例，必须首先猜测或列举出 $\{c_1, c_2, \cdots, c_n\}$ 的 K 个子集，因为 K 可能很大，甚至与 2^n 同级，从而不可能给出一个可在多项式时间内完成的检验算法。

可以证明，划分问题可以经多项式时间归约到它，而划分问题已经证明为 NPC 问题。

划分问题可以描述为以下问题。

有穷集合 A，每个 $a \in A$ 的"大小" $s(a) \in Z^+$，问是否存在子集 $A' \subseteq A$，且使下式成立：

$$\sum_{a \in A'} s(a) = \sum_{a \in A-A'} s(a)$$

集合覆盖问题（SCP, Set Covering Problem）：设 U 是一个 m 元集合，以及 U 的一个有限集族 S，找出 S 的一个子族 S' 使得 $|S'|$ 最小，并且可以覆盖 U，即 $\cup_{S \in S'} S = U$。

集合覆盖问题是经典的 NP 困难问题，同样也是运筹学中典型的组合优化问题，在人员调动、网络安全、资源分配、电路设计、运输车辆路径安排等领域有广泛的应用。

若 $P = NP$，则图 12.3 中的三类问题相同。

NP 困难问题可能属于 NP 问题，也可能不属于 NP 问题。若该问题不是 NP 问题，则难度比 NPC 问题还要大。例如，停机问题"已知对于任意输入数据的任意程序，此程序能终止吗？"属于 NP 困难问题，但不属于 NP 问题。

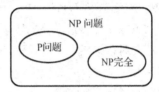

图 12.3　复杂度 P、NP 与 NPC 的关系图

12.7　典型的 NPC 问题

迄今为止，人们在各个领域中已经发现几千个 NPC 问题。下面介绍的几个 NPC 问题，经常用来证明其他问题的 NP 完全性。

布尔表达式的可满足（SAT）问题：设 $f(x_1, x_2, \cdots, x_n)$ 是一个 n 元布尔函数，问题：是否存在一组赋值 $(a_1, a_2, \cdots, a_n) \in \{0, 1\}^n$，使得 $f(a_1, a_2, \cdots, a_n) = 1$ 成立。

定理 12.3（Cook 定理） 布尔表达式的可满足问题是 NPC 问题。

显然，可满足问题是 NP 问题，因为对于任意一组赋值 $(a_1, a_2, \cdots, a_n)$，都可以在多项式时间内验证 $f(a_1, a_2, \cdots, a_n)$ 是否等于 1。然而，找一组赋值 $(a_1, a_2, \cdots, a_n)$ 使 $f(a_1, a_2, \cdots, a_n) = 1$ 却很难，因为有 2^n 个可能赋值需要验证，时间复杂度为 2^n。

"可满足问题"是一个著名的 NPC 问题。Cook 定理以实例形式说明了 NPC 问题的存在性。人们很快使用 Cook 的证明方法证明了其他许多 NPC 问题。

背包问题、集覆盖问题、旅行商问题、整数规划问题、N-puzzle 问题（华容道问题）、图着色问题、广义扫雷问题等都是 NPC 问题。

整数规划问题：给出 (A, b)，其中，A 是 $m \times n$ 整数矩阵，b 是 m 维整数向量，确定是否存在 n 维整数向量 x 使得 $Ax \geq b$。

图着色问题：给定一个无向图 $G = (V, E)$，其中，V 为顶点集合，E 为边集合。将 V 分为不超过 K 个颜色组，每个组形成一个独立集，即其中没有相邻的顶点，最小的 K 值是多少？

广义扫雷问题：给定一块被部分标定为数字或地雷的矩形区域，剩下一些格子还未打开，试确定在未打开的格子中是否存在某种形式的地雷分布，使已经出现的数字得到满足。换句话说，需要确定给出的数据是否相容。

广义扫雷问题具有 NP 完全性。首先，它是一个 NP 问题，因为验证一个解（由雷分布推断出数字）可以在多项式时间内完成。其次，利用扫雷规则可以构建出所有逻辑电路元件，从而证明布尔函数可满足问题可以归约为扫雷问题。因为布尔函数可满足问题已经被证明是 NPC 问题，所以广义扫雷问题，或者说扫雷也是 NPC 问题。

目前，有多种方法可用证明某个问题是 NPC 问题，限制法是一种简单的 NPC 问题证明方法。

用限制法证明问题 X 是 NPC 问题的基本思路是：证明 $X \in$ NP 且包含一个已知的 NPC 子问题。

例如，X' 是一个已知的 NPC 问题。对待证问题 X 添加限制条件得 X''，然后证明问题 X' 的解决可以归约到问题 X''。所以 X''（即 X）也是 NPC 问题。

使用限制法，首先，需要知道一些著名的 NPC 问题；其次，通过对待证问题添加限制条件，将已知的 NPC 问题规约到添加了限制条件的待证问题。

NPC 难解，并不是说 NPC 问题中的所有实例都难解，可能 NPC 问题在某些特殊条件下存在多项式时间算法，或者存在近似解。例如：

(1) 只对问题的特例求解：NPC 问题可能包含一些易解的特例，可对这些易解特例进行部分求解；

(2) 用概率方法求解：有些 NPC 问题包含很多特例，用概率方法证明难解的特例所占的比例很小，于是所给出的该 NPC 问题的算法在大多数情况下是有效的；

(3) 只给出近似解：某些 NPC 问题的解不是精确的，允许存在一定的误差；

(4) 问题转化：将待求解的 NPC 问题转化为已存在较好解法的 NPC 问题；

(5) 尝试使用新方法：在现有算法不奏效的情况下，使用新的思路对 NPC 问题进行分析和求解。

12.8　背包公钥密码算法*

1977 年，R. Merkle 和 M. Hellman 基于组合优化中的背包问题，使用模乘运算，提出背包公钥加密算法，背包公钥加密算法代表着一类基于 NPC 问题构造的密码算法 [23]。Merkle-Hellman 背包公钥算法将一个易解的背包问题转化为一个看似复杂、困难的背包问题。

定义 12.12　正整数向量 $A = (a_1, a_2, \cdots, a_n)$ 满足，对任意的 k（$1 \leq k < n$）均有

$$a_1 + a_2 + \cdots + a_k < a_{k+1} \tag{12.3}$$

则向量 $A = (a_1, a_2, \cdots, a_n)$ 称为**超递增背包向量**。

相应的背包问题称为**超递增背包问题**，该问题是易解的。

算法 12.1　Merkle–Hellman 背包公钥算法

1. 密钥生成

(1) 选取一个超递增背包 $A = (a_1, a_2, \cdots, a_n)$ 和模数 m，满足 $m > a_1 + a_2 + \cdots + a_n$；

(2) 选取 w 满足 $(w, m) = 1$，并求 w 模 m 的逆 w^{-1}；

(3) 构造背包向量 $b = (b_1, b_2, \cdots, b_n)$，其中，$b_i = wa_i \pmod{m}$，$i = 1, 2, \cdots, n$；

(4) 公开解密者的公钥 $b = (b_1, b_2, \cdots, b_n)$，保留用户私钥 $A = (a_1, a_2, \cdots, a_n)$，$m$ 和 w。

2. 加密

设待加密的明文为 $M = (m_1, m_2, \cdots, m_n)$, $(m_i = 0, 1)$, 密文为

$$c = m_1 b_1 + m_2 b_2 + \cdots + m_n b_n$$

3. 解密

计算

$$s \equiv w^{-1} c \pmod{m}$$

解密者由 s 利用 A 的超递增特性可逐比特求出明文 M。

事实上，有

$$s = w^{-1} c \pmod{m} = m_1 a_1 + m_2 a_2 + \cdots + m_n a_n$$

例 12.6 Merkle–Hellman 背包公钥加密和解密。

1. 密钥生成

(1) 选取一个超递增背包 $A = (3, 5, 9, 18, 37, 75)$ 和模数 $n = 151$, 满足

$$151 > 3 + 5 + 9 + 18 + 37 + 75$$

(2) 选取 $w = 19$, 并求 w 模 n 的逆 $w^{-1} = 8$;

(3) 构造背包向量 $b = (57, 95, 20, 40, 99, 66)$;

(4) 公开解密者的公钥 $b = (57, 95, 20, 40, 99, 66)$, 保留用户私钥 $A = (3, 5, 9, 18, 37, 75)$, $n = 151$ 和 $w^{-1} = 8$。

2. 加密

设明文信息 $m = m_1 m_2 m_3 m_4 m_5 m_6 = 101011$, 则密文为

$$c = 57 + 20 + 99 + 66 = 242$$

3. 解密

接收方计算

$$s = cw^{-1} \pmod{151} = 242 \times 8 \pmod{151} = 124$$

$$124 > 75, \qquad\qquad 则\ m_6 = 1$$
$$124 - 75 = 49 > 37, \qquad 则\ m_5 = 1$$
$$49 - 37 = 12 < 18, \qquad 则\ m_4 = 0$$
$$12 > 9, \qquad\qquad 则\ m_3 = 1$$
$$12 - 9 = 3 < 5, \qquad 则\ m_2 = 0$$
$$3 = 3, \qquad\qquad 则\ m_1 = 1$$

则 $m = 101011$ 即为明文。

1982 年 A. Shamir 成功破译 Merkle-Hellman 背包公钥算法 [24]。之后，学者们围绕该类密码体制不断地改进和破译。

2000 年，T. Okamoto. K. Tanaka 和 S. Uchiyama 克服 Merkle–Hellman "乘法" 限门背包方案与 Chor–Rivest 方案的安全缺陷，在密钥生成阶段运用量子机制计算离散对数，给出一种新的 "乘法" 限门背包方案 [25] [26]。

算法 12.2 Okamoto–Tanaka–Uchiyama 背包公钥算法

1. 密钥生成

(1) 确定参数 n, k ($k < n$);

(2) 随机选取素数 p，群 Z_p^* 的生成元 g，n 个不同的素数 $p_1, p_2, \cdots, p_n \in Z_p$，满足对 $\{p_1, p_2, \cdots, p_n\}$ 中任意 k 个数 $\{p_{i_1}, p_{i_2}, \ldots, p_{i_k}\}$ 都有 $\prod_{j=1}^{k} p_{i_j} < p$；

(3) 使用 Shor 的量子计算算法，计算离散对数 $a_1, a_2, \cdots, a_n \in Z_{p-1}$，满足 $p_i \equiv g^{a_i} \pmod{p}$，其中，$i = 1, 2, \cdots, n$；

(4) 随机选取 $d \in Z_{p-1}$；

(5) 计算 $b_i = (a_i + d) \pmod{p-1}$，其中，$i = 1, 2, \cdots, n$；

(6) 公钥是 $(n, k, b_1, b_2, \cdots, b_n)$，私钥是 $(g, d, p, p_1, p_2, \cdots, p_n)$。

2. 加密

(1) 将待加密明文 M 映射为比特串 $m = (m_1, m_2, \cdots, m_n)$，长为 n，汉明重量为 k。

(2) 计算密文

$$c = m_1 b_1 + m_2 b_2 + \cdots + m_n b_n$$

3. 解密

(1) 计算

$$r = (c - kd) \pmod{p-1}$$
$$u = g^r \pmod{p}$$

(2) 找 u 的因子，如果 p_i 是 u 的因子，则 $m_i = 1$；否则 $m_i = 0$。

文 [26] 给出了将明文 M 映射为长为 n、重量为 k 的比特串的一种方法。

习 题 12

1. 判断一个整数是否为 9 的倍数，证明：该问题是 P 类问题。

2. 证明：模加减法 $a \pm b \pmod{n}$（$a, b < n$）的比特计算量为 $O(\log n)$。

3. 证明：模乘法 $a \cdot b \pmod{n}$（$a, b < n$）的比特计算量为 $O((\log n)^2)$。

4. 证明：一次带余除法 $(a = bq + r, 0 < r < b)$ 的比特计算量为 $O(nm)$，其中，$n = |a|$，$m = |b|$ 分别表示 a, b 的长度。

5. 给出模逆 $a^{-1} \pmod{n}$ 算法并分析其计算复杂度。

6. 给出模除法 $a/b \pmod{n}$ 算法并分析其计算复杂度。

7. 证明：子图同构问题是 NPC 问题。

8. 集合划分问题：对于一个数字集合 S，这些数字是否能被划分成两个集合 A 和 $\bar{A} = S - A$，使得 $\sum_{x \in A} x = \sum_{x \in \bar{A}} x$。证明：该问题是 NPC 问题。

9. 选取适当的参数，设计 Merkle-Hellman 背包公钥算法，并写出加解密过程。

10. 最长回路问题：在一个图中找出一条具有最大长度的回路（无重复顶点）。证明：该问题是 NPC 问题。

第13章 图 论

自 1736 年欧拉（Euler）利用图的方法解决著名的柯尼斯堡七桥问题后，图论作为一门数学分支应运而生。图论是研究顶点和边组成图形的数学理论，这种图形通常用来描述一些事物之间的某种特定关系。本章主要介绍图的基本概念、性质、邻接矩阵、关联矩阵、最短路问题、树以及图的连通性等内容。

13.1 图的基本概念

许多事物以及它们之间的关系都可以用图形直观表示。如交通线路、通信链路、人际关系等，这类事例的数学抽象就产生了图的概念。

定义 13.1 一个图 G 通常是指有序的二元组 $G = (V, E)$，其中 V 是图 G 的**顶点集合**，E 是图 G 的**边集合**。

V 中元素称为图 G 的**顶点**（或**点**），E 中的元素称为图 G 的**边**。

若图 G 中的边 $e \in E$ 连接顶点 u 和 v，则记为 $e = (u, v)$ 或 $e = (v, u)$。

如果顶点对 (u, v) 是无序的，即边 (u, v) 与 (v, u) 表示 G 中相同的边，则此图称为**无向图**；否则称为**有向图**。

图 13.1 给出了一个图 $G = (V, E)$，其中 $V = \{v_1, v_2, v_3, v_4, v_5\}$，$E = \{e_1 = (v_1, v_2), e_2 = (v_1, v_4), e_3 = (v_2, v_3), e_4 = (v_2, v_5), e_5 = (v_3, v_4), e_6 = (v_3, v_5)\}$。

定义 13.2 在图 $G = (V, E)$ 中，边上的顶点称为与这条边**关联**，与同一条边关联的两个顶点称为**相邻的顶点**，与同一个顶点关联的两条边称为**相邻的边**。若图 G 中的某个顶点与任何边都不关联，则该点称为**孤立点**。

一条边上的两个顶点重合为一点的边称为**环**，多条边同时与两个顶点关联，就称为**重边**。

如果一个图既没有环也没有重边，那么称其为**简单图**，否则就称其为**复图**。

图 13.1 中的 G 是简单图，图 13.2 中的图是复图。

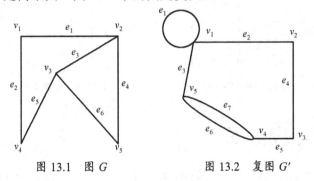

图 13.1 图 G 图 13.2 复图 G'

如果 V, E 均是有限集，则称 $G = (V, E)$ 为**有限图**，否则称为**无限图**。

只有一个顶点的图称为**平凡图**，其他所有的图称为非平凡图。不包含边的图称为**空图**，即它只有一些孤立点。

如果图中任意两点都恰有一条边，该图称为**完全图**。

与顶点 v 关联的边数称为顶点的**度**，记为 $d(v)$。

在图 13.2 中顶点 v_1, v_2, v_4 的度分别是 $d(v_1) = 4$，$d(v_2) = 2$，$d(v_4) = 3$。

设 $G = (V(G), E(G))$，$H = (V(H), E(H))$ 为两个图，如果 $V(H) \subseteq V(G)$，$E(H) \subseteq E(G)$，则称 H 为 G 的**子图**，记为 $H \subseteq G$；进一步，若 $H \neq G$，则称 H 为 G 的**真子图**，记为 $H \subset G$。若 H 是 G 的子图，则 G 称为 H 的**母图**。如果 $V(H) = V(G)$，而 $E(H) \subseteq E(G)$，则 H 称为 G 的**生成子图**。

设 $G = (V, E)$，V_1 是 V 的一个非空子集，以 V_1 为顶点集，以两端点均在 V_1 中的边的全体为边集所构成的子图，称为 G 的由顶点集 V_1 **导出的子图**，记为 $G[V_1]$。设 E_1 是 E 的非空子集，以 E_1 为边集、以 E_1 中诸边的端点为顶点集所构成的子图，称为 G 的由边集 E_1 **导出的子图**，记为 $G[E_1]$。

13.2　邻接矩阵与关联矩阵

设图 $G = (V, E)$ 含有 n 个顶点，这些顶点分别记为 v_1, $v_2, \cdots, v_n$，则 G 的**邻接矩阵**是一个 n 阶方阵 $A(G) = [a_{ij}]_{n \times n}$，其中，$a_{ij}$ 是连接顶点 v_i 与 v_j 的边的数目。

例 13.1　分别写出图 13.1 与图 13.2 的邻接矩阵。

$$A(G) = \begin{array}{c} \\ v_1 \\ v_2 \\ v_3 \\ v_4 \\ v_5 \end{array} \begin{array}{c} \begin{matrix} v_1 & v_2 & v_3 & v_4 & v_5 \end{matrix} \\ \begin{bmatrix} 0 & 1 & 0 & 1 & 0 \\ 1 & 0 & 1 & 0 & 1 \\ 0 & 1 & 0 & 1 & 1 \\ 1 & 0 & 1 & 0 & 0 \\ 0 & 1 & 1 & 0 & 0 \end{bmatrix} \end{array} \qquad A(G') = \begin{array}{c} \\ v_1 \\ v_2 \\ v_3 \\ v_4 \\ v_5 \end{array} \begin{array}{c} \begin{matrix} v_1 & v_2 & v_3 & v_4 & v_5 \end{matrix} \\ \begin{bmatrix} 1 & 1 & 0 & 0 & 1 \\ 1 & 0 & 1 & 0 & 0 \\ 0 & 1 & 0 & 1 & 0 \\ 0 & 0 & 1 & 0 & 2 \\ 1 & 0 & 0 & 2 & 0 \end{bmatrix} \end{array}$$

(a) 图 G 的邻接矩阵　　　　　　　(b) 图 G' 的邻接矩阵

图 13.3　邻接矩阵

设图 $G = (V, E)$ 含有 n 个顶点与 t 条边，分别记为 v_1, $v_2, \cdots, v_n$ 与 e_1, $e_2, \cdots, e_t$，则 G 的**关联矩阵**是一个 $n \times t$ 阶矩阵 $M(G) = [m_{ij}]_{n \times t}$，其中，$m_{ij}$ 是顶点 v_i 与 e_j 关联的次数。

例 13.2　分别写出图 13.1 与图 13.2 的关联矩阵。

$$M(G) = \begin{array}{c} \\ v_1 \\ v_2 \\ v_3 \\ v_4 \\ v_5 \end{array} \begin{array}{c} \begin{matrix} e_1 & e_2 & e_3 & e_4 & e_5 & e_6 \end{matrix} \\ \begin{bmatrix} 1 & 1 & 0 & 0 & 0 & 0 \\ 1 & 0 & 1 & 1 & 0 & 0 \\ 0 & 0 & 1 & 0 & 1 & 1 \\ 0 & 1 & 0 & 0 & 1 & 0 \\ 0 & 0 & 0 & 1 & 0 & 1 \end{bmatrix} \end{array} \qquad M(G') = \begin{array}{c} \\ v_1 \\ v_2 \\ v_3 \\ v_4 \\ v_5 \end{array} \begin{array}{c} \begin{matrix} e_1 & e_2 & e_3 & e_4 & e_5 & e_6 & e_7 \end{matrix} \\ \begin{bmatrix} 2 & 1 & 1 & 0 & 0 & 0 & 0 \\ 0 & 1 & 0 & 1 & 0 & 0 & 0 \\ 0 & 0 & 0 & 1 & 1 & 0 & 0 \\ 0 & 0 & 0 & 0 & 1 & 1 & 1 \\ 0 & 0 & 1 & 0 & 0 & 1 & 1 \end{bmatrix} \end{array}$$

(a) 图 G 的关联矩阵　　　　　　　(b) 图 G' 的关联矩阵

图 13.4　关联矩阵

13.3　同构与顶点的度

定义 13.3　设两个图 $G = (V(G), E(G))$，$H = (V(H), E(H))$，称 G 与 H 是**同构**的，如果存在一个一一映射

$$\varphi: V(G) \rightarrow V(H)$$

满足对任意的 $u, v \in V(G)$，有

$$(u, v) \in E(G) \Leftrightarrow (\varphi(u), \varphi(v)) \in E(H)$$

这样的映射 φ 称为图的同构映射；如果 $G = H$，就称 φ 为图的自同构。

定理 13.1 任一图 G 中，所有顶点的度数之和等于边数 ε 的两倍，即

$$\sum_{v \in V} d(v) = 2\varepsilon$$

证明 每条边对顶点度的贡献恰为 2。

推论 13.1 任一图 G 中，奇点（度数为奇数的顶点）个数为偶数。

证明 设 X, Y 分别为 G 中奇点集和偶点集，则

$$\sum_{v \in V} d(v) = \sum_{v \in X} d(v) + \sum_{v \in Y} d(v) = 2\varepsilon$$

因此，

$$\sum_{v \in X} d(v) = 2\varepsilon - \sum_{v \in Y} d(v) \tag{13.1}$$

等式(13.1)的右边是偶数，即奇点个数 $|X|$ 是偶数。

13.4 路和连通性

图 G 的一条**路径**（或**通道**）是指一个有限序列 $W = v_0 e_1 v_1 e_2 v_2 \cdots e_k v_k$，顶点与边交替，对 $1 \le i \le k$，e_i 的端点是 v_{i-1} 和 v_i，称 W 是从顶点 v_0 到 v_k 的一条路径，v_0 和 v_k 分别称为 W 的**起点**和**终点**，而 $v_1, v_2, \cdots, v_{k-1}$ 称为它的**内部顶点**，整数 k 称为路径的**长**。

若路径 W 的边 $e_1, e_2, \cdots, e_k$ 互不相同，则 W 称为**迹**；若路径 W 的顶点 $v_0, v_1, .., v_k$ 也不相同，则 W 称为**路**。

图 13.5 指出了一个图的一条路径、一条迹和一条路。

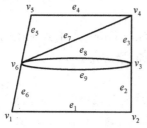

路径：$v_1 e_1 v_2 e_2 v_3 e_3 v_4 e_7 v_6 e_8 v_3 e_3 v_4 e_4 v_5$
迹：$v_1 e_1 v_2 e_2 v_3 e_8 v_6 e_9 v_3 e_3 v_4 e_4 v_5$
路：$v_1 e_1 v_2 e_2 v_3 v_3 v_4 e_4 v_5$

图 13.5 图的路径、迹和路

如果一条路径的起点和终点相同，就称这条路径是**闭**的。进一步，若一条闭迹的起点与内部顶点互不相同，就称其为**圈**。

如果在 G 中存在 u 到 v 的一条路径，那么图 G 的两个顶点 u 和 v 称为**连通**的。连通是一个等价关系。于是可以将 V 进行分类，分成互不相交的子集 $V_1, V_2, \cdots, V_\omega$，使得两个顶点 u 和 v 是连通的当且仅当它们属于同一子集 V_i。称子图 $G[V_1], G[V_2], \cdots, G[V_\omega]$ 为 G 的**分支**。若 G 只有一个分支，则称图 G **是连通的**，否则称 G 是**不连通**的。

图 13.6 给出了一个连通图和一个不连通图。

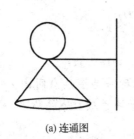
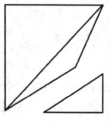

(a) 连通图　　　　　　　　　　　　　(b) 不连通图

图 13.6　连通图与不连通图

13.5　最短路问题

若图 G 的每条边 e，都赋予一个值 $\omega(e)$，则称 G 为一个赋权图，$\omega(e)$ 称为 e 的权。例如，在通信网络中，$\omega(e)$ 可以表示线路长度、线路建设费、维护费或租借费等，在关系网络中可以表示关系的紧密程度等。

对于图 G 的子图 H，H 中所有边的权之和为 $\omega(H) = \sum_{e \in E(H)} \omega(e)$，称其为图 H 的权。寻找满足一定条件的最小（或最大）权子图，是赋权图中的重要优化问题。例如，用 $\omega(e)$ 表示两顶点的距离时，可以在两个指定的顶点间找一条最短路径，这类问题称为**最短路问题**。

图 13.7 中的粗线就是顶点 u_0 到 v_{10} 的一条最短路，该路径的权重为 15，最短路可能不唯一。

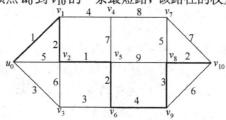

图 13.7　顶点 u_0 到 v_{10} 的一条最短路

赋权图中一条路的权称为长，从 u 到 v 的所有路径中的最小权称为 u 和 v 之间的**距离**，并记为 $d(u, v)$。

Dijkstra 算法由 E. W. Dijkstra（1959）、P. D. Whiting 和 J. A. Hillier（1960）独立发现，该算法给出从 G 的一给定顶点到其他所有顶点的最短路。

Dijkstra 算法的基本思想如下。

将顶点集合 V 分为两组：$S = \{v \in V \mid u_0$ 到点 v 的最短路已确定$\}$，$\bar{S} = V \setminus S$。

每次从 $\bar{S}$ 中选取一个与 S 中顶点有关联边且与 u_0 距离最小的顶点 $\bar{v}$，加入到 S 中。

初始时 S 只含有源点 u_0。

若 $P = u_0 u_1 \cdots u_k \, \bar{v}$ 是从 u_0 到 $\bar{S}$ 的最短路，其中，$u_0, u_1, \cdots, u_k \in S$，$\bar{v} \in \bar{S}$，则 u_0 到 u_k 的最短路必然是 $u_0 u_1 \cdots u_k$。因此

$$d(u_0, \bar{v}) = d(u_0, u_k) + \omega(u_k, \bar{v}) \tag{13.2}$$

事实上，从 u_0 到 $\bar{S}$ 的距离及 S 中的点 u_k 由公式

$$d(u_0, \bar{S}) = \min_{\substack{u \in S \\ v \in \bar{S}}} \{d(u_0, u) + \omega(u, \bar{v})\} \tag{13.3}$$

确定。

算法 13.1 Dijkstra 算法

1. 置 $l(u_0) = 0$，对每个 $v \neq u_0$，令 $l(v) = \infty$，$S_0 = \{u_0\}$，$i = 0$；

2. 对每个与 S_i 邻接的 $v \in \overline{S_i}$，用

$$\min_{u \in S_i}\{l(v), l(u) + w(u, v))\} \tag{13.4}$$

替换 $l(v)$，对于达到式(13.4)最小值的点 v，置

$$S_{i+1} = S_i \cup \{v\}$$

3. 若 $i = |V| - 1$，则停止；

若 $i < |V| - 1$，则用 $i + 1$ 代替 i，转入第 2 步。

Dijkstra 算法结束时，将给出从 u_0 到图 G 中其余各点 v 的距离 $l(v) = d(u_0, v)$。

例 13.3 确定图 13.7 中 u_0 到其他各顶点的最短路。

解 图 13.8 以图例形式给出了 Dijkstra 算法的计算过程。每步确定的最短路用粗实线连接，并标注 u_0 到该点的距离。

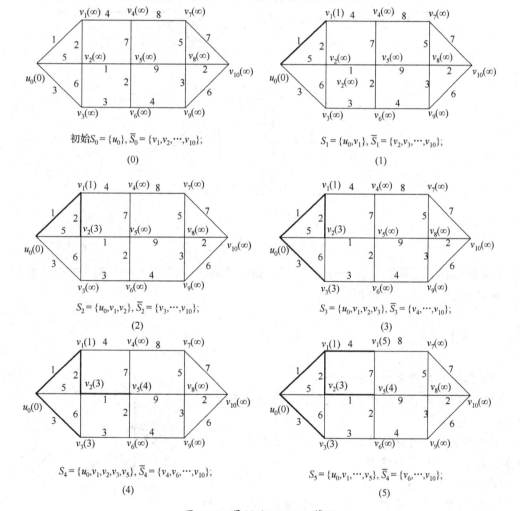

图 13.8 最短路 Dijkstra 算法

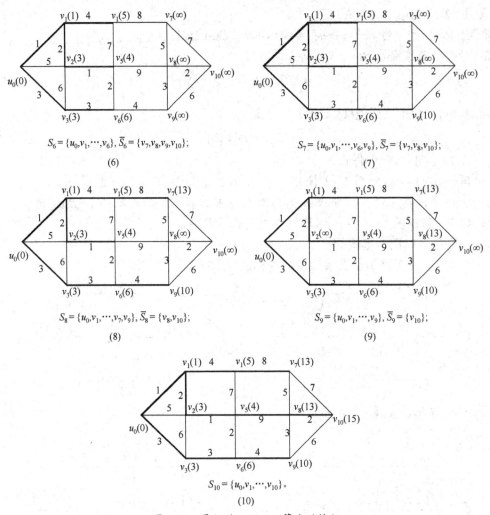

$S_6 = \{u_0, v_1, \cdots, v_6\}, \overline{S}_6 = \{v_7, v_8, v_9, v_{10}\};$

(6)

$S_7 = \{u_0, v_1, \cdots, v_6, v_9\}, \overline{S}_7 = \{v_7, v_8, v_{10}\};$

(7)

$S_8 = \{u_0, v_1, \cdots, v_7, v_9\}, \overline{S}_8 = \{v_8, v_{10}\};$

(8)

$S_9 = \{u_0, v_1, \cdots, v_9\}, \overline{S}_9 = \{v_{10}\};$

(9)

$S_{10} = \{u_0, v_1, \cdots, v_{10}\}。$

(10)

图 13.8　最短路 Dijkstra 算法（续）

最短路 Dijkstra 算法类似"树的生长"，最终生成的树有这样的性质：对每个顶点 v，连接 u_0 和 v 的路 $u_0 \cdots v$ 是最短路。

13.6　树

树是最简单最重要的一种连通图。

定义 13.4　不含圈的图称为无圈图，连通的无圈图称为树（Tree）。

树中度数为 1 的顶点称为叶子结点，度数大于 1 的顶点称为分支点或内部结点。

图 13.9 给出了树的示例。

定理 13.1　在一棵树中，任意两个顶点之间均由唯一的路连接。

证明　反证法。假设树 T 的两个顶点 u, v 之间存在

(a) 10个顶点的树　　(b) 6个顶点的树

图 13.9　树

两条不同的路径，则 u, v 之间连通且存在圈，这与树 T 是无圈图相矛盾。

所以树中任意两个顶点之间均由唯一的路连接。

定理 13.2　树 T 中的边数 $\varepsilon = |V| - 1$。

定义 13.5　若图 T 既是图 G 的生成子图，同时又是树，就称 T 为 G 的**生成树**（Spanning Tree）。

定义 13.6　如果删除 e 后，连通图 G 变为不连通，则称边 e 为图 G 的**割边**。

如图 13.10，边 cd, eh 是图 G 的割边。

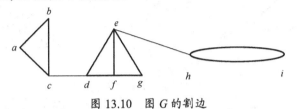

图 13.10　图 G 的割边

定理 13.3　e 是图 G 的割边当且仅当 e 不包含在 G 的任一圈中。

定理 13.4　一个连通图是树当且仅当它的每条边都是割边。

证明　"⇒"设图 G 是一棵树。由于 G 是无圈图，所以 G 的任何边都不包含在 G 的圈中。由定理 13.3，可知 G 的任何边均为 G 的割边。

"⇐"假设连通图 G 不是树，则 G 包含一个圈 C，由定理 13.3，可知 C 的边不是 G 的割边。

推论 13.2　每个连通图都包含生成树。

证明　设 G 是连通图，将 G 中的圈通过删除相应的边，使之成为无圈连通图 T，T 即为树。

推论 13.3　每个连通图边数与点数的关系是 $\varepsilon \geqslant |V| - 1$。

定理 13.5　设 T 是连通图 G 的生成树，G 的一条边 e 不在 T 中，则 $T + e$ 包含唯一的圈。

证明　因为树 T 是连通图，所以添加一条边 e 后必然使 $T + e$ 包含一个圈。

假设 $T + e$ 包含两个圈，则删除两个圈不重合的一条边后，T 仍然包含一个圈，这与 T 是连通图 G 的生成树相矛盾。故 $T + e$ 包含唯一的圈。

定义 13.7　如果删除 v 后，连通图 G 变为不连通，则称顶点 v 为图 G 的**割点**。

图 13.11 中存在 4 个割点，分别是 c, d, e, h。

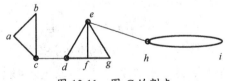

图 13.11　图 G 的割点

定理 13.6　设 v 是树 T 的顶点，则 v 是 T 的割点当且仅当 $d(v) > 1$。

考察图 13.12 中的三个连通图。

G_1 是树，删除任何一条边都使它不连通。删除 G_2 中的任何一条边，G_2 仍保持连通，但删除它的割点就能使它不连通。图 G_3 中既无割边也无割点。

定义 13.8　若删除 V 的一个子集 V' 使得 $G - V'$ 不连通，则称顶点集 V' 为 G 的（顶）点割（Vertex Cut）。k点割是指含有 k 个元素的点割集。当 G 至少有两个不相邻的顶点时，使 G 变成不连通所需删除的最少顶点数 k，称为图 G 的连通度，记为 $C(G)$。

如果 $C(G) \geqslant k$，就称 G 是 k 连通（k-connected）的。

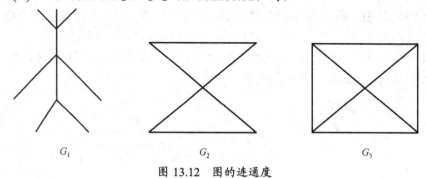

图 13.12　图的连通度

定理 13.7　图 G 是 2 连通的当且仅当 G 的任意两个顶点至少被两条内部不相交的路相连。

推论 13.4　若 G 是 2 连通的，则 G 的任意两个顶点都位于同一个圈上。

13.7　二叉树

定义 13.9　二叉树是 n（$n \geqslant 0$）个结点的有限集，它或者是空集（$n = 0$），或者由一个根结点及至多两棵互不相交的称为左子树和右子树的二叉树组成。

二叉树的特点：

(1) 根结点的度数不大于 2；除根结点外，每个结点定义了唯一的父结点及最多 2 个子结点；

(2) 子树有左右之分，次序不能颠倒；

(3) 二叉树可以是空集合，根可以有空的左子树或空的右子树。

二叉树的基本形态如图 13.13 所示。

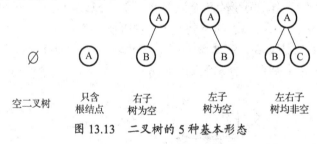

图 13.13　二叉树的 5 种基本形态

定理 13.8　在二叉树的第 i 层上至多有 2^{i-1} 个结点（$i \geqslant 1$）。

证明　归纳法。

当 $i = 1$ 时，只有根结点，$2^{i-1} = 2^0 = 1$，命题成立。

假设对于所有的 j（$1 \leqslant j < i$），命题成立，即第 j 层上至多有 2^{j-1} 个结点。需证明 $j = i$ 时命题也成立。

由归纳假设可知第 $i-1$ 层上至多有 2^{i-2} 个结点。

由于二叉树每个结点最多有 2 个子结点，故在第 i 层上最大结点数为第 $i-1$ 层上最大

结点数的 2 倍，即

$$2 \times 2^{i-2} = 2^{i-1}$$

定理 13.9 深度为 L 的二叉树至多有 $2^L - 1$ 个结点（其中 $L \geq 1$）。

证明 由定理 13.8，可知深度为 L 的二叉树的最大结点数为

$$\sum_{i=1}^{L} (\text{第} i \text{层的最大结点数}) = \sum_{i=1}^{L} 2^{i-1} = 2^L - 1$$

定理 13.10 对任何一棵二叉树，叶子结点（终端结点）的数目记为 n_0，含有 2 个子结点的结点数目记为 n_2，则 $n_0 = n_2 + 1$。

证明 设 n_1 为二叉树中子结点数为 1 的结点数目。

因为二叉树中所有结点的子结点数均小于等于 2，所以其结点总数为

$$n = n_0 + n_1 + n_2 \tag{13.5}$$

再看二叉树中的结点数 n 与边数 ε 的关系，根据定理 13.2，得

$$n = \varepsilon + 1$$

这些边可以看成是由子结点数为 1 或 2 的结点发出的，所以

$$\varepsilon = n_1 + 2n_2$$

于是得

$$n = n_1 + 2n_2 + 1 \tag{13.6}$$

比较式(13.5)与式(13.6)可得

$$n_0 = n_2 + 1$$

下面介绍两种特殊形式的二叉树。

定义 13.10 一棵二叉树，如果每一层的结点数都达到最大值，就称为**满二叉树**。

由定理 13.9，可知深度为 L 的满二叉树有 $2^L - 1$ 个结点。

定义 13.11 一棵二叉树，叶子结点只能出现在最下层和次下层，并且最下层的结点都集中在该层最左边的若干位置，就称为**完全二叉树**。

完全二叉树的叶子结点只可能分布在层次最大的两层上。如果其右子树的最大层次为 k，则其左子树的最大层次必为 k 或 $k+1$。

满二叉树与完全二叉树如图 13.14 所示。

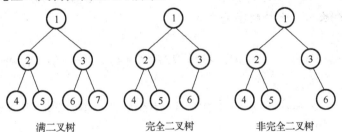

满二叉树　　　　　　完全二叉树　　　　　　非完全二叉树
图 13.14　满二叉树与完全二叉树

定理 13.11 含有 n 个结点的完全二叉树的深度为 $\lfloor \log_2 n \rfloor + 1$。

证明 假设完全二叉树的深度为 L，则由定理 13.9 和完全二叉树的定义，有

$$2^{L-1} - 1 < n \leq 2^L - 1$$

即

$$2^{L-1} \leqslant n < 2^L$$

各项取对数，有 $L-1 \leqslant \log_2 n < L$。因为 L 是整数，所以 $L = \lfloor \log_2 n \rfloor + 1$。

13.8 Merkle 树签名方案[*]

13.8.1 一次性签名方案

L. Lamport 提出的基于 Hash 函数的一次性签名方案是重要的抗量子签名候选方案[27][28]，其中的 Hash 函数也可使用 AES 来构造。

定义 13.12 满足以下条件的函数 H 称为 Hash 函数：

(1) 函数的输入任意长，输出固定长；

(2) 已知 x，计算 $H(x)$ 容易；

(3) 已知函数值 h，求 x 使得 $H(x) = h$，在计算上不可行；

(4) 找到 x，y（$x \neq y$），使得 $H(x) = H(y)$，在计算上不可行。

算法 13.2 Lamport 一次性签名方案

1. 参数建立

n 为安全参数，一个单向函数 $f: \{0,1\}^n \to \{0,1\}^n$，一个 Hash 函数 $H: \{0,1\}^* \to \{0,1\}^n$。

2. 密钥对生成

随机均匀选取 $2n$ 个长为 n 比特的字符串，作为签名密钥 X：

$$X = (x_{n-1}[1], x_{n-1}[0]; \cdots; x_1[1], x_1[0]; x_0[1], x_0[0]) \tag{13.7}$$

验证密钥 Y 为

$$Y = (y_{n-1}[1], y_{n-1}[0]; \cdots; y_1[1], y_1[0]; y_0[1], y_0[0]) \tag{13.8}$$

其中，$y_i[k] = f(x_i[k])$，$0 \leqslant i \leqslant n-1$，$k = 0, 1$。

3. 签名生成

设待签名的文件为 $M \in \{0,1\}^*$，计算 M 的消息摘要（Hash 值）。

设 $H(M) = (h_{n-1}, \cdots, h_1, h_0) \in \{0,1\}^n$，则 M 的签名是

$$\sigma_M = (\sigma_{n-1}, \cdots, \sigma_1, \sigma_0) = (x_{n-1}[h_{n-1}], \cdots, x_1[h_1], x_0[h_0]) \tag{13.9}$$

该签名是 n 个长为 n 比特的字符串。

4. 验证

验证者收到 $\sigma_M = (\sigma_{n-1}, \cdots, \sigma_1, \sigma_0)$ 后，计算 M 的消息摘要，$H(M) = (h_{n-1}, \cdots, h_1, h_0) \in \{0,1\}^n$，然后检验

$$(f(\sigma_{n-1}), \cdots, f(\sigma_1), f(\sigma_0)) = (y_{n-1}[h_{n-1}], \cdots, y_1[h_1], y_0[h_0]) \tag{13.10}$$

是否成立。

若成立，则验证通过；否则，验证不通过。

例 13.4 设 $n = 4$，$f: \{0,1\}^4 \to \{0,1\}^4$，$x \to x + 1 \pmod{16}$，Hash 函数 $H: \{0,1\}^* \to \{0,1\}^4$。并设某文件 M 的消息摘要为 $H(M) = (1, 1, 0, 1)$。

随机秘密选取签名密钥（8 个长为 4 比特的字符串）为

$$X = (x_3[1], x_3[0]; x_2[1], x_2[0]; x_1[1], x_1[0]; x_0[1], x_0[0])$$
$$= (1011, 0100; 1100, 1001; 0010, 1110; 0111, 0110)$$

相应的公开验证密钥为

$$Y = (y_3[1], y_3[0]; y_2[1], y_2[0]; y_1[1], y_1[0]; y_0[1], y_0[0])$$
$$= (1100, 0101; 1101, 1010; 0011, 1111; 1000, 0111)$$

使用签名密钥对消息摘要为 $H(M) = (h_3, h_2, h_1, h_0) = (1, 1, 0, 1)$ 的签名为

$$\sigma_M = (\sigma_3, \sigma_2, \sigma_1, \sigma_0) = (x_3[1], x_2[1], x_1[0], x_0[1])$$
$$= (1011, 1100, 1110, 0111)$$

验证者收到 $\sigma_M = (\sigma_3, \sigma_2, \sigma_1, \sigma_0) = (1011, 1100, 1110, 0111)$ 后，计算 M 的消息摘要 $H(M) = (1, 1, 0, 1)$，然后验证

$$(f(\sigma_{n-1}), \cdots, f(\sigma_1), f(\sigma_0)) = (1100, 1101, 1111, 1000)$$
$$= (y_3[1], y_2[1], y_1[0], y_0[1]) \tag{13.11}$$

等式成立，验证通过。

为确保安全，Lamport 签名方案的签名密钥只能使用一次。

例 13.5 设 $n = 4$，假设使用相同的签名密钥签署两个文档的摘要是 $H(M_1) = (1, 1, 0, 1)$，$H(M_2) = (0, 0, 1, 0)$。

这两个摘要对应的签名分别是 $\sigma_{M1} = (x_3[1], x_2[1], x_1[0], x_0[1])$，$\sigma_{M2} = (x_3[0], x_2[0], x_1[1], x_0[0])$。

攻击者从两次签名中获得完整的签名密钥 $X = (x_3[1], x_3[0]; x_2[1], x_2[0]; x_1[1], x_1[0]; x_0[1], x_0[0])$，可以对任意消息构造签名。

13.8.2 Merkle 树签名方案

由于一次性签名方案的每个密钥对只能使用一次，因此密钥更新复杂度高。R. Merkle 使用完全二叉 Hash 树给出了解决该问题的一种方法，增加文件签署个数，减少密钥更新次数 [29]。

Merkle 树（或称 Merkle Hash 树）是基于数据 Hash 构建的一棵树。它具有以下几个特点：

(1) 它是一种树，可以是二叉树，也可以是多叉树；

(2) Merkle 树叶子结点的赋值是指定值或 Hash 值；

(3) Merke 树非叶子结点的赋值是其所有子结点值的 Hash 值。

Merkle 树签名方案（MTSS）使用任意 Hash 函数和任意一次性签名方案。

算法 13.3 Merkle 树签名方案

1. 参数建立

假设 Hash 函数 $H: \{0, 1\}^* \to \{0, 1\}^n$ 和任意一次性签名方案（KGen, Sign, Verify）已经选定。

签名者选择完全二叉树的深度 $L \geq 2$，并使用一次性签名方案的密钥生成算法 KGen 生成 2^{L-1} 个一次性密钥对 (X_i, Y_i)（$0 \leq i \leq 2^{L-1} - 1$），这里 X_i 是签名密钥，Y_i 是验证密钥（例如 Lamport 一次性签名的签名密钥 X 和验证密钥 Y），最多能签署或验证 2^{L-1} 个文件。

Merkle 树的叶子结点是 $H(Y_i)$，（$0 \leqslant i \leqslant 2^{L-1} - 1$），Merkle 树的内部结点根据以下规则得到：

一个父结点是它左子结点和右子结点首尾相连的 Hash 值，即

$$v_l[i] = H(v_{l+1}[2i] \| v_{l+1}[2i+1]), l = L-1, \cdots, 1, 0 \leqslant i < 2^{l-1} \tag{13.12}$$

MTSS 的签名密钥序列是 X_i（$0 \leqslant i \leqslant 2^{L-1} - 1$）。

MTSS 的公钥是 Merkle 树的根结点。

图 13.15 为树深度 $L = 4$ 的 Merkle 树签名方案的 Merkle 树与密钥对。

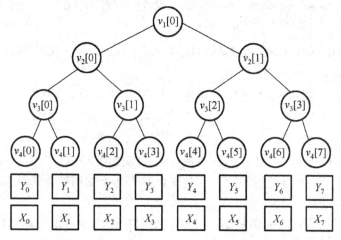

图 13.15　树深度为 4 的 Merkle 树及签名/验证密钥对

根据定理 13.8 和定理 13.9，可知建立深度为 L 的 Merkle 树需要计算 2^{L-1} 个一次性签名密钥对（如在 lamport 方案中，需要 $2^{L-1}*2n$ 次单向函数运算），以及 $2^{L-1} - 1$ 次 Hash 运算。

2. 签名生成

设待签名的消息为 M，签名者计算 M 的 n 比特消息摘要为 $H(M) = (h_{n-1}, \cdots, h_1, h_0) \in \{0, 1\}^n$。

然后签名者使用第 s（$s \in \{0, 1, \cdots, 2^{L-1} - 1\}$，$s$ 可按签名次数累计或消息摘要等方法选定，避免重复）个一次性签名密钥 X_s 生成摘要 $H(M)$ 的一次性签名（除 Lamport 一次性签名方案外，也可使用其他一次性签名方案）：

$$\sigma_{\text{OTS}}(M) = \text{Sign}\{X_s, H(M)\} \tag{13.13}$$

Merkle 树签名包含这个一次性签名 $\sigma_{\text{OTS}}(M)$ 和对应的一次性验证密钥 Y_s。

为了向验证者证明 Y_s 的真实性，完整的 Merkle 树签名包含指标 s 以及验证密钥 Y_s 的认证路径，这里的认证路径是 Merkle 树的结点序列：

$$A_{H(m)} = (a_L, \cdots, a_1) \tag{13.14}$$

其中，$a_1 = v_1[0]$ 是根结点。该序列允许验证者构建从叶子结点 $H(Y_s)$ 到 Merkle 根结点的认证路径。

在认证路径中，结点 a_k 是从叶子结点 $v_L[s] = H(Y_s)$ 到根结点 $v_1[0]$ 的路径中深度为 k 的结点的兄弟：

$$a_k = v_k \left[\left\lfloor \frac{s}{2^{L-k}} \right\rfloor + (-1)^{s_{L-k}} \right], \quad k = L, L-1, \cdots, 2 \tag{13.15}$$

或

$$a_k = v_k[(s_{L-2}, \cdots, s_{L-k})_2 + (-1)^{s_{L-k}}], \quad k = L, L-1, \cdots, 2 \tag{13.16}$$

其中，$s = (s_{L-2}, \cdots, s_1, s_0)_2$。

因此对消息 M 的签名是

$$\sigma(M) = (s, \sigma_{\text{OTS}}(M), Y_s, (a_L, \cdots, a_1))$$

3. 签名验证

Merkle 树签名的验证分两步完成。

(1) 一次性签名验证

使用一次性验证密钥 Y_s 和 M 的摘要验证一次性签名 $\sigma_{\text{OTS}}(M)$：

$$\text{Verify}\{Y_s, M, \sigma_{\text{OTS}}(M)\} \tag{13.17}$$

(2) 一次性验证密钥的认证

通过第 s 个叶子结点 $H(Y_s)$ 以及构造该叶子结点到根结点的认证路径 $B_s = (b_L, b_{L-1}, \cdots, b_1)$，来验证一次性验证密钥 Y_s 的真伪。

认证路径 B_s 的构造过程为

$$b_{k-1} = \begin{cases} H(b_k \parallel a_k), & \text{若} h_{L-k} = 0 \\ H(a_k \parallel b_k), & \text{若} h_{L-k} = 1 \end{cases}, \quad k = L, L-1, \cdots, 2 \tag{13.18}$$

其中，$b_L = H(Y_s)$。

s 值确定了从叶子结点到根结点的认证路径，只要 MTSS 签名中 $(a_L, \cdots, a_1)$ 的顺序是对的，上述验证过程就是可行的。

当且仅当 b_1 等于 Merkle 树的根结点时，一次性验证密钥 Y_s 认证成功。即

$$b_1 = v_1[0]$$

例 13.6 图 13.16 与图 13.17 示例了 Merkle 树签名生成过程与认证路径。

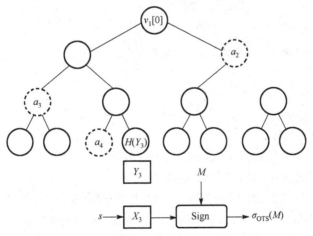

图 13.16 深度为 4 的 Merkle 树签名生成

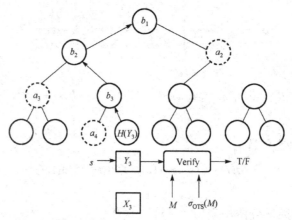

图 13.17　深度为 4 的 Merkle 树的一次签名验证与认证路径

注：二叉树中的箭头表示 Y_s 的认证路径。

习 题 13

1. 分别写出下图的邻接矩阵与关联矩阵。

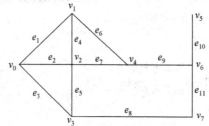

2. 用 Dijkstra 算法给出下图中点 u_0 到其他各顶点的最短路。

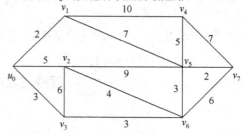

3. 设图 G 有 $|V|-1$ 条边，证明如下三个陈述是等价的：

   (1) G 是连通图；

   (2) G 是无圈图；

   (3) G 是树。

4. 设 G 是连通图且 $e \in E$，证明：

   (1) e 在 G 的每一棵生成树中当且仅当 e 是 G 的割边；

   (2) e 不在 G 的任一生成树中当且仅当 e 是 G 的环。

5. 设 G 是不少于两个顶点的简单无向图，证明：至少有两个顶点的度相同。

6. 设 v_1, v_2 是无向图 G 的仅有的两个奇度数顶点，证明：v_1 和 v_2 是连通的。

7. 证明：完全无向图是汉密尔顿图（存在汉密尔顿回路的图称为汉密尔顿图）。

8. 使用例 13.4 中的参数，假设 M 的摘要为 $H(M) = (1, 1, 0, 1)$，写出签名和验证过程。

第14章 信息论与编码

信息论是通信的数学理论，在 20 世纪中叶从通信中发展起来，是应用数理统计方法研究信息的度量、编码和通信的科学。

自美国数学家 C. E. Shannon 在 1948 年发表奠定信息论基础的"通信的数学理论"一文以来，信息论这门学科有了很大的发展并延伸到许多领域。

通信的目的是在接收端精确地或以限定的失真重现发送的消息，为此通信系统的三项基本性能指标是：传输的有效性、传输的可靠性、传输的安全性，相应的三项基本技术是：数据压缩、数据纠错、数据加密。

14.1 通信系统模型

实际的通信系统，如电报、电话、计算机、导航、加密等，虽然形式和用途各有不同，但从信息的传输和接收角度来看，在本质上有许多共同之处，它们均可概括为如图 14.1 所示的基本模型。

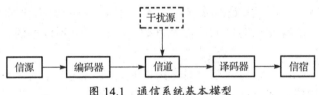

图 14.1 通信系统基本模型

1. 信源

信源即产生信息的源。

信息可以通过文字、语言、图像等载体发送出去，这些载体可以是连续的形式，也可以是离散的形式，但都是随机发生的，接收者在未收到这些信息之前，不能确切知道它们的内容。

信源研究的主要内容是信息的统计特性和信源产生信息的速率。

2. 编码器

编码器是将信息转化为适合信道传输的信号形式的设备。一般包含以下 3 部分。

(1) 信源编码器

信源编码器对信源输出的信息进行编码，提高信息传输的效率。

(2) 纠错编码器

纠错编码器对信源编码器的输出进行纠错编码，提高信道传输的抗干扰能力，提高信息传输的可靠性。

(3) 调制器

将纠错编码器的输出转化为适合信道传输的信号形式。

纠错编码器与调制器的组合又称为信道编码器，主要针对信道的情况进行设计，目的在于充分利用信道的传输能力可靠地传送信息，如图 14.2 所示。

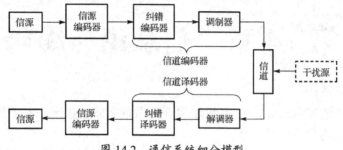

图 14.2　通信系统细分模型

3. 信道

信道是信号的传输载体，可分为有线信道和无线信道两类。有线信道包括电缆、光缆等。无线信道包括无线电波、人造卫星以及各种散射信道等。

4. 干扰源

干扰源的统计特性是划分信道的重要依据，也是信道传输能力的决定因素。信道的中心课题是研究信道的统计特性和传输能力。

5. 译码器

译码器是编码的逆变换，从受干扰的信号中最大限度地提取信源输出的信息，尽可能精确地恢复信源的输出。

6. 信宿

信宿是信息的接收者，可以是人或物。信源与信宿可以处于不同的地点或不同的时刻。

在通信系统中，信源发出的信息可以是离散的，也可以是连续的，本章主要考虑离散信息情况。

信息是一个抽象概念，它包含在消息之中，是通信系统转送的对象；消息是一个具体的概念，是信息的载体。消息的形式各式各样，例如语言、文字、符号、数据、图片等；信号是消息的载体，在物理上，随时间变化的电压或电流就是电信号。在通信中，通常把其他形式的信号转化为电信号，然后通过有线或无线发送出去。

由消息变换成的离散信号，在时间上是离散的，又称为数字信号。传输数字信号的通信系统称为数字通信系统。

14.2　信息的统计度量

14.2.1　自信息量

输出为单个符号的离散信源可用一维离散型随机变量 X 来描述，该类信源的数学模型可抽象为

$$\begin{bmatrix} X \\ p(x) \end{bmatrix} = \begin{bmatrix} x_1 & x_2 & \cdots & x_r \\ p(x_1) & p(x_2) & \cdots & p(x_r) \end{bmatrix} \tag{14.1}$$

其中，$\sum_{i=1}^{r} p(x_i) = 1$。

定义 14.1 设事件 x_i 的概率为 $p(x_i)$，它的自信息量定义为

$$I(x_i) \overset{def}{=} -\log p(x_i) \qquad (14.2)$$

由式(14.2)，可知小概率事件包含的信息量大，大概率事件包含的信息量少，概率为 1 的确定事件，包含的信息量为零。

通常取以 2 为底的对数，单位为比特（bit）。

获得信息的过程就是信息的不确定性减少的过程，随机事件的不确定性在数量上等于它包含的信息量。

定义 14.2 二维联合集 XY 中的元素 (x_iy_j) 的联合自信息量定义为

$$I(x_iy_j) \overset{def}{=} -\log p(x_iy_j) \qquad (14.3)$$

其中，$p(x_iy_j)$ 为元素 x_iy_j 的二维联合概率。

定义 14.3 联合集 XY 中，对于事件 x_i 和 y_j，在给定事件 y_j 条件下 x_i 的条件自信息量定义为

$$I(x_i \mid y_j) \overset{def}{=} -\log p(x_i \mid y_j) \qquad (14.4)$$

例 14.1 箱中有 100 个球，其中 80 个红球，20 个白球，求：

(1) 事件"取出一个白球"所提供的信息量；

(2) 事件"取两个球，红、白球各一个"所提供的信息量；

(3) 事件"在第一个取出红球的条件下，第二个是白球"所提供的信息量。

解 设 X 为取出红球数，Y 为取出白球数，则

(1) $p(X=1)=0.2$，故事件"取出一个白球"包含的信息量为

$$I(X=1) = -\log p(X=1) = -\log 0.2 \approx 2.32 \text{（比特）}$$

(2) $p(X=1, Y=1) = \dfrac{C_{80}^1 C_{20}^1}{C_{100}^2} = \dfrac{80 \times 20}{100 \times 99/2} \approx 0.32$，故事件"取两个球，红、白球各一个"所提供的信息量为

$$I(X=1, Y=1) = -\log p(X=1, Y=1) = -\log 0.32 \approx 1.64 \text{（比特）}$$

(3) $p(Y=1 \mid X=1) = \dfrac{20}{99}$，故事件"在第一个取出红球的条件下，第二个是白球"所提供的信息量为

$$I(Y=1 \mid X=1) = -\log p(Y=1 \mid X=1) = -\log \frac{20}{99} \approx 2.32 \text{（比特）}$$

14.2.2 互信息量

一个事件的出现给出关于另一个事件的信息量，就称为互信息量。

定义 14.4 对两个离散随机变量 X 和 Y，事件 y_j 出现给出关于事件 x_i 的信息量，定义为互信息量，定义式为

$$I(x_i; y_j) \overset{def}{=} I(x_i) - I(x_i \mid y_j) = \log \frac{1}{p(x_i)} - \log \frac{1}{p(x_i \mid y_j)} = \log \frac{p(x_i \mid y_j)}{p(x_i)} \qquad (14.5)$$

如果 Y 是信宿收到的消息集合，X 是信源消息集合，由式(14.5)，可知收到 y_j 后，获得的关于 x_i 的信息量，就是 x_i 的不确定性的减少值。信息量的获得就是不确定性的减少。

互信息量可能为零，也可能为正或者为负。

注：互信息具有互易性，即 $I(x; y) = I(y; x)$

例 14.2 某二元通信系统，信源发送 1 和 0 的概率分别为 $p(1) = 1/4$，$p(0) = 3/4$。因为在通信中存在干扰，所以通信会产生差错，设有 1/6 的 1 在接收端错传成 0，1/2 的 0 在接收端错传成 1，如图 14.3 所示。

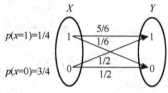

图 14.3　二元通信系统

求互信息量 $I(0; 0)$, $I(1; 1)$, $I(1; 0)$, $I(0; 1)$。

解　X 为信源，Y 为信宿。根据题意有：

先验概率（通信之前已知晓的信源固有的概率分布）：$p(x_1) = 1/4$，$p(x_0) = 3/4$。

信道转移概率：

$$p(y_1 \mid x_1) = p(1 \mid 1) = 5/6$$
$$p(y_0 \mid x_1) = p(0 \mid 1) = 1/6$$
$$p(y_1 \mid x_0) = p(y_0 \mid x_0) = 1/2$$

根据先验概率和转移概率可以求得信宿端的符号分布：

$$p(y_1) = p(x_1)p(y_1 \mid x_1) + p(x_0)p(y_1 \mid x_0) = 7/12$$
$$p(y_0) = p(x_1)p(y_0 \mid x_1) + p(x_0)p(y_0 \mid x_0) = 5/12$$

根据条件概率公式

$$p(x_iy_j) = p(x_i)p(y_j \mid x_i) = p(y_j)p(x_i \mid y_j)$$

得到后验概率（接收者收到某符号后，对信源符号被发送的估计概率）为

$$p(x_1 \mid y_1) = 5/14, p(x_0 \mid y_1) = 9/14$$
$$p(x_1 \mid y_0) = 1/10, p(x_0 \mid y_0) = 9/10$$

因此互信息量

$$I(x_0; y_0) = \log \frac{p(x_0 \mid y_0)}{p(x_0)} = \log \frac{6}{5} \approx 0.26 \text{（比特）}$$

$$I(x_0; y_1) = \log \frac{p(x_0 \mid y_1)}{p(x_0)} = \log \frac{6}{7} \approx -0.22 \text{（比特）}$$

$$I(x_1; y_0) = \log \frac{p(x_1 \mid y_0)}{p(x_1)} = \log \frac{2}{5} \approx -1.32 \text{（比特）}$$

$$I(x_1; y_1) = \log \frac{p(x_1 \mid y_1)}{p(x_1)} = \log \frac{10}{7} \approx 0.52 \text{（比特）}$$

负的互信息量表明信宿收到错误消息时，非但没有消除信源的不确定性，反而增加了信源的不确定性，相当于收到负的信息，这在通信错误时才会发生。

14.2.3　信息熵

自信息量 $I(x_i)(i=1,2,\cdots)$ 是指某一信源 X 发出的单个消息符号 x_i 所含有的信息量（或者要获得 x_i 所需要的信息量），发出信息的概率不同，则所包含的信息量也不同。

单个符号无法描述整个信源的信息测度，于是引入平均信息量，即信息熵。

定义 14.5　集合 X 自信息量的数学期望定义为**信息熵**，即

$$H(X) \overset{def}{=} E[I(x_i)] = E[-\log p(x_i)] = -\sum_{i=1}^{q} p(x_i) \log p(x_i) \tag{14.6}$$

显然信息熵是非负的，信息熵 $H(X)$ 表明信源的平均不确定性。

通常信息熵的计算采用以 2 为底数的对数，这样信息熵的单位是比特（bit）。

例 14.3　箱中有 100 个球，其中，80 个红球，20 个白球，若随机选取一个球，猜测其颜色，求摸取一次所能获得的平均信息量。

解　这一随机事件的概率空间为

$$\begin{bmatrix} X \\ p(x) \end{bmatrix} = \begin{bmatrix} x_1 & x_2 \\ 0.8 & 0.2 \end{bmatrix}$$

其中，x_1 表示摸出红球的事件，x_2 表示摸出白球的事件。

摸出一个红球获得的信息量是

$$I(x_1) = -\log p(x_1) = -\log 0.8 \approx 0.32 \text{（比特）}$$

摸出一个白球获得的信息量是

$$I(x_2) = -\log p(x_2) = -\log 0.2 \approx 2.32 \text{（比特）}$$

因此平均信息量是

$$H(X) = -\sum_{i=1}^{2} p(x_i) \log p(x_i) = -0.8\log 0.8 - 0.2\log 0.2 \approx 0.72 \text{（比特）}$$

若箱中有 100 个球，其中 50 个红球，50 个白球，则平均信息量是

$$H(X) = -\sum_{i=1}^{2} p(x_i) \log p(x_i) = -0.5\log 0.5 - 0.5\log 0.5 = 1 \text{（比特）}$$

对任意离散集合 X，当 X 中的各事件等概率发生时，熵 $H(X)$ 达到极大值。

14.2.4　条件熵

前面讨论的信息熵 $H(X)$ 描述单个离散随机变量的不确定性度量问题。

实际应用中，常常需要考虑两个或两个以上有相互关系的随机变量的熵，此时需要引入条件熵和联合熵的概念。

定义 14.6　联合集 XY 上，条件自信息量 $I(x\mid y)$ 的概率加权平均值定义为**条件熵**，其定义式为

$$H(X|Y) \overset{def}{=} \sum_{X,Y} p(x_i y_j) I(x_i \mid y_j) = \sum_{X,Y} p(x_i y_j) \log \frac{1}{p(x_i \mid y_i)} \tag{14.7}$$

式(14.7)称为联合集 XY 中，集 X 对于集 Y 的条件熵。

条件熵 $H(X \mid Y)$ 的物理含义可以描述为：每收到 Y 的一个符号条件下，信源输出 X 中每个符号平均剩余的不确定性（含糊度），即**信道损失**。

引理 14.1　设 $x > 0$，则有

$$\ln x \leqslant x - 1$$

仅当 $x = 1$ 时，等号成立。

证明　令 $f(x) = \ln x - (x-1)$，则

$$f'(x) = \frac{1}{x} - 1$$

可见 $x = 1$ 时 $f(x)$ 取得极值 0，又因

$$f''(x) = -\frac{1}{x^2} \leqslant 0 \quad (x > 0)$$

所以 $f(x)$ 是上凸函数，极大值是 0，即 $\ln x \leqslant x - 1$，仅当 $x = 1$ 时等号成立。

定理 14.1（条件熵递减性）　$H(X \mid Y) \leqslant H(X)$，当且仅当 X 与 Y 统计独立时等号成立。

证明　由引理 14.1，可得

$$\sum_{i=1}^{r} \sum_{j=1}^{s} p_{ij} \ln \frac{p_i q_j}{p_{ij}} \leqslant \sum_{i=1}^{r} \sum_{j=1}^{s} p_{ij} \left(\frac{p_i q_j}{p_{ij}} - 1 \right) = 1 - 1 = 0 \tag{14.8}$$

两边同乘以 $\log e$，得

$$\sum_{i=1}^{r} \sum_{j=1}^{s} p_{ij} \log \frac{p_i q_j}{p_{ij}} \leqslant 0$$

即

$$-\sum_{i=1}^{r} \sum_{j=1}^{s} p_{ij} \log \frac{q_j}{p_{ij}} \leqslant -\sum_{i=1}^{r} \sum_{j=1}^{s} p_{ij} \log p_i = -\sum_{i=1}^{r} p_i \log p_i$$

由式(14.8)，可知仅当 X 与 Y 统计独立时，等号成立。

进一步，增加条件熵的条件，条件熵单调递减，即

$$H(X \mid YZ) \leqslant H(X \mid Y) \leqslant H(X) \tag{14.9}$$

14.2.5　联合熵

定义 14.7　联合集 XY 上，联合事件 $x_i y_i$ 的自信息量的统计平均定义为**联合熵**，其定义式为

$$H(X,Y) \overset{def}{=} \sum_{X,Y} p(x_i y_j) I(x_i y_j) \tag{14.10}$$

根据联合自信息量的定义式(14.3)，联合熵也可写为

$$H(X,Y) \overset{def}{=} -\sum_{X,Y} p(x_i y_j) \log p(x_i y_j) \tag{14.11}$$

定理 14.2　$H(X,Y) = H(Y) + H(X \mid Y)$。

证明　由定义 14.5，定义 14.6 以及定义式(14.11)易证。

定理 14.3（联合熵的独立界）　$H(XY) \leq H(X) + H(Y)$，当且仅当 X 和 Y 统计独立时等号成立。

证明　由定理 14.1 与定理 14.2，易证。

定理 14.3 对任意多维联合集也成立。

14.2.6　平均互信息量

互信息量 $I(x_i; y_j)$ 是定量描述信息传输问题的重要基础。但它只能描述随机发出的某个具体消息 x_i，收到某个具体消息 y_j 时，流经信道（获得的）的信息量。$I(x_i; y_j)$ 是随 x_i 和 y_j 变化的量。

通常从整体的角度来描述信道的通信能力，在平均意义上度量信道，每通过一个符号时，平均获得的信息量。

1. 集合与事件之间的互信息

定义 14.8　集合 X 与事件 y_j 之间的互信息定义为

$$I(X; y_j) \overset{def}{=} \sum_X p(x_i \mid y_j) I(x_i; y_j) \tag{14.12}$$

式(14.12)表示由事件 y_j 提供的关于集合 X 的平均互信息量（注意用条件概率平均）。

2. 集合与集合之间的平均互信息

定义 14.9　集合 X 与集合 Y 之间的平均互信息定义为

$$I(X; Y) \overset{def}{=} \sum_{XY} p(x_i y_j) I(x_i; y_j) \tag{14.13}$$

互信息量 $I(x_i; y_j)$ 在联合概率空间 $P(X, Y)$ 中的统计平均值，即为两个集合间的平均互信息 $I(X; Y)$。

根据定义 14.9 与定义 14.4，可得

$$I(X; Y) \overset{def}{=} \sum_{XY} p(x_i y_j) \log \frac{p(x_i \mid y_j)}{p(x_i)} \tag{14.14}$$

定理 14.4　$I(X; Y) = H(X) - H(X \mid Y)$。

证明　根据式(14.14)、定义 14.6 与定义 14.3，易证。

定理 14.5　$I(X; Y) \geqslant 0$，当且仅当 X 与 Y 相互独立时等号成立。

证明　由定理 14.4 和定理 14.1，易证。

14.3　信道容量

1. 信道的数学模型与信道容量

设信道是离散的，其输入符号集 $A = \{a_1, a_2, \cdots, a_r\}$，相应的概率分布为 $\{p_i\}$，$i = 1, 2, \cdots, r$。输出符号集 $B = \{b_1, b_2, \cdots, b_s\}$，相应的概率分布为 $\{q_j\}$，$j = 1, 2, \cdots, s$。

设信道输入序列为 $X = (X_1, X_2, \cdots, X_N)$，其取值为 $\overline{x} = (x_1, x_2, \cdots, x_i, \cdots, x_N)$，其中，$x_i \in A$，$(1 \leqslant i \leqslant N)$。

相应的输出序列为 $Y = (Y_1, Y_2, \cdots, Y_N)$，其取值为 $\overline{y} = (y_1, y_2, \cdots, y_i, \cdots, y_N)$，其中，$y_i \in B$，$(1 \leqslant i \leqslant N)$，如图 14.4 所示。

$$x_1, x_2, \cdots, x_N \longrightarrow \boxed{} \longrightarrow y_1, y_2, \cdots, y_N$$

图 14.4 符号序列在信道中传输

符号在信道传输过程中可能出错，信道特性可用转移概率来描述：

$$p(\overline{y} \mid \overline{x}) = p(y_1 y_2 \cdots y_N \mid x_1 x_2 \cdots x_N) \tag{14.15}$$

信道的数学模型可表述为

$$\{X, \ p(\overline{y} \mid \overline{x}), \ Y\}$$

信道的转移概率又称传递概率，它是一个条件概率。

定义 14.10 若离散信道的转移概率可用单个符号的转移概率来表示，即对任意 N 长的输入、输出序列有

$$p(\overline{y} \mid \overline{x}) = \prod_{i=1}^{N} p(y_i \mid x_i)$$

则称为**离散无记忆信道**，简记为 DMC。

离散无记忆信道的数学模型可描述为

$$\{X, p(y_i \mid x_i), Y\}$$

无记忆意味着在任何时刻信道的输出只与此时的信道输入有关，而与以前的输入无关。

定义 14.11 若离散无记忆信道的转移概率不随时间变化（时齐），即对任意时刻 m 和 n，$a \in A$，$b \in B$，满足

$$p(y_m = b \mid x_m = a) = p(y_n = b \mid x_n = a)$$

则称此信道为**平稳的**或恒参的。

一般情况下，若无特殊声明，所讨论的离散无记忆信道都是平稳的。此时信道可用

$$\{X, p(x \mid y), Y\}$$

简化表示。这样，在离散无记忆条件下，只需探讨单个字母的传输特性。

信道转移概率实际上可以写成一个转移概率矩阵，称为**信道矩阵**，即

$$P = \{p_{ij} = p(b_j \mid a_i), i = 1, 2, \cdots, r, j = 1, 2, \cdots, s\}$$

或

$$P = \begin{bmatrix} p_{11} & p_{12} & \cdots & p_{1s} \\ p_{21} & p_{22} & \cdots & p_{2s} \\ \vdots & \vdots & \ddots & \vdots \\ p_{r1} & p_{r2} & \cdots & p_{rs} \end{bmatrix}$$

定义 14.12 设信道转移概率已给定，则信道容量定义为平均互信息的最大值，即

$$\mathscr{C} = \max_{p(x)} \{I(X;Y)\}$$

信道容量表示信道可传送的最大信息量，它是在信道特性固定的条件下，通过改变输入分布，使互信息达到极大值。相应的输入分布称为**最佳分布**。

2. 对称信道

定义 14.13　若一个离散无记忆信道的信道矩阵满足以下条件:

(1) 每一行都是第一行的置换;

(2) 每一列都是第一列的置换。

则称此类信道为**对称信道**。

例 14.4　设信道矩阵

$$P_1 = \begin{bmatrix} \dfrac{1}{3} & \dfrac{1}{3} & \dfrac{1}{6} & \dfrac{1}{6} \\ \dfrac{1}{6} & \dfrac{1}{6} & \dfrac{1}{3} & \dfrac{1}{3} \end{bmatrix}, \quad P_2 = \begin{bmatrix} \dfrac{1}{2} & \dfrac{1}{3} & \dfrac{1}{6} \\ \dfrac{1}{6} & \dfrac{1}{2} & \dfrac{1}{3} \\ \dfrac{1}{3} & \dfrac{1}{6} & \dfrac{1}{2} \end{bmatrix}$$

由于这两个矩阵的每一行（和列）均为第一行（和列）的排列,它们对应的信道均为对称信道。

例 14.5　二元对称信道。

给定一个离散信道如图 14.5 所示。

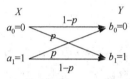

图 14.5　二元对称信道

输入符号集为 $A = \{0,1\}$,输出符号集为 $B = \{0,1\}$,并且转移概率为

$$p(0 \mid 0) = p(1 \mid 1) = 1 - p = \overline{p}$$

$$p(1 \mid 0) = p(0 \mid 1) = p$$

相应的信道矩阵为

$$P = \begin{bmatrix} \overline{p} & p \\ p & \overline{p} \end{bmatrix}$$

根据定义 14.13,可知该信道为二元对称信道,简记为 BSC。

例 14.6　考虑二元对称信道,设信道矩阵为

$$P = \begin{bmatrix} \overline{p} & p \\ p & \overline{p} \end{bmatrix}$$

其中, $p = 1 - \overline{p}$ 为信道转移概率。

信源的概率空间为

$$\begin{bmatrix} X \\ P \end{bmatrix} = \begin{bmatrix} 0 & 1 \\ \omega & 1-\omega \end{bmatrix}$$

该信道的互信息量为

$$I(X; Y) = H(Y) - H(Y \mid X)$$

令 $\overline{\omega} = 1 - \omega$,由条件概率关系式可得

$$p(y=0) = \omega\overline{p} + \overline{\omega}p$$
$$p(y=1) = \overline{\omega}\overline{p} + \omega p$$

所以

$$H(Y) = (\omega\overline{p} + \overline{\omega}p)\log\frac{1}{\omega\overline{p}+\overline{\omega}p} + (\overline{\omega}\overline{p}+\omega p)\log\frac{1}{\overline{\omega}\overline{p}+\omega p} \triangleq H(\omega\overline{p}+\overline{\omega}p)$$

$$H(Y|X) = \sum_{X,Y} p(xy)\log\frac{1}{p(y|x)}$$

$$= \sum_{X,Y} p(x)p(y|x)\log\frac{1}{p(y|x)}$$

$$= \sum_{X} p(x)\sum_{Y} p(y|x)\log\frac{1}{p(y|x)}$$

$$= p(0)\sum_{Y} p(y|0)\log\frac{1}{p(y|0)} + p(1)\sum_{Y} p(y|1)\log\frac{1}{p(y|1)}$$

$$= p\log\frac{1}{p} + \overline{p}\log\frac{1}{\overline{p}}$$

$$\triangleq H(p)$$

因此，

$$I(X;Y) = H(\omega\overline{p}+\overline{\omega}p) - H(p) \tag{14.16}$$

定理 14.6 当信道固定（即转移概率 p 固定）时，平均互信息 $I(X; Y)$ 是信源分布 ω 的上凸函数。

该定理的证明请参考文献［30］。

定理 14.6 说明，对于固定的信道，存在一种信源分布，使信息传送达到信道容量。

例 14.7 根据式(14.16)当二元对称信道的输入符号集 X 等概率分布时，即 $\omega = 1/2$，平均互信息 $I(X; Y)$ 达到最大（如图 14.6 所示），此时信道容量为

$$I(X; Y) = 1 - H(p) \tag{14.17}$$

定理 14.7 当信源固定时（即信源分布 ω 固定），平均互信息可得 $I(X; Y)$ 是信道转移概率 p 的下凸函数。

该定理的证明请参考文献［30］。

例 14.8 当二元对称信道的转移概率 $p = 1/2$ 时，由式(14.17)，可得 $I(X; Y) = 0$，即信道在输出端未获得任何信息，此时信源的信息全部损失在信道中，这是一种最差的无用信道，如图 14.7 所示。

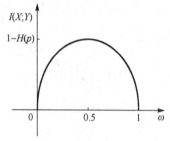
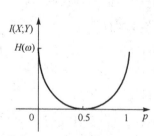

图 14.6　固定二元对称信道的平均互信息　　图 14.7　固定信源的二元对称信道的平均互信息

14.4 平稳信源的熵

本节介绍平稳信源的联合熵、条件熵、符号熵与极限熵。

1. 平稳信源

如果信源 X 的输出符号彼此统计独立，且服从同一概率分布，即对任一时刻 l，有 $p(X_l = a_i) = p_i, i = 1, 2, \cdots, r$，$\sum_{i=1}^{r} p(a_i) = 1$，称这类信源为**简单信源**。

简单信源可用概率空间来描述：

$$\begin{bmatrix} X \\ P \end{bmatrix} = \begin{bmatrix} a_1 & a_2 & \cdots & a_r \\ p(a_1) & p(a_2) & \cdots & p(a_r) \end{bmatrix} \tag{14.18}$$

且满足 $0 \leqslant p(a_i) \leqslant 1$，$\sum_{i=1}^{r} p(a_i) = 1$。

实际中，很多信源是有记忆的，先后发出的消息符号彼此不独立，例如，在中英文语言中，前后字、词或字母的出现是有关联的。

有记忆信源发出的消息符号往往只与前面有限个符号的关联关系较大，与很久以前发出的符号关系较小。为便于分析，限制随机序列的记忆长度，称这种信源为**有限记忆信源**，否则称为**无限记忆信源**。

通常用有限记忆信源近似描述实际信源。

有记忆信源符号的关联性通常用联合概率分布或条件概率来描述。

有记忆信源的输出可用 L 维随机矢量来表示

$$X^L = (X_1, X_2, \cdots, X_L) \tag{14.19}$$

其中，X_i ($i = 1, 2, \cdots, L$)取值于字母表 $A = \{a_1, a_2, \cdots, a_r\}$。

X^L 的概率分布为 $p(X_1 = a_{i_1}, \cdots, X_L = a_{i_L})$，$a_{i_1}, \cdots, a_{i_L} \in A$。

若对任意的 L，上述概率分布与时间起点无关，即对任意的整数 t，有

$$p(X_1 = a_{i_1}, \cdots, X_L = a_{i_L}) = p(X_{1+t} = a_{i_1}, \cdots, X_{L+t} = a_{i_L}) \tag{14.20}$$

则该信源称为**平稳信源**。

平稳信源的 L 维输出序列的统计特性可用 L 维联合概率来表示：

$$p(X_1 = a_{i_1}, \cdots, X_L = a_{i_L}) = p(a_{i_1}, \cdots, a_{i_L}) \tag{14.21}$$

2. 平稳信源的熵

L 维平稳信源的联合熵为

$$H(X^L) = H(X_1, \cdots, X_L) = -\sum_{1 \leqslant i_1, \cdots, i_L \leqslant r} p(a_{i_1}, \cdots, a_{i_L}) \log p(a_{i_1}, \cdots, a_{i_L}) \tag{14.22}$$

条件熵为

$$H(X_L | X_1, \cdots, X_{L-1}) = -\sum_{1 \leqslant i_1, \cdots, i_L \leqslant r} p(a_{i_1}, \cdots, a_{i_L}) \log p(a_{i_L} | a_{i_1}, \cdots, a_{i_{L-1}}) \tag{14.23}$$

联合熵与条件熵有如下关系（联合熵的链式法则）：

$$H(X_1, \cdots, X_L) = H(X_1, \cdots, X_{L-1}) + H(X_L | X_1, \cdots, X_{L-1})$$

$$= H(X_1) + H(X_2 \mid X_1) + H(X_3 \mid X_1, X_2) + \cdots + H(X_L \mid X_1, \cdots, X_{L-1}) \qquad (14.24)$$

若信源输出为 L 长符号序列，则平均每个符号的熵为

$$H_L(X) \overset{def}{=} \frac{1}{L} H(X^L) = \frac{1}{L} H(X_1, X_2, \cdots, X_L) \qquad (14.25)$$

式(14.25)表示信源输出的 L 长符号序列中，平均每个符号所携带的信息量。那么称

$$H_\infty(X) \overset{def}{=} \lim_{L \to \infty} H_L(X) = \lim_{L \to \infty} \frac{1}{L} H(X_1, X_2, \cdots, X_L) \qquad (14.26)$$

为平稳信源的**极限熵**（即实际熵），或**极限信息量**。

定理 14.8 对任意平稳信源，若 $H_1(X) < \infty$，则

(1) $H(X_L \mid X_1, \cdots, X_{L-1})$ 随 L 增大而单调递减；

(2) $H_L(X) \geqslant H(X_L \mid X_1, \cdots, X_{L-1})$；

(3) $H_L(X)$ 随 L 增大而单调递减；

(4) $H_\infty(X)$ 存在，且 $H_\infty(X) = \lim\limits_{L \to \infty} H(X_L \mid X_1, \cdots, X_{L-1})$。

证明 (1) 由信源的平稳性，有

$$H(X_L \mid X_1, \cdots, X_{L-1}) = H(X_{L+1} \mid X_2, \cdots, X_L)$$

根据定理 14.1 中条件熵的递减性，有

$$H(X_{L+1} \mid X_1, X_2, \cdots, X_L) \leqslant H(X_{L+1} \mid X_2, \cdots, X_L)$$

因此，

$$H(X_{L+1} \mid X_1, X_2, \cdots, X_L) \leqslant H(X_L \mid X_1, \cdots, X_{L-1})$$

(2) $\quad H_L(X) = \frac{1}{L} H(X_1, X_2, \cdots, X_L)$

$$= \frac{1}{L} [H(X_1) + H(X_2 \mid X_1) + H(X_3 \mid X_1 X_2) + \cdots + H(X_L \mid X_1, \cdots, X_{L-1})]$$

$$\geqslant \frac{1}{L} [L \cdot H(X_L \mid X_1, \cdots, X_{L-1})]$$

$$= H(X_L \mid X_1, \cdots, X_{L-1})$$

(3) $\quad H_{L+1}(X) = \frac{1}{L+1} H(X_1, \cdots, X_L, X_{L+1})$

$$= \frac{1}{L+1} [H(X_1, X_2, \cdots, X_L) + H(X_{L+1} \mid X_1, X_2, \cdots, X_L)]$$

$$= \frac{1}{L+1} [L \cdot H_L(X) + H(X_{L+1} \mid X_1, X_2, \cdots, X_L)]$$

$$\leqslant \frac{1}{L+1} [L \cdot H_L(X) + H(X_L \mid X_1, X_2, \cdots, X_{L-1})] \quad （由(1)）$$

$$\leqslant \frac{1}{L+1} [L \cdot H_L(X) + H_L(X)] \quad （由(2)）$$

$$= H_L(X)$$

(4) $H_L(X)$ 是单调递减序列，且有下界，根据单调有界定理，$\lim\limits_{L \to \infty} H_L(X)$ 存在。

由式(14.25)，有

$$(L+K)H_{L+K}(X) = H(X_1,\cdots,X_{L+K})$$
$$= H(X_1,\cdots,X_{L-1}) + H(X_L \mid X_1,\cdots,X_{L-1}) + H(X_{L+1} \mid X_1,\cdots,X_L)+$$
$$\cdots + H(X_{L+K} \mid X_1,\cdots,X_{L+K-1})$$
$$\leqslant H(X_1,\cdots,X_{L-1}) + (K+1)\,H(X_L \mid X_1,\cdots,X_{L-1})。$$

不等式两边同除以 K，并令 $K \to \infty$，有

$$H_\infty(X) \leqslant H(X_L \mid X_1,\cdots,X_{L-1}) \tag{14.27}$$

于是

$$H_\infty(X) \leqslant H(X_L \mid X_1,\cdots,X_{L-1}) \leqslant H_L(X)$$

因此

$$H_\infty(X) = \lim_{L\to\infty} H(X_L \mid X_1,\cdots,X_{L-1})$$

实际中用有限 L 的 $H_L(X)$ 近似 $H_\infty(X)$。

3. 冗余度

根据定理 14.8 的(3)，可知信源的相关长度越长，信源平均符号熵越小。

信源无记忆且符号等概率分布时，信源熵达到最大值 $H_0 = \log r$。用 $H_1, H_2, \cdots$ 分别表示相关长度为 $1, 2, \cdots$ 的信源熵，有如下关系式：

$$\log r \geqslant H_1 \geqslant H_2 \geqslant \cdots \geqslant H_\infty \geqslant 0 \tag{14.28}$$

实际信源符号相互依赖，因此实际信源的熵总是小于最大熵，存在冗余。为此，以最大熵 H_0 为参照，引入冗余度的概念，以衡量实际信源符号携带信息的有效性。

定义 14.14 L 长符号序列的冗余度 D_L 为

$$D_L = L\log r - H(M_1, M_2,\cdots,M_L) \tag{14.29}$$

其中，M_i 为 r 元符号集，$1 \leqslant i \leqslant L$。

定义 14.15 L 长明文序列中平均每个符号的冗余度 δ_L 为

$$\delta_L = \frac{D_L}{L} = \log r - \frac{1}{L}H(M_1, M_2,\cdots,M_L) \tag{14.30}$$

进一步，通常将

$$D = \delta_\infty = \log r - H_\infty$$

称为明文信源的（实际）**冗余度**。将

$$R = \frac{D}{H_0} = 1 - \frac{H_\infty}{H_0}$$

称为**相对冗余度**。$\dfrac{H_\infty}{H_0}$ 称为**相对熵**。

例 14.9 英语语言的冗余度。英文字母包括空格共 27 个字符，当它们独立等概率时，可得最大熵 $H_0 \approx 4.75$ 比特/字母。

实际上，各字符的出现概率为：空格出现的概率为 0.2，字母 E 出现的概率为 0.105，字母 T 出现的概率为 0.072……。

若考虑字符间的各阶相关性，可得 $H_1 \approx 3.22$ 比特/字母，$H_2 \approx 3.10$ 比特/字母……。

一般认为，英语字母的实际熵为

$$H_\infty \approx 1.40 \text{ 比特/字母}$$

所以英语语言的冗余度为

$$D = \delta_\infty = H_0 - H_\infty \approx 4.75 - 1.40 = 3.35 \text{（比特/字母）}$$

相对冗余度为

$$R = \frac{D}{H_0} \approx \frac{3.35}{4.75} \approx 71\%$$

信源存在冗余为信源压缩编码提供了可能性。

14.5 信源编码[*]

信源编码是对信源的输出序列按照一定的规则变换成码符号（码字）的过程。如果要求精确地复现信源的输出，这时的信源编码就是**无失真信源编码**。

如果码字长度相同，就称为定长编码，否则称为变长编码。

(1) 定长编码

设信源的字母表 $A = \{a_1, a_2, \cdots, a_r\}$，信源的输出为长 L 的序列，总共有 r^L 个不同的输出序列。设编码字母表 $B = \{b_1, b_2, \cdots, b_s\}$，码字长度是 l。

为了使码唯一可译，要求不同的输出序列对应不同的码字，于是应满足

$$r^L \leqslant s^l \tag{14.31}$$

即满足

$$l \geqslant L \cdot \log r / \log s \tag{14.32}$$

其中，r 是信源的符号个数，L 是信源输出序列长度，s 是编码符号数，l 是定长编码的码长。

例14.10 26 个英文字母，即 $r = 26$，若采用 0,1 比特串来表示（$s = 2$），则由式(14.32)有

$$l \geqslant \log_2 26 \approx 4.70$$

因此，用 5 位二元符号对英文字母进行编码即可得到唯一可译码。

(2) 变长编码

变长编码使用长短不同的码字来匹配不同概率的信源符号（或符号序列），在符号序列长度 L 不大时能编出效率高且无失真的信源码。

根据信源符号的概率分布，分别给予不同长度的编码。概率大的信源符号，所分配的码字长度短，反之码字长度长。

Huffman 给出了一种最佳码（平均码长最短）的编码方法。

设信源字母表 $A = \{a_1, a_2, \cdots, a_r\}$，字母 a_i 的概率是 p_i，$p_i \geqslant 0$，$\sum_{i=1}^{r} p_i = 1$。二元 Huffman 编码的步骤如下：

(1) 将 r 个字母按概率递减的顺序排序；

(2) 对概率最小的两个字母，分别用 0 和 1 表示，将这两个概率最小的字母合并成一

个新的符号，对应的概率为这两个最小概率的和，从而得到只包含 $r-1$ 个符号的新信源，称为缩减信源；

(3) 将这 $r-1$ 个符号再按概率递减的顺序重新排序；

(4) 重复(2)、(3)，直至合并到仅剩下两个符号为止，将这最后两个符号再次用 0 和 1 表示；

(5) 从最后一级缩减信源开始，向前返回，相应的 0，1 序列就是各个信源符号所对应的码字。

可以证明 Huffman 编码是最佳编码。

例 14.11 设离散无记忆信源为

$$\begin{bmatrix} S \\ P \end{bmatrix} = \begin{bmatrix} a_1 & a_2 & a_3 & a_4 & a_5 \\ 0.4 & 0.2 & 0.2 & 0.1 & 0.1 \end{bmatrix}$$

对其进行二元 Huffman 编码。编码过程如表 14.1 所示。

表 14.1　二元 Huffman 编码

因为编码过程中 0 和 1 可以互换，所以 Huffman 编码并不唯一。

习　题　14

1. 设一离散无记忆信源，其符号及相应概率为

$$\begin{bmatrix} X \\ P \end{bmatrix} = \begin{bmatrix} 0 & 1 \\ 1/3 & 2/3 \end{bmatrix}$$

求：

(1) 符号 0 和 1 各自包含的信息量；

(2) 该信源的熵；

(3) 当信源发出的符号序列为 00001001 时，该符号序列所含的信息量。

2. 若消息符号、对应概率分布和二进制编码如下：

消息符号	a_0	a_1	a_2	a_3
P_i	1/2	1/4	1/8	1/8
编码	0	10	110	111

求：

(1) 消息符号熵；

(2) 各个消息符号之间相互独立时，编码后对应的二进制码序列中出现 "0" 和 "1" 的概率 p_0，p_1，以及码序列中的二进制码（0 和 1）的熵。

3. 设一系统的输入符号集为 $X = (x_1, x_2, x_3, x_4, x_5)$，输出符号集为 $Y = (y_1, y_2, y_3, y_4)$，输入符号与输出符号的联合分布为

$$
\begin{array}{c@{\quad}cccc}
 & y_1 & y_2 & y_3 & y_4 \\
x_1 & \begin{bmatrix} 0.25 \\ 0.10 \\ 0 \\ 0 \\ 0 \end{bmatrix} & \begin{matrix} 0 \\ 0.30 \\ 0.05 \\ 0 \\ 0 \end{matrix} & \begin{matrix} 0 \\ 0 \\ 0.10 \\ 0.05 \\ 0.05 \end{matrix} & \begin{matrix} 0 \\ 0 \\ 0 \\ 0.10 \\ 0 \end{bmatrix}
\end{array}
$$

计算 $H(X), H(Y), H(X, Y), H(X \mid Y)$。

4. 证明：$I(X; Y) = H(X) + H(Y) - H(XY)$。

5. 设一离散无记忆信源，其输出信号概率分布为

$$
\begin{bmatrix} X \\ P \end{bmatrix} = \begin{bmatrix} x_1 & x_2 \\ 2/3 & 1/3 \end{bmatrix}
$$

通过一干扰信道后，信道输出端接收的符号集为 $Y = [y_1, y_2]$，信道传递概率如下：

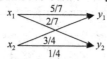

求：

(1) 信源 X 中符号 x_1, x_2 分别含有的信息量；

(2) 收到消息 y_1 以后，获得关于 x_1 的信息量；

(3) 信源 X 的熵和冗余度；

(4) 信道含糊度 $H(X \mid Y)$；

(5) 接收到 Y 后获得的平均互信息。

6. 已知信源符号及其概率如下，计算该信源的熵与冗余度，并写出二元 Huffman 编码。

信源符号 a	a_1	a_2	a_3	a_4	a_5
概率 $p(a)$	0.3	0.3	0.2	0.1	0.1

7. 已知基于字母表{□, B, I, M, O, P, S, T}的一段文字如下：

　　　　　　OTTOS□MOPS□TOBT□MIT□OTTOS□MOP□BIS□OTTO□MOPPOT

其中□表示空格。试统计该段文字中各字符（包括空格）的出现频率，并近似看做该字符的概率进行二元 Huffman 编码。

第 15 章　信息论与保密

C. E. Shannon 在 1949 年发表的"保密通信的信息理论"一文中 [31]，首先用信息论的观点对理论保密性做了论述。理论保密性涉及的问题包括：

1. 当敌手分析者拥有无限的时间和资源时，保密系统的安全性如何；
2. 一段密文是否存在唯一解（唯一明文），否则有多少合理解；
3. 至少需截获多少密文才能使解唯一；
4. 是否存在这样的系统，无论截获多少密文，解均不唯一；
5. 是否存在这样的系统，无论截获多少密文，敌手均无法获得有用信息；

上述问题的分析要用到熵、互信息、冗余等概念。

15.1　完善保密性

密码系统的数学模型可描述为 $\{M^L, C^V, K^T, E, D\}$，其中，M^L 为明文空间，C^V 为密文空间，K^T 为密钥空间，明文、密文与密钥的长度分别为 L、V、T（通常 $V=L$），E 为加密算法，D 为解密算法。

假设明文空间 M^L 中可能的消息为 $m_1, m_2, \cdots, m_n$（通常 $n = |M|^L$），相应的概率为 $p(m_1)$, $p(m_2), \cdots, p(m_n)$，用密钥 $k \in K^T$ 加密，分别得到密文 $c_1, c_2, \cdots, c_n$。

敌手分析者截获一条密文 c，他可以计算关于不同明文的后验概率 $p(m_1|c), p(m_2|c), \cdots,$ $p(m_n|c)$。

定义 15.1　一个系统是**完善保密**的，如果对于任一密文 c 和任一明文 m，后验概率 $p(m|c)$ 等于先验概率 $p(m)$。

密码系统的完善保密性意味着明文和密文相互独立，即当攻击者在仅知道密文的情况下，对于估计明文或密钥没有任何帮助。

定理 15.1　一个系统是完善保密的，当且仅当对任一明文 m 和任一密文 c，有

$$p(c|m) = p(c) \tag{15.1}$$

证明　完善保密系统中，对于任一密文 c 和明文 m，有

$$p(m|c) = p(m)$$

根据贝叶斯公式，有

$$p(c|m) = \frac{p(c)p(m|c)}{p(m)}$$

于是

$$p(c|m) = p(c)$$

定理 15.1 的另一种阐述是，对任意的明文 $m_i, m_j \in M^L$ 和密文 c，有

$$\sum_{k:E_k(m_i)=c} p(k) = \sum_{k:E_k(m_j)=c} p(k) \tag{15.2}$$

将明文、密钥、密文空间的熵分别记为 $H(M^L)$、$H(K^T)$、$H(C^V)$。

已知密文条件下明文的含糊度记为 $H(M^L \mid C^V)$，已知密文条件下密钥的含糊度记为 $H(K^T \mid C^V)$。

在仅知道密文的条件下，攻击者的任务是从截获的密文中提取有关明文的信息，则有

$$I(M^L; C^V) = H(M^L) - H(M^L \mid C^V) \tag{15.3}$$

或者从密文中提取有关密钥的信息，则有

$$I(K^T; C^V) = H(K^T) - H(K^T \mid C^V) \tag{15.4}$$

因此 $H(M^L \mid C^V)$ 与 $H(K^T \mid C^V)$ 越大，从密文中获得关于明文与密钥的信息就越少。

我们知道在已知密文与密钥的条件下，能够确定相应的明文，因此

$$H(M^L \mid C^V K^T) = 0 \tag{15.5}$$

定理 15.2 对任意密码系统，都有

$$I(M^L; C^V) \geqslant H(M^L) - H(K^T) \tag{15.6}$$

证明 由式(15.5)，可得 $H(M^L \mid C^V K^T) = 0$，于是

$$
\begin{aligned}
H(K^T \mid C^V) &= H(K^T \mid C^V) + H(M^L \mid C^V K^T) \\
&= H(K^T C^V) - H(C^V) + H(M^L K^T C^V) - H(K^T C^V) \\
&= H(M^L K^T C^V) - H(C^V) \\
&= H(M^L C^V) - H(C^V) + H(M^L K^T C^V) - H(M^L C^V) \\
&= H(M^L \mid C^V) + H(K^T \mid M^L C^V)
\end{aligned}
$$

根据熵的非负性，$H(K^T \mid M^L C^V) \geqslant 0$，所以

$$H(K^T \mid C^V) \geqslant H(M^L \mid C^V)$$

根据定理 14.1，可知条件熵的递减性，即 $H(K^T \mid C^V) \leqslant H(K^T)$。故

$$I(M^L; C^V) = H(M^L) - H(M^L \mid C^V) \geqslant H(M^L) - H(K^T)$$

定理 15.2 说明，如果密码系统的密钥量小，$H(K^T)$ 就小，则从密文中获得明文的信息量 $I(M^L; C^V)$ 就越多，就越有利于攻击者将明文信息提取出来。因此从密码设计安全角度，应使密钥量足够大，以使 $I(M^L; C^V)$ 尽量小。

关于完善保密性的另一个定义如下。

定义 15.2 一个密码系统称为**完善保密的**或**无条件安全的**，若其密文与明文之间的互信息为零，即

$$I(M^L; C^V) = 0 \tag{15.7}$$

定义 15.1 与定义 15.2 是等价的。事实上，若对于任一密文 c 和任一明文 m，后验概率 $p(m \mid c)$ 等于先验概率 $p(m)$，则

$$
\begin{aligned}
I(M^L; C^V) &= H(M^L) - H(M^L \mid C^V) \\
&= H(M^L) - \sum_{m,c} p(mc) \log \frac{1}{p(m \mid c)} \\
&= H(M^L) - \sum_{m,c} p(mc) \log \frac{1}{p(m)} \\
&= H(M^L) - H(M^L) \\
&= 0
\end{aligned}
$$

另一方面，根据定理 14.5，可知当且仅当 M^L 与 C^V 相互独立时，有 $I(M^L; C^V) = 0$。于是有

$$p(mc) = p(m)p(c) = p(c)p(m \mid c)$$

即

$$p(m) = p(m \mid c)$$

定理 15.3　完善保密系统存在的必要条件是

$$H(K^T) \geqslant H(M^L) \tag{15.8}$$

证明　如果完善保密系统存在，则必有 $I(M^L; C^V) = 0$。

于是，由式(15.6)，可得 $0 \geqslant H(M^L) - H(K^T)$，即

$$H(K^T) \geqslant H(M^L)$$

为了更好地保密，密钥空间的熵应大于明文空间的熵。

在密钥等概率分布的情况下，密钥量的对数应大于明文空间的熵。

由于明文存在冗余，根据定理 15.3，因此实现完善保密所需要的密钥量下限可以减少。

定理 15.4　完善保密系统是存在的。

证明　首先构造一个保密系统，然后证明该系统是完善保密的。

假设明文、密钥、密文均为 0,1 序列，明文与密钥统计独立。

$$M^L = \{m = (m_1, m_2, \cdots, m_L), m_i \in \{0, 1\}, 1 \leqslant i \leqslant L\}$$
$$K^L = \{k = (k_1, k_2, \cdots, k_L), k_i \in \{0, 1\}, 1 \leqslant i \leqslant L\}$$
$$C^L = \{c = (c_1, c_2, \cdots, c_L), c_i \in \{0, 1\}, 1 \leqslant i \leqslant L\}$$

密钥 k 是一个随机序列，即 $p(k_i = 0) = p(k_i = 1) = 1/2$。

设加密变换为

$$c = E_k(m) = m \oplus k$$

其中，加法是逐比特模 2 相加，即

$$c_i = m_i \oplus k_i, 1 \leqslant i \leqslant L$$

上述加密过程等价于将每个明文比特 m_i 通过一个转移概率 $p = 1/2$ 的二元对称信道（BSC）传送。由例 14.8，可知该 BSC 的信道容量 $\mathscr{C} = 0$，因而有

$$I(M^L; C^L) \leqslant L \mathscr{C} = 0$$

根据定理 14.5，可知平均互信息非负，故只有

$$I(M^L; C^L) = 0$$

即系统是完善保密的。

完善保密系统要求密钥是随机的，这就要求密钥不能重复使用，每加密一段明文都要采用一个等长的新密钥，此时该保密系统称为"一次一密"体制。

15.2　唯一解距离

C. E. Shannon 从含糊度出发，引入了一个非常重要的概念——唯一解距离，是指唯密文攻击条件下，要唯一确定密钥时至少需要的密文量。

设密文序列 $c = (c_1, c_2, \cdots, c_V) \in C^V$，$V$ 为密文的长度。在已知密文空间 C^V 的条件下，密

钥的含糊度为 $H(K^T \mid C^V)$。显然当 $V = 0$ 时，就是 $H(K^T)$。

根据条件熵的递减性（定理 14.1），可知增加条件熵的条件，条件熵递减，于是有

$$H(K^T \mid C^{V+1}) \leqslant H(K^T \mid C^V) \tag{15.9}$$

即随着获得密文量的增加，密钥的含糊度不会增加，反而通常会减小。

若 $H(K^T \mid C^V) \to 0$，获得足够多的密文就能唯一确定密钥，从而实现破译。因此使 $H(K^T \mid C^V) \approx 0$ 的最小 V 对密码系统安全有重要的意义。

定义 15.3 一个密码系统在唯密文攻击下的唯一解距离 V_0 为

$$V_0 = \min\{V \in N \mid H(K^T \mid C^V) \approx 0\} \tag{15.10}$$

其中，N 为自然数集。

唯一解距离是破译者唯一地确定所使用的密钥至少需要的密文长度。当敌手获得的密文长度大于 V_0 时，原则上能够唯一确定所使用的密钥，可以破译。因此唯一解距离是衡量密码系统安全性的一个指标。

定理 15.5 对于密码系统 $\{M^L, C^V, K^T, E, D\}$，有

$$H(K^T \mid C^V) = H(K^T) + H(M^L) - H(C^V) \tag{15.11}$$

证明 根据联合熵与条件熵的关系（定理 14.2），有

$$\begin{aligned} H(M^L K^T C^V) &= H(M^L K^T) + H(C^V \mid M^L K^T) \\ &= H(K^T C^V) + H(M^L \mid K^T C^V) \end{aligned} \tag{15.12}$$

又因为已知密钥与明文可以确定密文，已知密文与密钥可以确定明文，因此

$$H(C^V \mid M^L K^T) = H(M^L \mid K^T C^V) = 0$$

于是，由式(15.12)得

$$H(M^L K^T) = H(K^T C^V)$$

即

$$H(M^L) + H(K^T \mid M^L) = H(C^V) + H(K^T \mid C^V)$$

由于明文与密钥是统计独立的，有

$$H(K^T \mid M^L) = H(K^T)$$

故

$$H(K^T \mid C^V) = H(M^L) + H(K^T) - H(C^V)$$

假设密钥是随机的且等概率分布，经密钥加密后的密文字符可以认为是随机的，且密文字符之间是统计独立的（设 $V = L$，密文与明文取自相同的符号集 $A = \{a_1, a_2, \cdots, a_r\}$），所以

$$H(C^L) \approx L\log r \tag{15.13}$$

由式(15.11)，得

$$H(K^T \mid C^L) \approx H(K^T) + H(M^L) - L\log r$$

进一步，根据冗余度的定义（式(14.30)），有

$$H(K^T \mid C^L) \approx H(K^T) - D_L \tag{15.14}$$

如式(14.31)，用 δ_L 表示单个符号的平均冗余度，则

$$H(K^T \mid C^L) \approx H(K^T) - L\delta_L \qquad (15.15)$$

随着截获密文长度 L 的增加，含糊度 $H(K^T \mid C^L)$ 近似线性下降，直至相当小（如图 15.1 所示）。此时，$\delta_L \to \delta_\infty$。

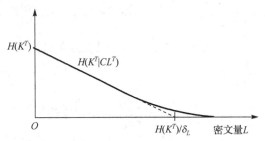

图 15.1　密钥含糊度随密文长度变化曲线

于是由唯一解距离的定义，式(15.15)左端为 0 时，得唯一解距离

$$V_0 \approx \frac{H(K^T)}{\delta_\infty} \qquad (15.16)$$

由式(15.16)，可知增加唯一解距离、提高系统安全性有两条途径：

(1) 增大密钥空间的熵 $H(K^T)$，可通过使用随机密钥、增加密钥长度实现；

(2) 减小明文冗余度，可通过对明文进行压缩编码等方式实现。

当明文无冗余，即 $\delta_\infty = 0$ 时，唯一解距离 $V_0 \to \infty$。此时无论敌手截获多少密文，都不能唯一确定系统所使用的密钥，无法破译。这样的系统具有理论保密性。

实际中，由于明文字母出现的概率不均匀，字母之间也存在依赖关系，这给破译者带来了一定的便利。例如，英文的 26 个字母中，单字母 E、T 出现的频率高，双字母组合 TH、ST、NG 等及三字母组合 THE、ING、AND 等出现的频率也很高，这种特点很容易被破译者利用。

在加密之前，先将明文信源进行无失真压缩，降低明文的冗余度，不仅可以降低密钥量，而且可减少字母之间的依赖关系，提高安全性。对明文压缩编码是强化保密系统安全的重要措施。

15.3　实际密码的唯一解距离

实际明文的冗余度 δ_∞ 是非零值，$H(K^T)$ 也有限的，因此唯一解距离 V_0 是有限值，密码系统理论上是可破译的。下面计算几种古典密码的唯一解距离。

例 15.1　凯撒密码是对 26 个英文字母进行代换的密码（如表 15.1），为

$$C = m + k \bmod 26, \quad 0 \leqslant k \leqslant 25$$

表 15.1　密钥 $k = 3$ 的凯撒密码

明文	a	b	c	d	e	f	g	h	i	j	k	l	m
密文	D	E	F	G	H	I	J	K	L	M	N	O	P
明文	n	o	p	q	r	s	t	u	v	w	x	y	z
密文	Q	R	S	T	U	V	W	X	Y	Z	A	B	C

凯撒密码的密钥量是 26，因此

$$H(K^T) = \log 26 \approx 4.70 \text{（比特）}$$

$$H_\infty = \lim_{L \to \infty} \frac{1}{L} H(M_1, M_2, \cdots, M_L) \approx 1.40 \text{（比特/字母）}$$

$$\delta_\infty = \log r - H_\infty \approx 3.30 \text{（比特/字母）}$$

得

$$V_0 \approx \frac{H(K^T)}{\delta_\infty} \approx \frac{4.70}{3.30} \approx 1.4 \text{（字母）}$$

理论上，只需截获凯撒密码的两个密文字母就可以破译。在实际情况下，要大于这个数目才能破译。

例 15.2 维吉尼亚密码是以 d 为周期的代换密码，可以理解为凯撒密码的推广，在一个周期内，明文的每个字母使用不同的凯撒加密。密钥用字母表示：

$$a\ (+0),\ b\ (+1),\ c\ (+2), \cdots$$

例如，设密钥为 $abcde$，周期 $d = 5$，对明文 VigenereVigenereVigenere 加密

明文：Vigenere   Vigenere   Vigenere

密钥：abcdeabc   deabcdea   bcdeabcd

密文：vjihresg   ymgfphve   wkjinfth

维吉尼亚密码的密钥量是 26^d，因此

$$H(K^T) = d \cdot \log 26 = 4.7d \text{（比特）}$$

$$H_\infty = 1.4 \text{（比特/字母）}$$

$$\delta_\infty = 3.3 \text{（比特/字母）}$$

得

$$V_0 \approx 1.4d \text{（字母）}$$

例 15.3 置换密码（又称换位密码），将明文字母分成固定 d 长的分段，每段中的字母进行相同的排列，而每个字母本身并不改变。

例如，假设置换 $\pi = \begin{pmatrix} 1 & 2 & 3 & 4 & 5 \\ 2 & 5 & 4 & 3 & 1 \end{pmatrix}$。

明文：permutation cipher permutation cipherz

密钥：π

密文：eumrp aoitt chpin rrepe utatm oicni hzrep

置换密码的密钥量是 $d!$。于是，$H(K^T) = \log d!$（比特），$\delta_\infty = 3.3$（比特/字母），得

$$V_0 \approx \frac{\log d!}{3.3} \text{（字母）}$$

唯一解距离只是从理论上给出要唯一确定密钥所需密文字符数的下界，它假设破译者拥有明文源的全部统计知识，也没有涉及时间和计算量等因素，实际破译所需密文量远远大于 V_0。

习　题　15

1. 证明：$H(M^L) = H(C^V \mid K^T)$。

2. 设一个密码系统为 $\{M^L, C^V, K^T, E, D\}$，证明：该密码系统具有完善保密性当且仅当

$$H(m) = H(m \mid c), \ m \in M^L, \ c \in C^V$$

3. 计算 DES 密码体制的唯一解距离。

4. 假设明文消息为 100 个英文字母长，且密钥也用字母序列。解释为什么完善保密性可用少于 100 个字母的密钥实现，要实现完善保密至少用多长的密钥？

5. 如果一个密码系统是完善保密的，且明文、密钥与密文长度相同，证明：每个密文出现的概率相同。

索　引

参 考 文 献

[1] R. L. Rivest, A. Shamir, L. Adleman. A method for abstaining digital signatures and public-key cryptosystems[J]. Communications of the ACM, 1978, Vol. 21, No. 2, 120-126.

[2] 柯召, 孙琦. 数论讲义（第2版）. 高等教育出版社, 2001.1.

[3] S. Goldwasser, S. Micali. Probabilistic encryption & how to play mental poker keeping secret all partial information. Proceedings of the fourteenth annual ACM symposium on Theory of computing, STOC′82, 1982, 365-377.

[4] M. O. Rabin. Digital signatures and public key functions as intractable as factorization. Cambridge: MIT/LCS/TR-212, 1979.

[5] 裴定一, 祝跃飞. 算法数论. 科学出版社, 2002.9.

[6] M. Agrawal, N. Kaval, N. Saxena. Primes is in P. Annals of Mathematics, 2004, Vol. 160, No. 2, 781-793.

[7] D. J. Bernstein. Proving primality after Agrawal-Kayal-Saxena. Draft, 2003.

[8] H. W. Lenstra, Jr., C. Pomerance. Primality testing with Gaussian periods. preprint from, 2005.

[9] 杨子胥. 近世代数. 高等教育出版社, 2000.5.

[10] B. L. Van der Waerden. 丁石孙, 曾肯成, 郝鈵新译. 代数学（I）. 科学出版社, 1978.9.

[11] J. Hoffstein, N. H. Graham, J. Pipher, et al. Hybrid lattice reduction and meet in the middle resistant parameter selection for NTRUEncrypt. 2017.
http://grouper.ieee.org/groups/1363/lattPK/submissions/ChoosingNewParameters.pdf

[12] I. F. Blake, X. Gao, R. C. Mullin, S. A. Vanstone, T. Yaghoobian. Applications of finite fields. Kluwer Academic Publishers, 1992.11.

[13] W. Diffie, M. Hellman. New directions in cryptography. IEEE Transactions on Informatin Theory, 1976, Vol. 22, No. 6, 644-654.

[14] P. Smith, M. Lennon. LUC: A new public-key system. Proceedings of the IFIP TC11, Ninth International Conference on Information Security, IFIP/Sec′93, Toronto, Canada, 103-117.

[15] A. Lenstra, E. Verheul. The XTR public key system. Advances in Cryptography-CRYPTO′02, 2000, LNCS 1880, Springer-Verlag, 1-19.

[16] J. Naemen, V. Rijmen 著. 谷大武, 徐胜波译. 高级加密标准（AES）Rijndael 的设计. 清华大学出版社, 2003.

[17] N. Koblitz. Elliptic curve cryptosystems. Mathematics of Computation, 1987, Vol. 48, No. 177, 203-209.

[18] V. Miller. Use of elliptic curves in cryptography. Advances in Cryptology-CRYPTO′85, 1986, LNCS, 218, Springer-Verlag, 417-426.

[19] 张波. 椭圆曲线求阶算法的研究. 中南民族大学, 2008.5.

[20] R. Schoof. Elliptic curves over finite fields and the computation of square roots mod p. Mathmatics of

Computation, 1985, Vol. 44, No. 170, 483-494.

[21] R. Schoof. Counting points on elliptic curves over finite fields. Theory Nombres Bordeaux. 1995, Vol. 7, 219-254.

[22] A. Enge 著，吴铤，董军武，王明强译．椭圆曲线及其在密码学中的应用－导引．北京：科学出版社，2007, 145-157.

[23] R. C. Merkle, M. E. Hellman. Hiding information and signatures in trap-door knapsacks. IEEE Transaction on Information Throey, 1978, Vol. 24, No. 5, 525-530.

[24] A. Shamir. A polynomial time algorithm for breacking the basic Merkle-Hellman cryptosystem. The 23d IEEE Symposium on Foundations of computer science, 1982, 145-152.

[25] B. Chor, R. L. Rivest. A knapsack type public key cryptosystem based on arithmetic ini finite fields. Advances in Cryptology-Crypto'84, 1985, LNCS 196, Springer-Verlag, 54-65.

[26] T. Okamoto, K. Tanaka, S. Uchiyama. Quantum public-key cryptosystems. Advances in Cryptology-CRYPTO'2000, LNCS1880, 147-165.

[27] L. Lamport. Constructing digital signatures from a one-way function. Tehnical Report SRI-CSL-98, SRI International Computer Science Laboratory, 1979.

[28] D. J. Bernstein, J. Buchmann, E. Dahmen. 张焕国，王后珍，杨昌等译．抗量子密码．清华大学出版社，2015.2.

[29] R. C. Merkle. A certifield digital signature. Advances in Cryptology-CRYPTO'89, LNCS 435, Springer, 1987, 369-378.

[30] 周荫清．信息理论基础（第三版）．北京航空航天大学出版社, 2006.3.

[31] C. E. Shannon. Communication Theory of Secrecy Systems. Bell System Technical Journal, 1949, 656-715.

[32] 陈恭亮．信息安全数学基础．清华大学出版社, 2011.11.

[33] 裴定一，徐详．信息安全数学基础．人民邮电出版社, 2007.4.

[34] 张先迪，李正良．图论及其应用．高等教育出版社, 2005.2.

[35] 王育民，李晖，梁传甲．信息论与编码理论．高等教育出版社, 2005.12.

[36] 傅祖芸．信息论——基础理论与应用（第二版）．电子工业出版社, 2009.2.